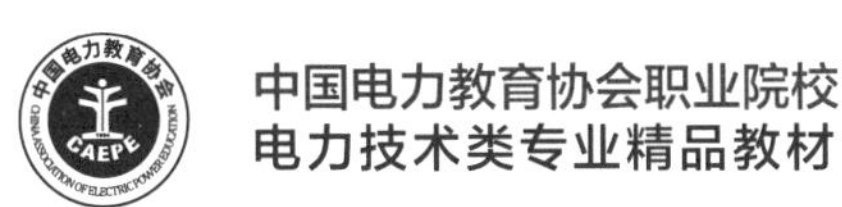

中国电力教育协会职业院校
电力技术类专业精品教材

"十四五"职业教育国家规划教材

电力工程识绘图

（第三版）

主　编　高炳岩

编　写　刘金川　张灿勇　陶苏东

主　审　曲翠琴

中国电力出版社
CHINA ELECTRIC POWER PRESS

内 容 提 要

本书为“十四五”职业教育国家规划教材，“十三五”职业教育国家规划教材。

本书的编写以电力职业技术教育的教学目标和学生的现状为依据，以强化应用、培养技能为重点，坚持以识图为主、以画促识的指导原则，充分汲取我国CAD领域的最新成果，把CAXA电子图板的使用和制图理论的学习有机地结合在一起，体现了时代发展的要求。

全书共七章，主要内容包括识图与绘图的基本知识、机件的表达方法、零件图及装配图、表面展开图、电力安装图、热力系统图简介、电气图简介。全书每一章都有习题，最后还附有课外阅读材料。本书配备了相应的电子教辅，以供读者自学。

本书可作为电力行业各职业院校或培训中心非机械类专业工程制图教学或培训用书，也可供相关工程技术人员学习计算机绘图参考。

图书在版编目（CIP）数据

电力工程识绘图/高炳岩主编. —3版. —北京：中国电力出版社，2019.10（2024.7重印）
“十二五”职业教育国家规划教材
ISBN 978-7-5198-3896-6

Ⅰ.①电… Ⅱ.①高… Ⅲ.①电力工程－工程制图－高等职业教育－教材 Ⅳ.①TM02

中国版本图书馆CIP数据核字（2019）第237581号

出版发行：中国电力出版社
地　　址：北京市东城区北京站西街19号（邮政编码100005）
网　　址：http://www.cepp.sgcc.com.cn
责任编辑：牛梦洁（mengjie-niu@sgcc.com.cn）
责任校对：黄　蓓
装帧设计：郝晓燕
责任印制：吴　迪

印　　刷：廊坊市文峰档案印务有限公司
版　　次：2006年9月第一版　2019年10月第三版
印　　次：2024年7月北京第十五次印刷
开　　本：787毫米×1092毫米　16开本
印　　张：12.5
字　　数：307千字
定　　价：30.00元

前　言

本书第一版于2006年出版，是全国电力职业教育规划教材的一本。该书创造性地把制图理论的学习和计算机绘图融为一体，把高效构图的思想贯穿在绘图和识图之中，较好地培养了学生的读图能力、空间想像和思维能力及计算机绘图的实际技能。

2007年本书第一版被中国电力教育协会评为首批“电力行业精品教材”，并被中国职教协会评为教材类科研成果一等奖。《电力工程识绘图》网络课件获第九届全国多媒体课件大赛二等奖。

2014年本书第二版被评为" 十二五" 职业教育国家规划教材。该版修正了第一版教材使用过程中发现的纰漏，整合了教学过程中积累的各种数字化教学资源，包括网络课件、原理动画、绘图视频、模型库、电子图纸案例、教学资料等。

在本书第三版出版之际，我们进一步总结教材使用过程中积累的经验，强化计算机绘图实训，在原有电力工程识绘图知识体系的基础上，充实优化数字化教学资源，引入生产一线编写人员，通过对平面图形绘制、三视图绘制、零件图的绘制、装配图的绘制、展开图的绘制、电力工程图样阅读和绘制展开针对性识绘图训练，以培养学生平面图形分析绘制能力，立体结构的分析绘制能力，工程图样的识读绘制能力。

参加本书编写工作的有：高炳岩（第一、四、五章）、刘金川（第二、三章）、张灿勇（第六章）、陶苏东（第七章）。全书由高炳岩主编，曲翠琴主审。

由于编者时间所限，本书难免有疏误或不当之处，恳请各位读者及专家不吝赐教。

编　者

2019年2月

目　　录

第一章　识图与绘图的基本知识

第一节　机械制图常用规定

机械图样是设计和制造机械的重要技术文件，是工程界交流技术思想的通用语言，因此，在设计和绘制图样时，必须严格遵守国家标准《技术制图》、《机械制图》中的有关规定。本节结合计算机绘图扼要介绍国家标准《技术制图》、《机械制图》中的基本规定，主要有图纸幅面和格式、比例、字体、图线及尺寸注法等。

一、CAXA 电子图板简介

随着计算机辅助设计（CAD）技术的应用和发展，计算机辅助绘图技术得到很大的进步，计算机绘图无论在理论研究，还是在实际应用的广度和深度方面，都取得了令人可喜的成果。

CAXA 电子图板是被中国工程师广泛采用的二维绘图软件，可以作为绘图和设计的平台。它符合国家标准，符合工程师的设计习惯，易学易用，而且功能强大、兼容 AutoCAD，是普及率最高的 CAD 软件之一。CAXA 电子图板在全国各地的机械、电子、航空、船舶、教育、科研等多个领域广泛应用，其中有相当部分为大中型企业、大中专院校的规模应用。

二、CAXA 电子图板 2005 的工作界面

1. 菜单系统

CAXA 电子图板的菜单系统包括主菜单、立即菜单和工具菜单三部分。

启动 CAXA 电子图板 2005 后，计算机将进入绘图环境界面如图 1 - 1 所示，和 Win-

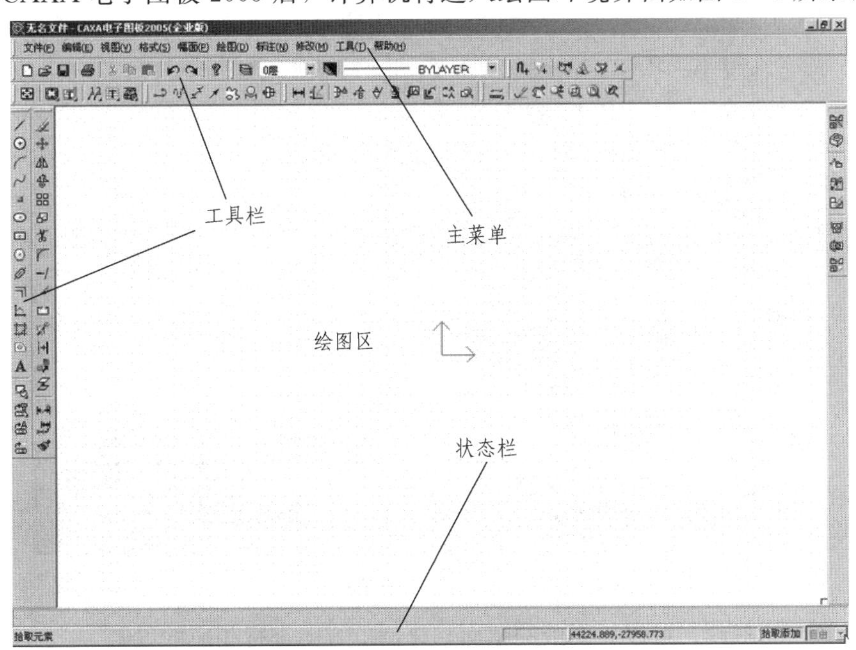

图 1 - 1　用户界面的说明

dows 的其他应用软件相似，界面顶部是标题栏，下面是主菜单。主菜单由一行菜单条及其下拉菜单组成，它提供了 CAXA2005 的所有命令，使用下拉菜单是一种重要的操作方法。在执行某些命令（如直线命令）时，屏幕左下方会出现立即菜单。立即菜单描述了该命令执行的各种情况和使用条件，用户可根据当前的作图要求，正确地选择该命令某一最适合的选项，以方便作图。执行命令时，使用空格键，屏幕上会弹出工具菜单，工具菜单包括工具点菜单和选取元素菜单，利用工具菜单进行点的输入和元素的选取，也是高效作图的重要方法（立即菜单和工具菜单的具体使用方法请参看本章第二节介绍）。

2. 工具栏

工具栏用图标按钮的形式，列出了最常用的 CAXA2005 命令。使用工具栏按钮是快速调用 CAXA2005 命令的最有效方法。

3. 绘图区

界面上最大的空白窗口是绘图区，用户只可在绘图区内绘制图形。当鼠标移至绘图区时，将出现十字光标，其为作图定位的主要工具（常用的绘图操作请参看本章第二节介绍）。

4. 状态栏

CAXA 电子图板状态栏位于屏幕最底部，包括当前点坐标显示区、操作信息提示区和工具菜单状态提示区。状态栏的提示信息对快速准确地作图有重要作用。

三、图纸幅面

在图纸幅面规格中，电子图板设置了从 A0 到 A4 五种标准图纸幅面供用户调用，并可设置图纸方向及图纸比例。

（1）单击“图纸幅面”按钮，或单击并选择“幅面”下拉菜单中的“图幅设置”命令，系统将弹出“图幅设置”对话框，如图 1-2 所示。

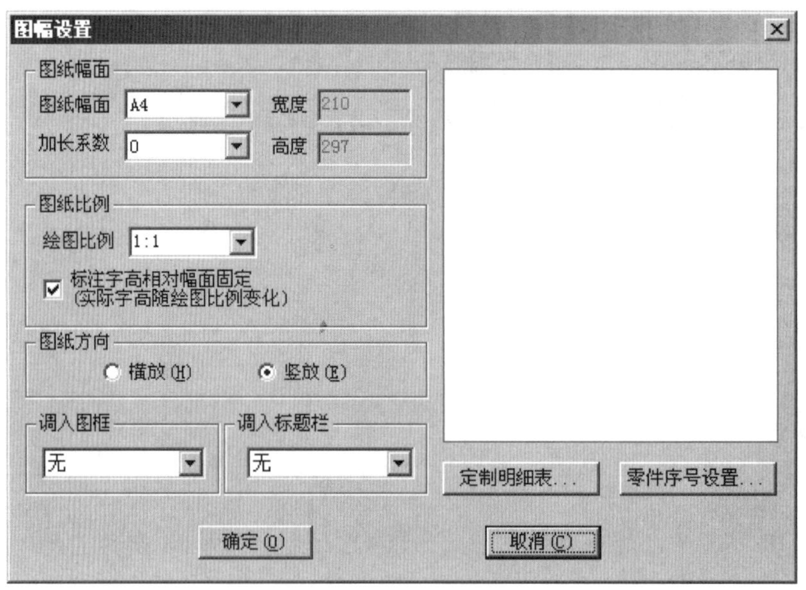

图 1-2 图幅设置

（2）在该对话框内，可以对图纸的幅面、比例、方向进行相应的设置。

（3）单击“调入图框”或“调入标题栏”下拉按钮，在列表中选择需要的图框和标题栏，系统会在右侧的预览框中显示相应的图框和标题栏。

(4) 进行明细表定制和零件序号设置（根据需要进行）。

建议使用电子图板提供的幅面、图框和标题栏等，尽量不用定制功能自行设计。

四、字型

字型是各个文字参数特定值的组合。将在不同场合经常用到的几组文字参数组合定义成字型，存储到图形文件或模板文件中。使用时只需切换字型，各个文字参数就会自动变成该字型的参数，不需要逐个修改。字型管理功能就是为这个目的服务的。

从“格式”菜单选择“文字风格”菜单项，进入“文本风格”对话框，如图 1-3 所示。

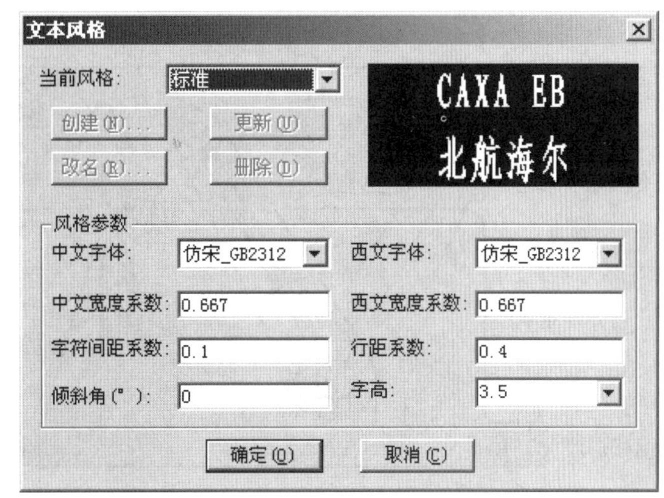

图 1-3　文本风格

在“当前风格”组合框中，列出了当前文件中所有已定义的字型。如果尚未定义字型，则系统预定义了一个叫“标准”的缺省字型，该缺省字型不能被删除或改名，但可以编辑。通过在这个组合框中选择不同项，可以切换当前字型。随着当前字型的变化，对话框下部列出的风格参数相应变化为当前字型对应的参数，预显框中的显示也随之变化。

对字型可以进行创建、更新、改名、删除四种操作。修改了任何一个字型参数后，“创建”和“更新”按钮变为有效状态。单击“创建”按钮，将弹出对话框以供输入一个新字型名，系统用修改后的字型参数创建一个以输入的名字命名的新字型，并将其设置为当前字型；单击“更新”按钮，系统则将当前字型的参数更新为修改后的值。当前字型不是缺省字型时，“改名”和“删除”按钮有效。单击“改名”按钮，可以为当前字型起一个新名字；单击“删除”按钮则删除当前字型。需要指出的是，如果修改了字型参数后直接单击“确定”按钮退出对话框，系统不会自动更新当前字型。

五、图线

1. 图线的形式及应用

图样中的图形是由各种图线构成的。各种图线的名称、形式、宽度和主要用途如表 1-1 所示。

表 1-1　图线的名称、形式、宽度和主要用途

图线名称	图线形式	图线宽度	主要用途
粗实线	————	b	可见轮廓线
细实线	————	约 $b/3$	尺寸线，尺寸界线，剖面线，引出线
波浪线	～～～～	约 $b/3$	断裂处的边界线，视图和剖视的分界线
双折线	—∧—∧—	约 $b/3$	断裂处的边界线

续表

图线名称	图线形式	图线宽度	主要用途
虚线	1 4	约 $b/3$	不可见轮廓线
细点画线	15 3	约 $b/3$	轴线，对称中心线
粗点画线		b	有特殊要求的表面的表示线
双点画线	15 5	约 $b/3$	假想投影轮廓线，中断线

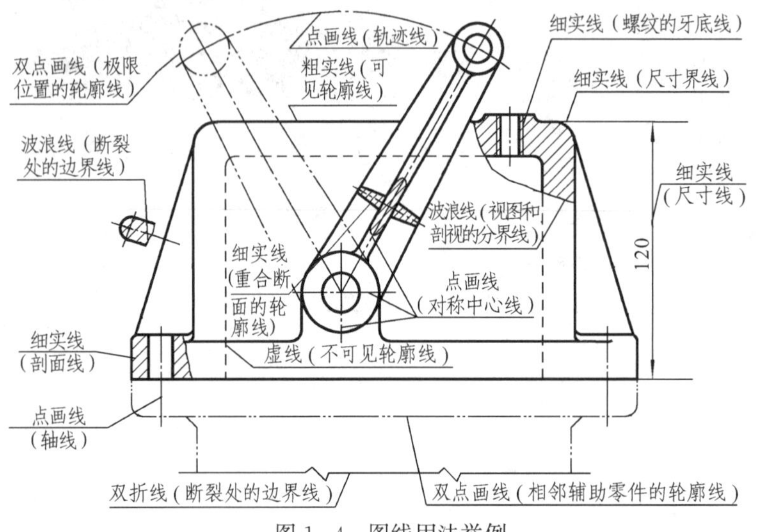

图 1-4　图线用法举例

图线的宽度分粗、细两种。粗实线的宽度 b 应根据图形的大小和复杂程度在 0.5～2mm 间选择。细线的宽度为 $b/3$。图 1-4 所示为图线的用法举例。

2. 线型的设置

用鼠标点击▤，则弹出设置线型对话框（见图 1-5）。在此对话框中，可以设置每一种非标准线型的线型比例，并且可以从文件中加载线型。

图 1-5 中，线型“BYLAYER”（随图层定义线型）和“BYBLOCK”（随图块定义线型）是交互式绘图软件特有的线型，结合图层和图块的管理，可方便实现复杂图形线型的管理。

3. 图层和图线

图层是使用交互式绘图软件进行结构化设计的不可缺少的软件环境。图层可以看作是一张张透明的薄片，图形和各种信息就绘制存放在这些透明薄片上，所有的图层由系统统一定位，且坐标系相同，因此在不同图层上绘制的图形不会发生位置上的混乱。图层的概念参看图 1-6。图层是有状态的，而且状态可以被改变。层的状态包括层名、颜色、线性、打开或关闭以及是否

图 1-5　设置线型

为当前层。每一个图层都对应一组事先确定好的层名、颜色、线性和打开与否的状态。根据作图需要可以随时将某一图层设置为当前层，初始层的层名为“0”，颜色为白色，线型为粗实线。当前层状态始终为打开状态，即不能关闭当前层。为了方便使用者，系统为用户事先设置了粗实线、细实线、点画线、虚线、尺寸线、剖面线和隐藏线等七个常用的图层，同时也设置了各层所具有的线型、颜色和打开状态。

画图时，应首选线型“BYLAYER”，通过选择不同图层来实现不同线型的绘制。

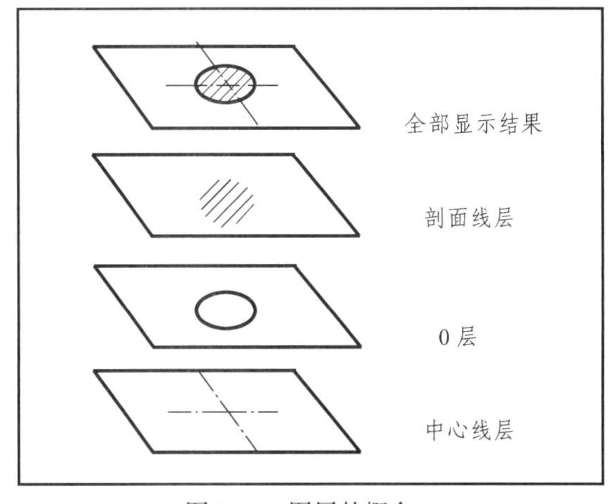

图 1-6　图层的概念

六、尺寸注法

1. 基本规则

图样上所标注的尺寸数值，表示机件的真实大小，与图形的比例及绘图的精度无关。

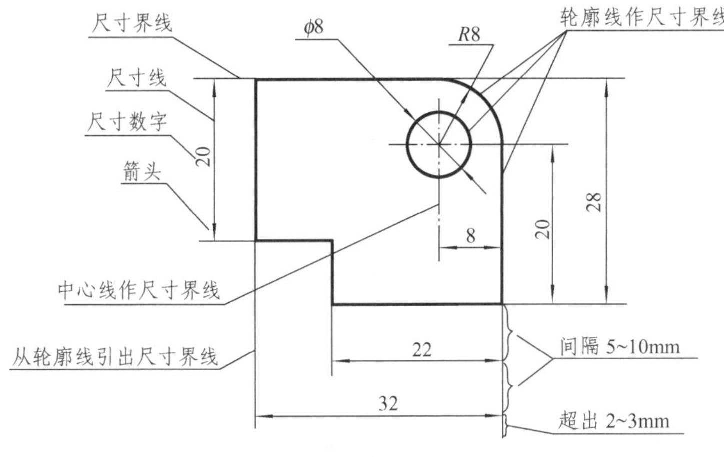

图 1-7　尺寸的组成

图样中的尺寸以毫米为单位时，无需注明。如采用其他单位，则必须注明其计量单位的代号或名称。

机件的每一尺寸在图样上一般只标注一次。

图样中所标注的尺寸，为该图样所示机件的最后完工尺寸，否则应另加说明。

2. 尺寸的组成

一个完整的尺寸，一般由尺寸界线、尺寸线、箭头及尺寸数字四部分组成，如图 1-7 所示。

(1) 尺寸界线。尺寸界线表示尺寸的范围，用细实线绘制，如图 1-8 所示。尺寸界线由图形的轮廓线、轴线或中心线引出，也可以用轮廓线、轴线或中心线作尺寸界线。尺寸界线一般应与被标注的线段垂直。

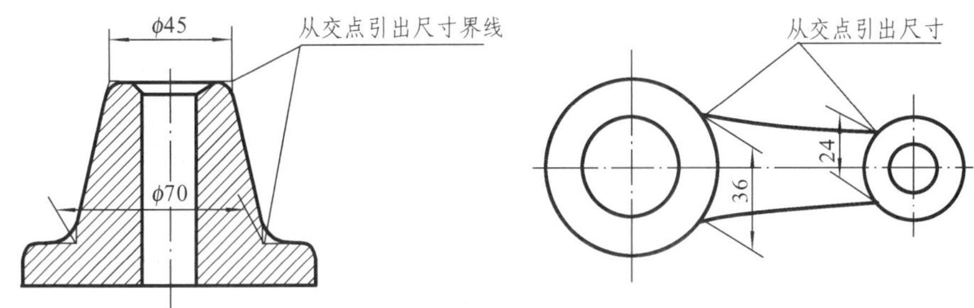

图 1-8　尺寸界线的允许画法

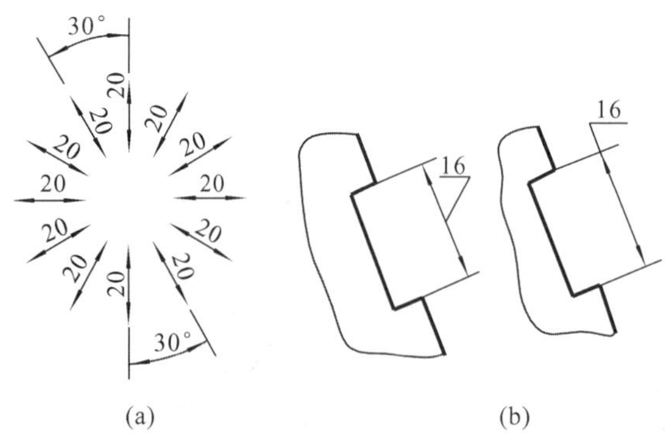

图 1-9 尺寸数字的书写方向

(a) 常用尺寸数字书写方向；(b) 特殊位置尺寸数字标注方法

(2) 尺寸线。尺寸线表示尺寸度量方向，用细实线绘制。尺寸线不能用其他图线代替，一般也不得与其他图线重合或画在其延长线上。

(3) 箭头。箭头应指向尺寸界线，箭头表示尺寸的起止。

(4) 尺寸数字。尺寸数字表示尺寸的大小，尺寸数字一般应写在尺寸线的上方或中断处。尺寸数字的方向如图 1-9 (a) 所示，以标题栏为准，水平方向的尺寸数字字头朝上，垂直方向的尺寸数字字头朝左，倾斜方向的尺寸数字字头方向有朝上的趋势。尽可能避免在图示 30°范围内标注尺寸，当无法避免时可按图 1-9 (b) 的形式标注。

尺寸数字不可被任何图线通过，如不可避免时必须将该处的图线断开，如图 1-10 所示。在同一图样中尺寸数字的大小应保持一致。

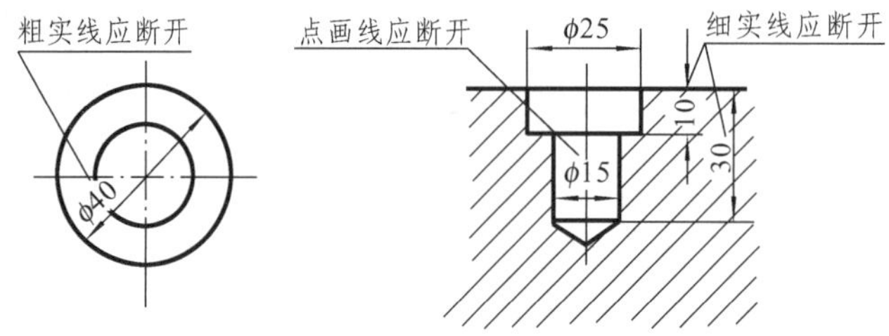

图 1-10 尺寸数字不可被图线穿过

3. 标注风格的设置

在 CAXA 电子图板中，利用标注风格的设置来管理尺寸标注形式是一个重要方法。由于标注参数与标注关联，参数修改后，关联标注自动更新。

点击“格式”—“标注风格”，系统弹出标注风格对话框，如图 1-11 所示。

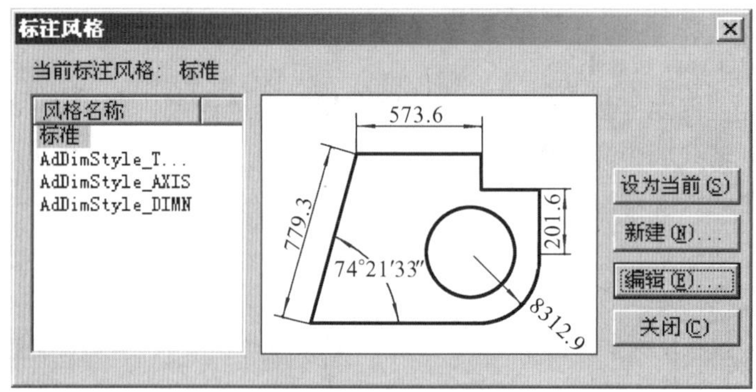

图 1-11 标注风格设置

点击“编辑”对当前标注风格进行修改，点击“新建”重新创建其他标注风格。

【直线和箭头】可以对尺寸线、尺寸界线及箭头进行颜色和风格的设置，如图 1-12 所示。

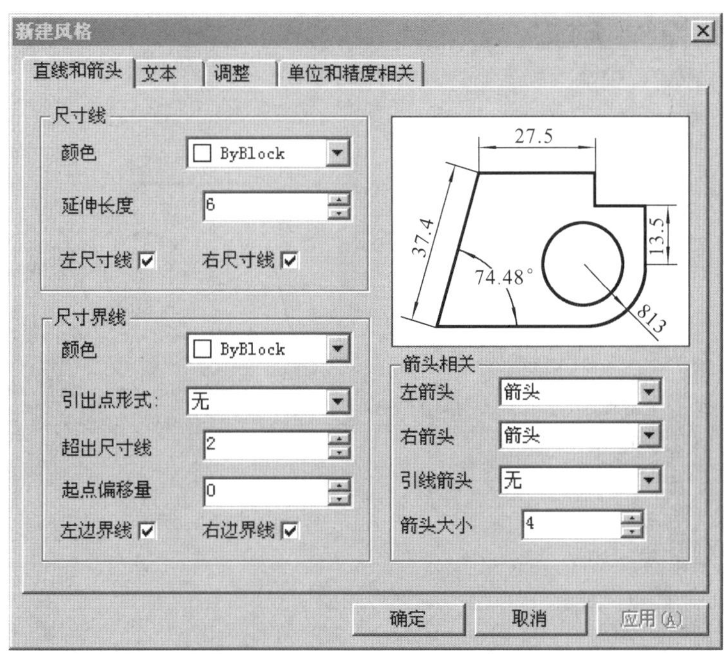

图 1-12　直线和箭头设置

【文本】设置文本风格及与尺寸线的参数关系，如图 1-13 所示。

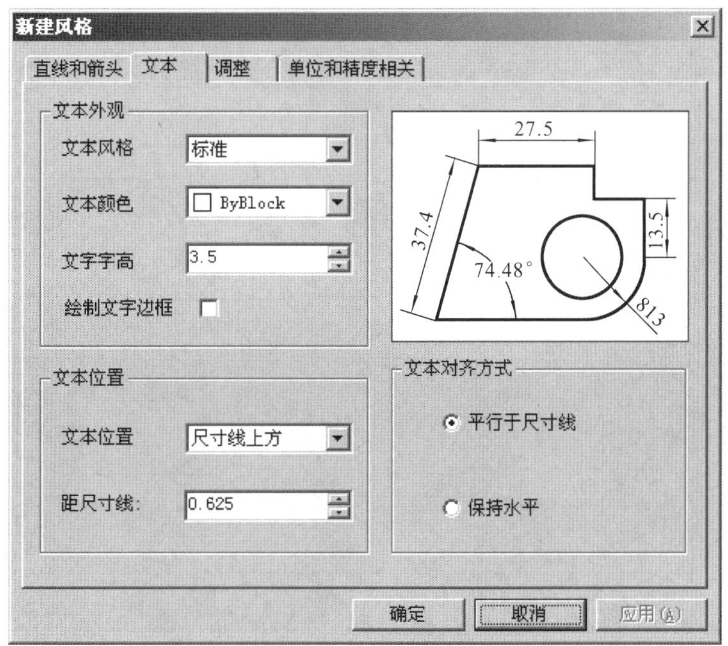

图 1-13　文本设置

【调整】设置尺寸线及文字的位置，并确定标注的显示比例，如图 1-14 所示。

【单位和精度相关】对尺寸的标注精度、偏差精度、单位及度量比例进行设置，如图 1-15 所示。

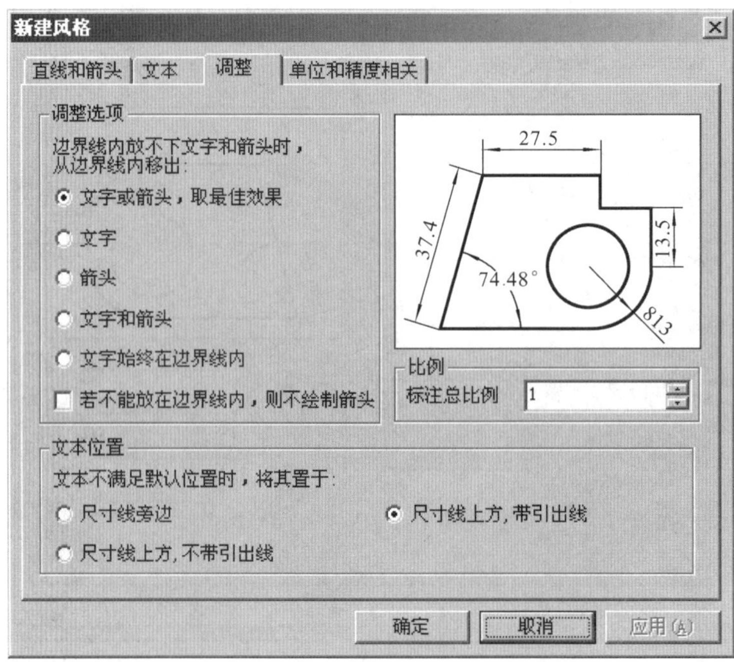

图 1-14 调整设置

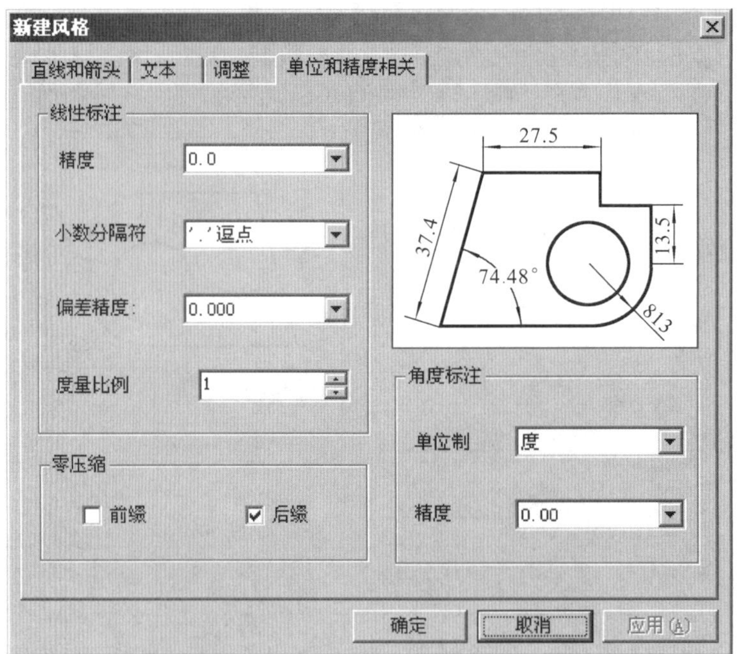

图 1-15 单位和精度设置

4. 尺寸标注

CAXA 电子图板依据国家标准《机械制图》提供了对工程图进行尺寸标注的一整套方法，它是绘制工程图样的重要手段。它包括基本尺寸、基准尺寸、连续尺寸、三点角度、半标注、大圆弧标注、射线标注、锥度标注和曲率半径标注。其详细操作方法参看本章第二节相关内容。

5. 常见的尺寸注法

（1）直线尺寸的注法。标注直线尺寸时，如图 1-7 所示，尺寸线应与被标注的线段平行，并保持 5～10mm 的距离。当有几条平行的尺寸线时，大尺寸应注在小尺寸的外边。在同一图样中尺寸线与轮廓线、相邻的平行尺寸线之间的距离应保持一致。

（2）半径和直径的尺寸注法。圆或大于半圆的圆弧应标直径。直径以圆周或圆弧为尺寸界限，尺寸线通过圆心，终端画箭头，数字前注符号“ϕ”，如图 1-16（a）所示。

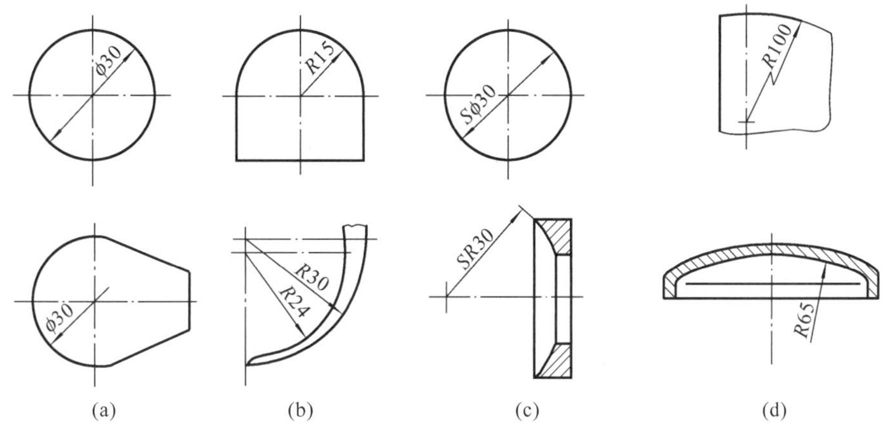

图 1-16　直径和半径的注法

（a）圆或大于半圆的圆弧的注法；（b）等于或小于半圆的圆弧的注法；（c）球面的注法；（d）大圆弧或不标圆心注法

等于或小于半圆的圆弧应标注半径。半径的尺寸线自圆心引至圆弧，只在圆弧一端画箭头，尺寸数字前加注符号“R”，如图 1-16（b）所示。

标注球面的直径或半径时，应在直径 ϕ 或半径 R 前加注符号“S”，如图 1-16（c）所示。

当圆弧半径过大无法标出圆心位置或不需要标出圆心位置时，可按图 1-16（d）标注。

（3）角度的尺寸注法。角度的尺寸界线沿径向引出，尺寸线是以角的顶点为圆心的圆弧，尺寸数字书写方向一律为水平方向，字头朝上，一般写在尺寸线的中断处，必要时也可注写在尺寸线的上方、外面或引出标注，如图 1-17 所示。

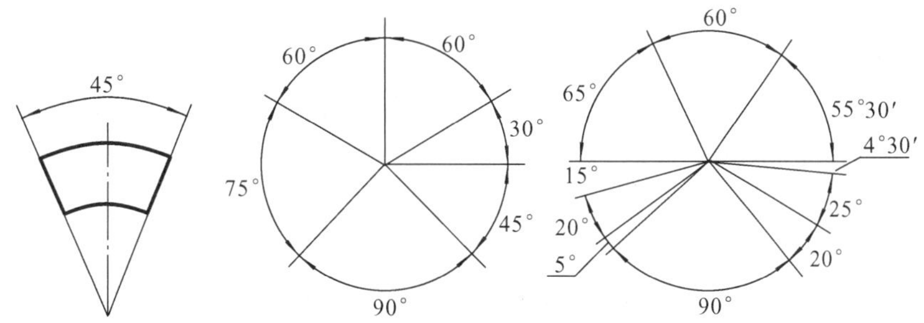

图 1-17　角度的尺寸注法

（4）小尺寸的注法。由于尺寸较小，尺寸界线之间没有位置画箭头及写尺寸数字时，可按图 1-18 所示的方法标注尺寸。连续的小尺寸，可用小圆点或 45°斜线代替中间省去的两个箭头。

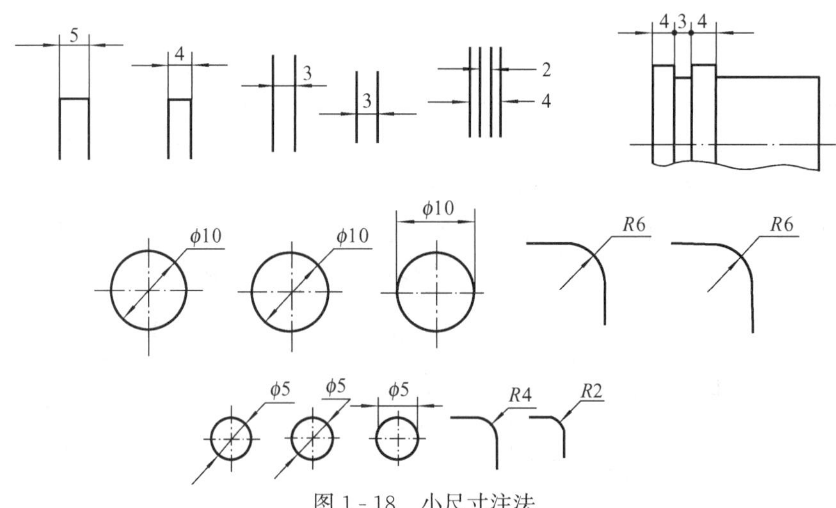

5
4
3
3
2
4
4
3
4
ϕ10
ϕ10
ϕ10
R6
R6
ϕ5
ϕ5
ϕ5
R4
R2
图 1-18　小尺寸注法

第二节　平面图形的绘制

一、基本操作

（一）常用键的功能和操作

常用键包括鼠标和键盘上的一部分键。

1. 鼠标

鼠标是交互式绘图软件最重要的输入设备之一。CAXA2005 电子图板支持滚轮鼠标，集成了许多功能，使用非常方便。单击左键功能有选择菜单和拾取实体功能；单击右键有确认拾取、终止当前命令、重复上一条命令（在命令状态下）、弹出相应的快捷菜单（拾取状态下）、打开公差标注对话框（尺寸标注状态下）等功能；滚动滚轮可放大或缩小绘图区域；按下滚轮移动鼠标可移动绘图区域。

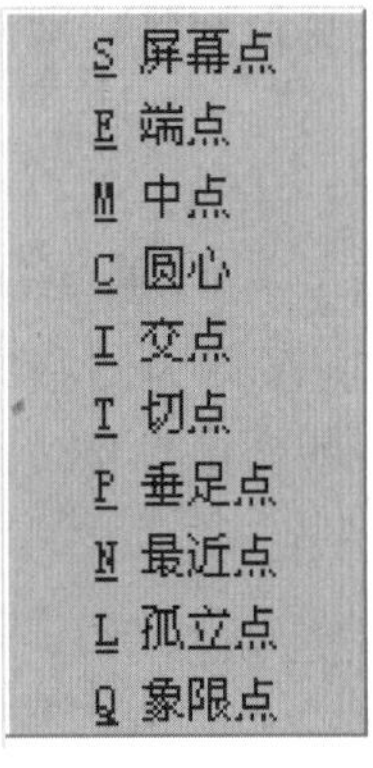

S 屏幕点
E 端点
M 中点
C 圆心
I 交点
T 切点
P 垂足点
N 最近点
L 孤立点
Q 象限点
图 1-19　工具点菜单

2. 回车键

回车键的功能为结束数据的输入、确认默认值或重复上一条命令（同鼠标右键）。

3. 空格键

在系统提示输入点坐标或输入位置时，按下空格键即在光标位置处弹出工具点菜单，如图 1-19 所示。

在拾取元素状态下，按下空格键可弹出拾取元素菜单，如图 1-20 所示。

4. 功能键

CAXA 电子图板设置 F1～F9 为功能键，常用功能键有以下六个：

W 拾取所有
A 拾取添加
D 取消所有
R 拾取取消
L 取消尾项
图 1-20　拾取元素菜单

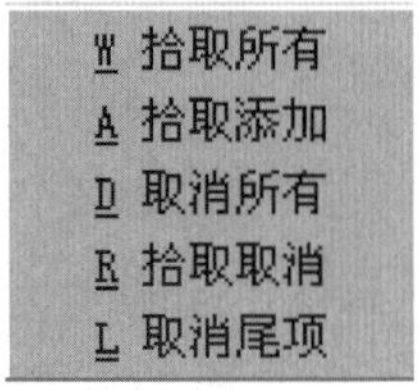

F3：显示全部图形。

F4：指定一个当前点为参考点，用于相对坐标点的输入。

F5：切换用户坐标系。

F6：工具点捕捉方式开关，进行自由、智能、栅格和导航

四种捕捉方式的切换。

F7：三视图导航开关。

F9：全屏显示开关。

（二）命令的执行

CAXA 电子图板是交互式绘图软件，绘制图形、编辑图形等几乎所有的操作都要依赖于用户的命令。执行命令的方式主要有以下四种：

1. 菜单选择方式

菜单选择方式就是通过选择主菜单的菜单命令来进行操作的方式。例如，要画一个圆，可以选择“绘制”—“基本曲线”—“圆”菜单命令，然后按立即菜单的提示进行操作即可。

2. 选取工具按钮的方式

单击工具栏按钮相当于选择相应的菜单命令，当光标在工具栏按钮上稍作停留时，还会在工具栏按钮旁浮现工具栏按钮所对应菜单命令的中文提示。使用工具栏按钮是最方便的执行常用命令的方式。

3. 输入命令的方式

由键盘直接输入命令名也可执行该命令。这符合老版本 AutoCAD 习惯。

4. 重复命令方式

命令行提示命令时，使用鼠标右键或键盘回车键可以重复执行上一条命令。这在连续绘图中非常方便。

（三）点的输入

点是最基本的图形元素，点的输入是各种绘图操作的基础。CAXA 电子图板的点的输入方式有键盘输入方式、鼠标输入方式和工具点的捕捉输入方式三种。

1. 由键盘输入点的坐标

点在屏幕上的坐标有绝对坐标和相对坐标两种方式。

绝对坐标是对当前的坐标原点而言的，可直接通过键盘输入“X，Y”坐标实现，X、Y 坐标值之间用逗号隔开。

相对坐标是指相对系统当前点的坐标，与坐标原点无关。当前点不明确时，常先用 F4 键指定当前点。输入相对坐标时，规定通过键盘输入“@X，Y”实现，符号“@”表示是相对坐标，X、Y 是相对坐标值，中间也用逗号隔开。相对坐标也可用极坐标表示（X、Y 值之间用符号“＜”隔开）。例如（@60＜80），表示输入了相对于当前点的一极坐标，极坐标半径为 60，半径与 X 轴的逆时针夹角为 80°。本书以后章节统一用括号括起来的两个数字表示坐标。

2. 用鼠标输入点的坐标

鼠标输入点的坐标就是通过移动鼠标的十字光标到需要输入的点的位置，然后单击，该点的坐标即被输入。这种方法不容易精确绘图，但鼠标输入方式和工具点捕捉配合使用可方便准确地输入特征点，如端点、切点、垂足点等。

3. 工具点的捕捉

工具点就是在作图过程中的特征点，如圆心点、切点、端点等。工具点的捕捉就是使用鼠标捕捉工具点。

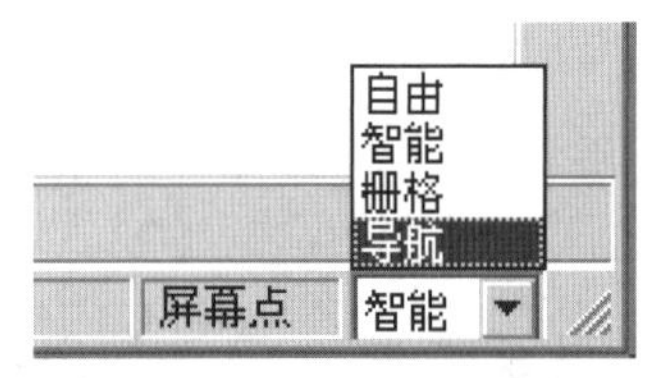

图 1-21 屏幕点立即菜单

(1) 工具点菜单方式。在命令行提示输入点时，按下空格键，即在屏幕上弹出工具点菜单，如图 1-19 所示，用鼠标拾取相应菜单项后，只要用鼠标拾取某实体，即可输入该实体的相应特征点。但这种点的捕获只能用一次，用完后自动回到默认的屏幕点捕捉状态。

(2) 屏幕点捕捉。有四种屏幕点捕捉方式，可通过屏幕右下角屏幕点立即菜单（见图 1-21）切换（也可用 F6 切换）。

1）自由点捕捉。鼠标在屏幕上绘图区内移动时不自动吸附到任何特征点上，点的输入完全由当前鼠标在绘图区内的实际定位来确定。

2）栅格点捕捉。栅格点就是在屏幕上绘图区内沿当前用户坐标系的 X 方向和 Y 方向等间距排列的点。鼠标在屏幕上绘图区内移动时会自动吸附到距离最近的栅格点上，这时点的输入是由吸附上的特征点坐标来确定的。当选择栅格点捕捉方式时，还可以设置栅格点的间距、栅格点的可见与不可见。当栅格点不可见时，栅格点的自动吸附依然存在。

3）智能点捕捉。当鼠标在屏幕上绘图区内移动时，如果它与某些特征点的距离在拾取盒范围之内，那么它将自动吸附到距离最近的那个特征点上，这时点的输入是由吸附上的特征点坐标来确定的。可以吸附的特征点包括孤立点、端点、中点、圆心点、象限点、交点、切点、垂点、最近点等。当选择智能点捕捉时，这些特征点统称为智能点。如果不需要对所有的智能点都进行捕捉，还可以根据需要随时选择特定的智能点进行捕捉。

4）导航点捕捉。导航点捕捉与智能点捕捉有相似之处但也有明显的区别。相似之处就是捕捉的特征点相似，包括孤立点、端点、中点、圆心点、象限点等。当选择导航点捕捉时，这些特征点统称为导航点。区别在于智能点捕捉时，十字光标线的 X 坐标线和 Y 坐标线都必须距离智能点最近时才可能吸附上。而导航点捕捉时，先将十字光标在导航点上稍作停留（等待导航点提示符出现）以选定导航点，再移动光标，十字光标线的 X 坐标线或 Y 坐标线距离导航点较近时，就出现导航提示线，此时若按下鼠标左键，则输入与导航点 X 坐标或 Y 坐标一致的点。也许并不需要对所有的导航点都进行捕捉，还可以根据作图的需要随时选择特定的导航点进行捕捉。如果还需要在某些特定的角度上进行导航，可以启用角度导航设置，并添加所需要的导航角。

(四) 选择实体

组成图形的直线、圆、圆弧、块或图符等，在交互式绘图软件中被称为实体。选择实体也叫拾取实体，指在已经画好的图形中选取一个或多个实体，对其进行编辑操作，如删除、移动、拷贝、剪切等。已选中的实体集合，称为选择集。

CAXA 电子图板中拾取实体的方法主要有点选方式、窗口方式和利用拾取元素菜单命令方式。恰当联合使用这几种拾取方式可快速拾取要拾取的实体。

1. 点选方式

移动鼠标的十字光标，将光标的交叉点或靶区方框（围住光标交叉点的小方框）对准要拾取的实体单击，被拾取的实体则呈加亮颜色的显示状态（默认为红色），表明该实体被选中。一般可连续拾取多个实体。

2. 窗口方式

用画窗口的方法一次可以拾取多个实体。与点选方式相比，窗口方式一次可以拾取多个实体，但可选择性没有点选方式强。

（1）完全窗口方式。在所要拾取的实体左侧第一次单击，然后鼠标向右上或右下方移动，在合适的地方第二次单击，所要拾取的实体必须全部被所画窗口包含，此时被窗口完全包含的实体被选中，部分被包含的实体不被拾取。

（2）交叉窗口方式。在所要拾取的实体右侧第一次单击，然后鼠标向左上或左下方移动，在合适的地方第二次单击，此时被窗口完全包含的实体被选中，部分被包含的实体也被拾取。

3. 选用拾取元素菜单命令方式

在拾取元素状态下，按下空格键可弹出拾取元素菜单，如图1-20所示。

各选项介绍如下：

拾取所有：拾取绘图区上的所有实体，但在拾取设置中被过滤掉的实体或被关闭的图层中的实体不会被拾取。

拾取添加：用户可以继续拾取，此后拾取到的实体将添加到选择集中。

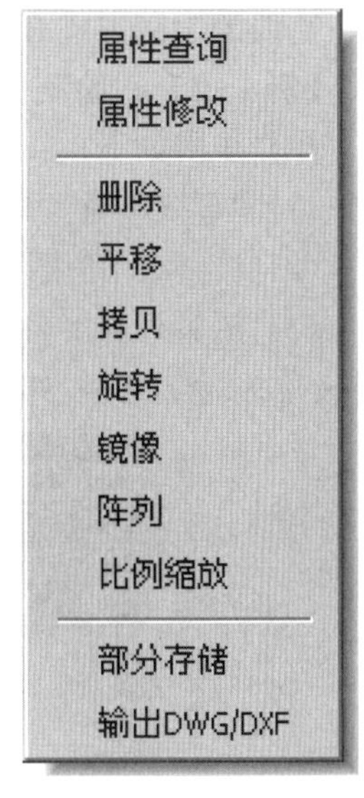

图1-22　快捷菜单

取消所有：取消所有被拾取的实体。

拾取取消：从选择集中取消某些实体，根据提示可由鼠标点取不想拾取的实体。

取消尾项：取消最后拾取的实体。

（五）右键直接操作功能

对拾取的实体，在绘图区单击鼠标右键，则弹出相应的快捷菜单（见图1-22），可利用其中的菜单命令对选中的实体进行操作，虽然这些操作也可通过其他方法完成，但这是快速执行一些常用命令的方法。

二、基本曲线的绘制

CAXA电子图板为各种图形的绘制提供了丰富的菜单命令和工具栏按钮。这里仅对常用命令作简要介绍，更多更详细的内容请读者结合软件并参考其帮助自行学习。

所谓基本曲线是指那些构成一般图形的基本图形元素。它主要包括直线、圆、圆弧、样条、点、椭圆、矩形、正多边形、中心线、等距线、公式曲线、剖面线、填充、文字标注和局部放大等15种。

常用基本曲线工具栏按钮如图1-23所示。

图1-23　基本曲线绘图工具栏按钮

绘制图线的方法都相似，基本步骤如下：

（1）用工具栏按钮或菜单执行某个的绘图命令。

（2）在立即菜单中选择合适的绘制方式。

（3）按提示进行相应的操作完成绘图命令。

1. 直线

直线的绘制方式有两点线、角度线、角等分线、切线和法线。

【例 1-1】 绘制一条 30°的角度线。

操作步骤如下:

(1)“直线”→“角度线”,则在立即菜单中出现“1:角度线”。

(2)将“4:角度”后面的值改为 30°。

(3)用鼠标在屏幕上任取一点 A,然后移动鼠标再取一点 B,即可绘制出一条与 X 轴成 30°夹角的线段 AB,如图 1-24 所示。

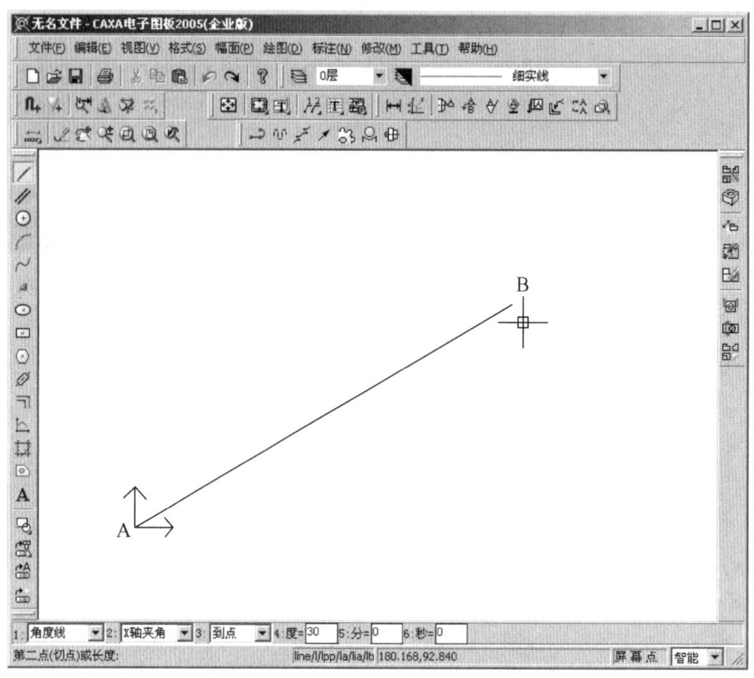

图 1-24 [例 1-1] 角度线的绘制

其他直线绘制方式请读者自行练习(本节所有曲线绘制命令仅举有代表性例题讲述)。

2. 平行线

画平行线有偏移方式和两点方式两种。

偏移方式按给定距离绘制与已知线段平行,且长度相等的单向或双向的平行线段。用鼠标选取一条已知直线,然后用鼠标拖动生成的平行线到所需位置时点鼠标左键确定,或用键盘输入一个距离数值即可。

两点方式用于绘制以给定点为起点与已知直线平行的直线,而决定该直线终点有到点和到线上两种方式。首先用鼠标选取一条直线,接着指定平行线的起点(可以按空格键弹出工具点菜单来帮助精确定位),如果当前是“到点”方式,在合适的位置按下鼠标左键,平行线终点将为鼠标位置到平行线的垂足;如果当前是“到线上”方式,根据提示选取一条直线或曲线,则平行线终点将为平行线与其的交点。

3. 圆

绘制圆的方式有圆心半径、两点、三点、两点半径等。

【例 1-2】 绘制已知三角形的内切圆。

操作步骤如下：

（1）“圆”→“三点”。

（2）空格键+点“切点”。

（3）点取三角形的一条边。

（4）空格键+点“切点”。

（5）点取三角形的另一条边。

（6）空格键+点“切点”。

（7）点取三角形的第三条边，则三角形的内切圆便绘制出来了。

图 1-25 所示为第（7）步截图。

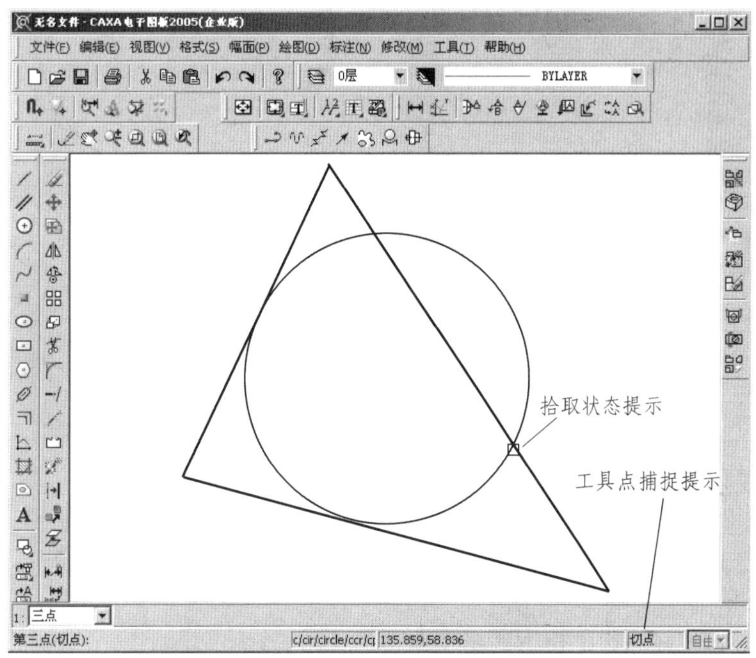

图 1-25　［例 1-2］内切圆绘制

4. 圆弧

圆弧的绘制方法有三点圆弧、圆心—起点—圆心角、两点—半径、圆心—半径—起终角、起点—终点—圆心角、起点—半径—起终角等。

【例 1-3】　用一个半径为 R 的圆弧光滑的连接两个已知圆。

其操作步骤如下：

（1）“圆弧”→“两点半径”。

（2）空格键+点“切点”，点取第一个圆。

（3）空格键+点“切点”，点取第二个圆。

（4）输入圆弧半径 R 后回车，即可绘制出所需圆弧。

图 1-26 所示为第（4）步截图。

注意：在点取第一个圆和第二个圆时要尽量靠近实际切点位置。

5. 中心线

绘制中心线是指在圆、圆弧及椭圆上绘制两条垂直的中心线，也可以在两条平行或对称

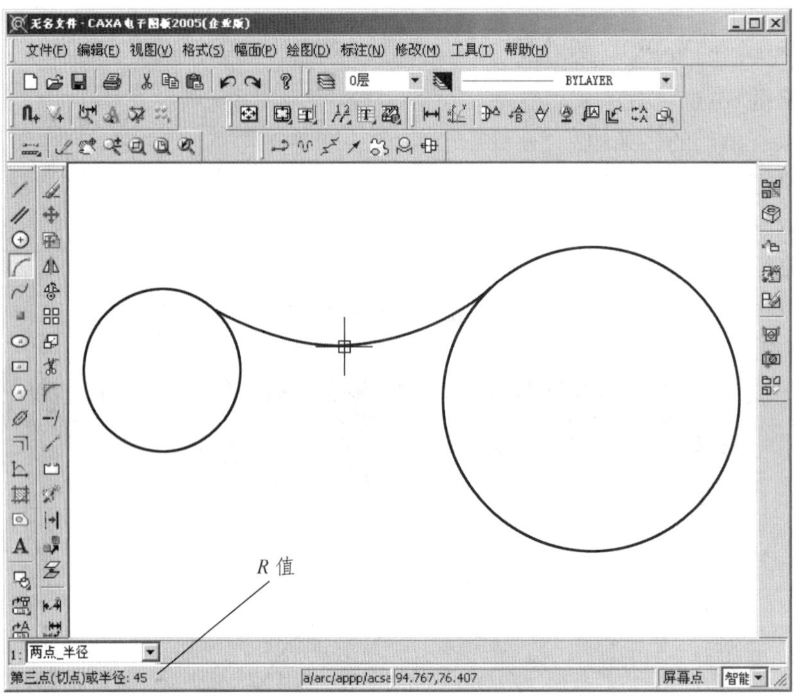

图 1 - 26 [例 1 - 3] 圆弧连接绘制

的直线间绘制一条中心线。

6. 等距线

以等距方式生成一条或同时生成数条给定曲线的等距线。

7. 样条曲线

样条曲线常用光滑连接点。

8. 正多边形

可以以中心定位或底边定位方式画正多边形。

9. 椭圆

椭圆绘制方式有给定长短轴、轴上两点、中心点一起点三种。

10. 剖面线

剖面线可用“拾取点”或“拾取边界”的方法绘制。用拾取点的方式绘制剖面线时，可以在待画剖面线的环内拾取一点，系统将首先从拾取点的位置开始，向左搜索最小的封闭环，并生成剖面线。用拾取边界的方式绘制剖面线时，可以采用窗口拾取，也可以采用单个拾取，如果边界不封闭，则不能绘制出剖面线。

11. 点

绘制点的方式有“孤立点”和“等分点”两种，常用来做标记或等分曲线。

图 1 - 27 高级曲线绘图工具栏按钮

三、高级曲线的绘制

常用高级曲线绘图工具栏按钮，如图 1 - 27 所示。

所谓高级曲线是指由基本元素组成的一些特定的图形或特定的曲线。它主要包括轮廓线、波浪线、双折线、箭头、齿轮、圆弧拟合样条和孔/轴等 7 种类型。

高级曲线的绘制步骤与基本曲线的绘制步骤相似。熟练掌握高级曲线的绘制可快速构造出较复杂的图形。

四、常用曲线编辑方法

CAXA 电子图板不仅有着强大的图线绘制功能，其实用、齐全、操作灵活的曲线编辑功能也为用户绘制图形提供了很大的便利。所谓的曲线编辑，就是对已有图形曲线进行修改的操作。曲线编辑包括裁剪、过渡、齐边、打断、拉伸、平移、旋转、镜像、比例缩放、阵列等。曲线编辑可以帮助用户完成许多图形绘制中比较麻烦的曲线间的过渡，使用户在绘图中达到事半功倍的效果。

常用基本曲线编辑工具栏按钮，如图 1-28 所示。

图 1-28　曲线编辑工具栏按钮

由于 CAXA 电子图板的大部分命令执行方式都相似（大部分通过立即菜单、状态栏和命令行提供了强大的交互提示，少数用对话框完成交互），曲线编辑命令的操作也容易掌握，这里不再赘述。

五、工程标注简介

CAXA 电子图板依据国家标准《机械制图》规定，对工程图进行尺寸标注、文字标注和工程符号标注的一整套方法，可方便地完成各种常见的工程标注，它是绘制工程图样的十分重要的手段和组成部分。工程标注包括尺寸标注、坐标标注、倒角标注、引出说明、尺寸公差查询、形位公差、基准代号、粗糙度、焊接符号、剖切符号、标注编辑、尺寸风格编辑、文本风格编辑和尺寸驱动等 12 个方面。

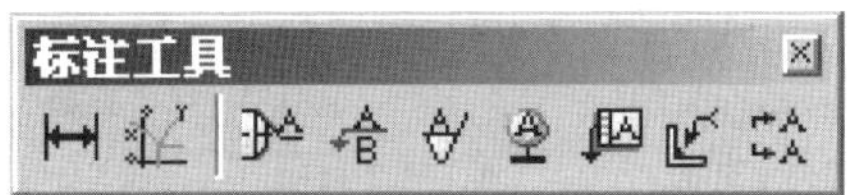

图 1-29　工程标注工具栏按钮

常用工程标注工具栏按钮，如图 1-29 所示。

六、平面图形的绘制

平面图形由许多线段（直线、圆或圆弧）连接而成，这些线段的形状、大小、相对位置和连接关系，是根据给定的尺寸来确定的。绘图时，首先要对图形中的尺寸和线段进行分析，以便确定画图的方法和步骤。

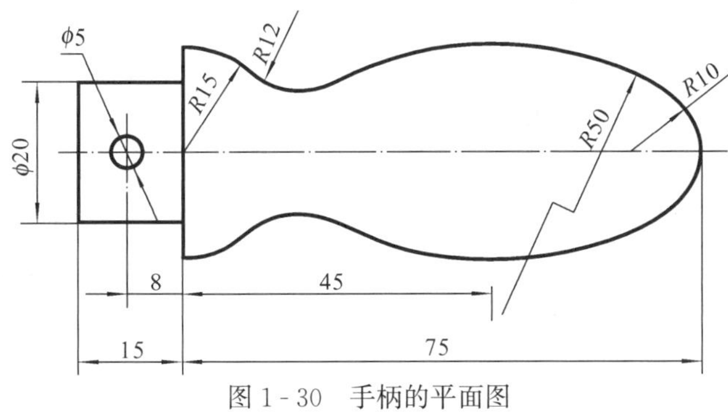

图 1-30　手柄的平面图

现以图 1-30 所示的手柄平面图为例，说明分析方法和画图步骤。

（一）尺寸分析

平面图形中的尺寸，根据其作用可分为定形尺寸和定位尺寸两类。

1. 定形尺寸

确定图形中几何元素大小的尺寸称定形尺寸。确定直线段的长度、圆的直径或圆弧的半径以及角度大小的尺寸都是定形尺寸，如图 1-30 中的 15、ϕ20、R15 等。

2. 定位尺寸

确定图形中几何元素位置的尺寸称定位尺寸，如图 1-30 中的 8，确定了 $\phi5$ 的圆心的位置。

标注定位尺寸时，要考虑标注尺寸的基准。标注尺寸的起点称尺寸基准。图形中的对称线、较大圆的中心线或较长的直线都可作为基准。

（二）线段分析

图形中的线段包括圆弧和直线。根据其定形尺寸和定位尺寸是否齐全，线段可分为以下三类：

1. 已知线段

注有完整定形尺寸和定位尺寸的线段称为已知线段。对圆弧来说，半径和圆心的两个定位尺寸都齐全的圆弧称已知弧，如图 1-30 中的半径 $R15$ 和 $R10$ 均为已知弧。

2. 中间线段

只给出定形尺寸和一个定位尺寸的线段称中间线段，如图 1-30 中的 $R50$ 为中间弧。

3. 连接线段

只给出定形尺寸，没有定位尺寸的线段，如图 1-30 中的半径为 $R12$ 的圆弧称为连接弧。

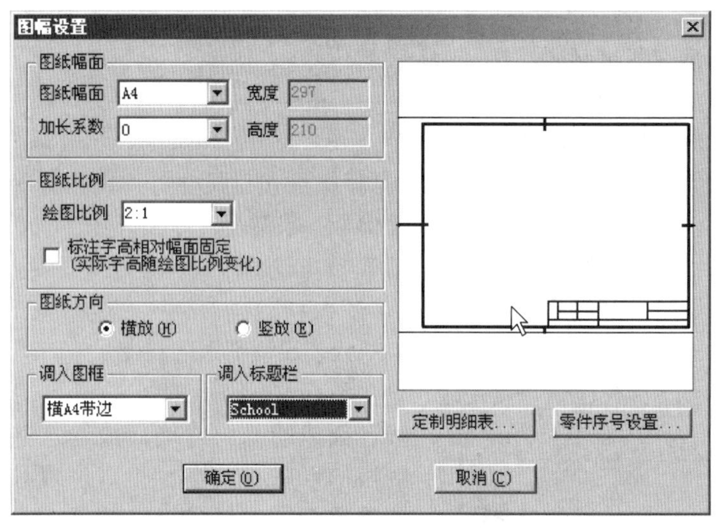

图 1-31 图幅设置

（三）画图方法

对平面图形作了尺寸和线段分析，明确了尺寸的作用和线段的性质，了解了图形的构形特点后，就可以画图了。画图时，应先画已知线段，再画中间线段，最后画连接线段。用 CAXA 电子图板绘制该图步骤如下。

1. 设置图纸幅面并且调入图框和标题栏

选择“幅面”菜单中的“图纸幅面”命令，在弹出的图纸幅面对话框中将图纸幅面设置为 A4，图纸方向设置为横放，绘图比例设置为 2∶1（也可画完后调整），选择相应的图框和标题栏，如图 1-31 所示并单击确定。

2. 画已知线段

选矩形命令在合适位置画出左端长 15、宽 20 的矩形，如图 1-32 所示。

以该矩形为基准，根据图 1-30 的尺寸标注画出 $\phi5$、$R15$、$R10$ 的圆，如图 1-33 所示。在定位圆心过程中注意结合 F4 键，使用相对坐标来输入点。

3. 画中间线段

先求圆心，再画 $R50$ 的圆与 $R10$ 的圆相内切，如图 1-34 和图 1-35 所示。

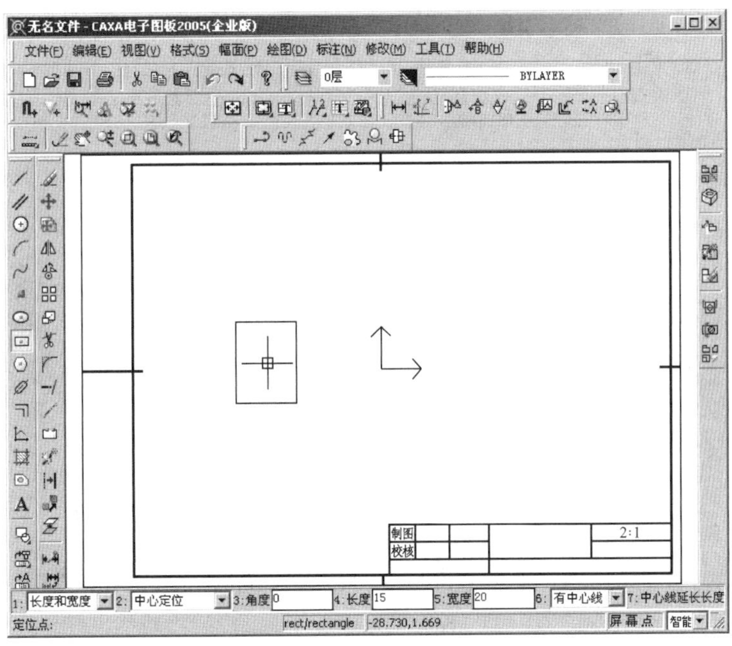

图 1-32　绘制矩形

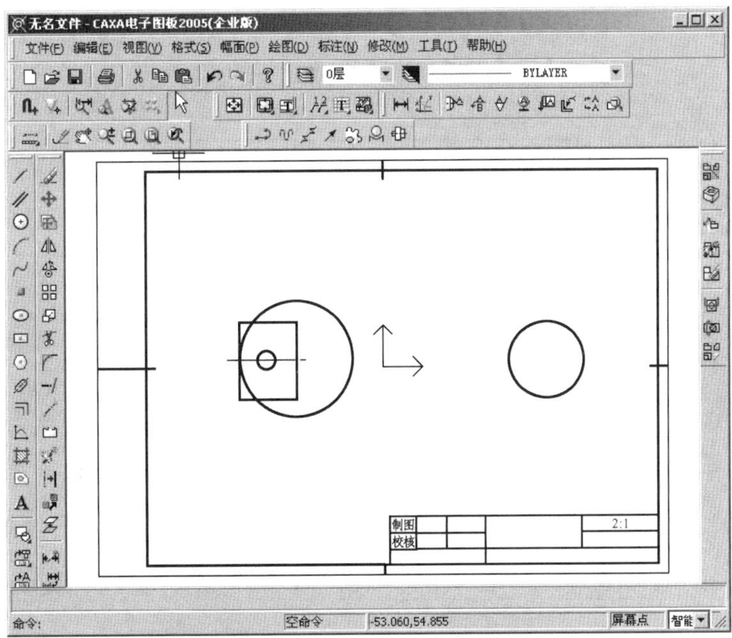

图 1-33　绘制其他已知线段

4. 画连接线段

用圆弧命令（两点半径方式）画出连接圆弧，如图 1-36 所示。注意使用工具点捕捉方式。

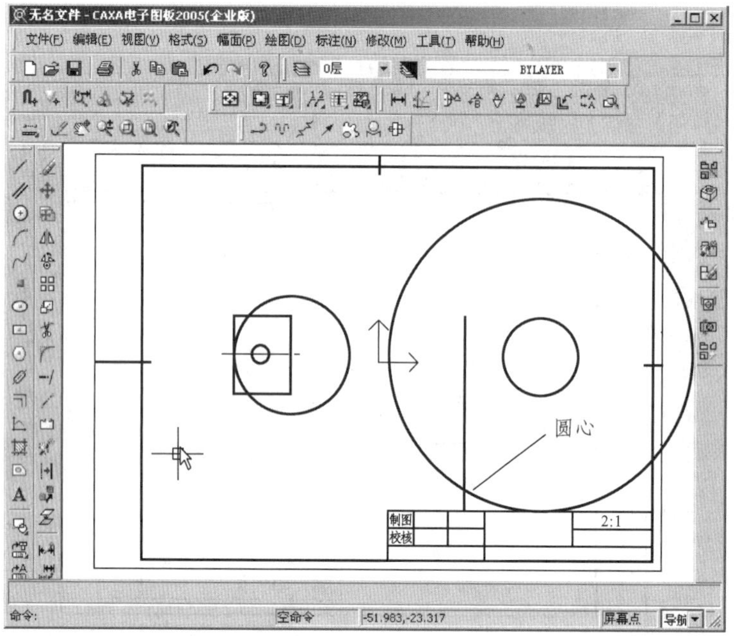

图 1 - 34 求圆心

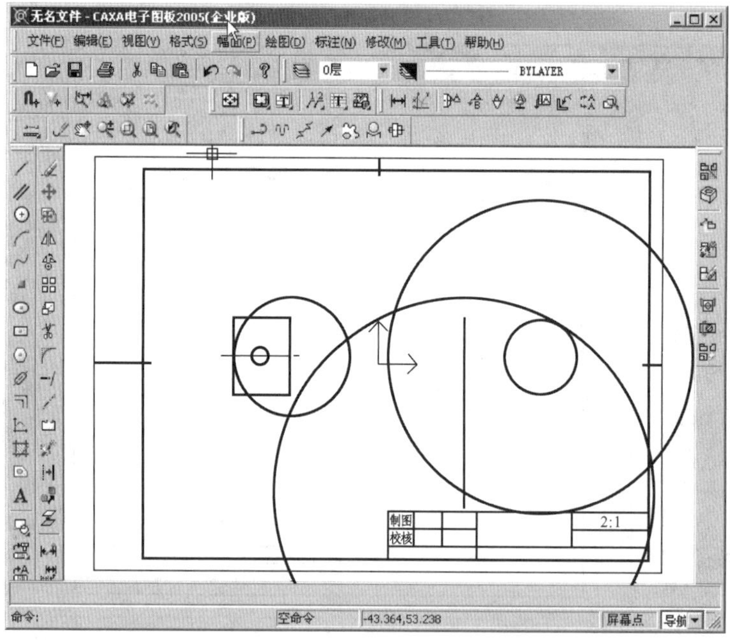

图 1 - 35 画中间线段 $R50$ 的圆

5. 用编辑命令进行修改

利用齐边、快速裁剪、删除、镜像等命令可快速获得要求的图形，如图 1 - 37 所示。

6. 标注尺寸，填写标题栏等

利用标注尺寸命令中的基本标注、基准标注、连续标注、大圆弧标注方式等，可快速完

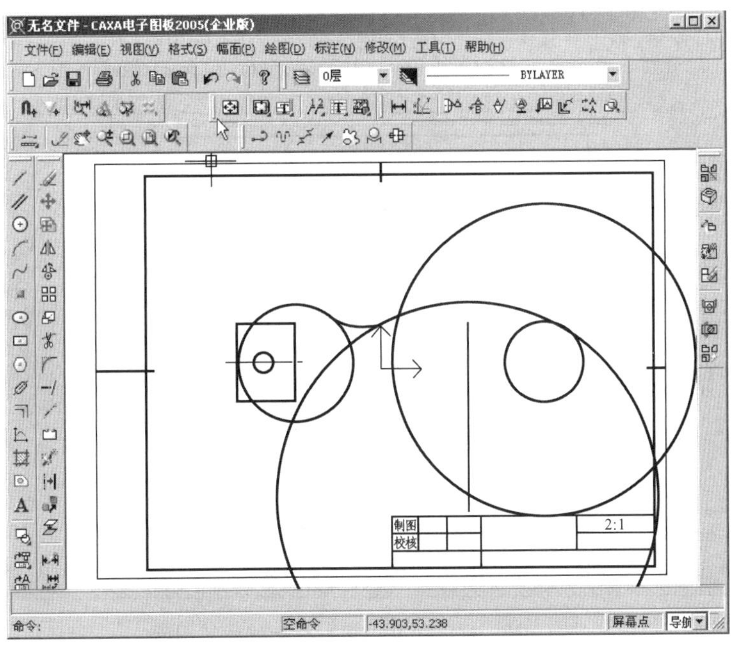

图 1-36　画连接线段 $R12$ 的圆弧

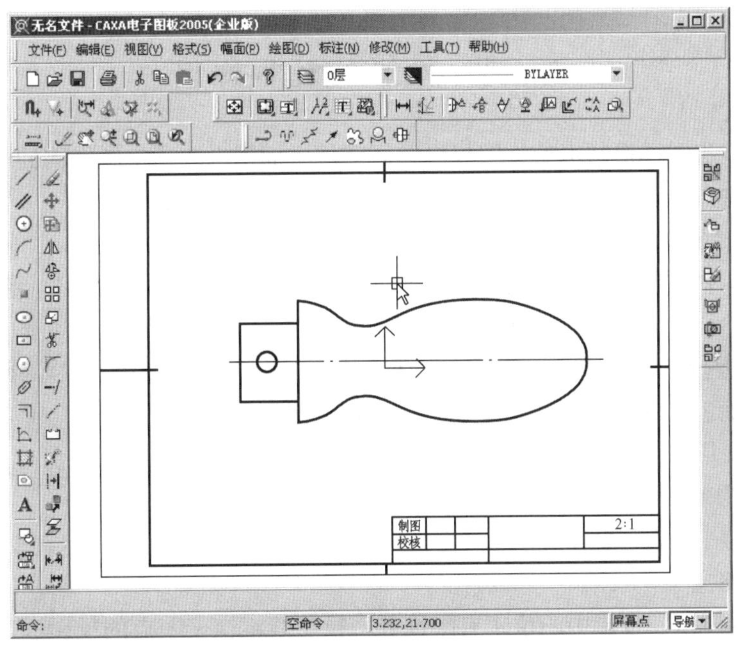

图 1-37　编辑后的图形

成尺寸标注，标题栏的填写也可使用填写标题栏命令方便地完成，如图 1-38 所示。

CAXA 电子图板提供了丰富的绘制、编辑、标注等命令，它使计算机绘图和传统的手工绘图产生了巨大的差别，“电子图板”并不是简单地把手工绘图过程搬到计算机屏幕上，

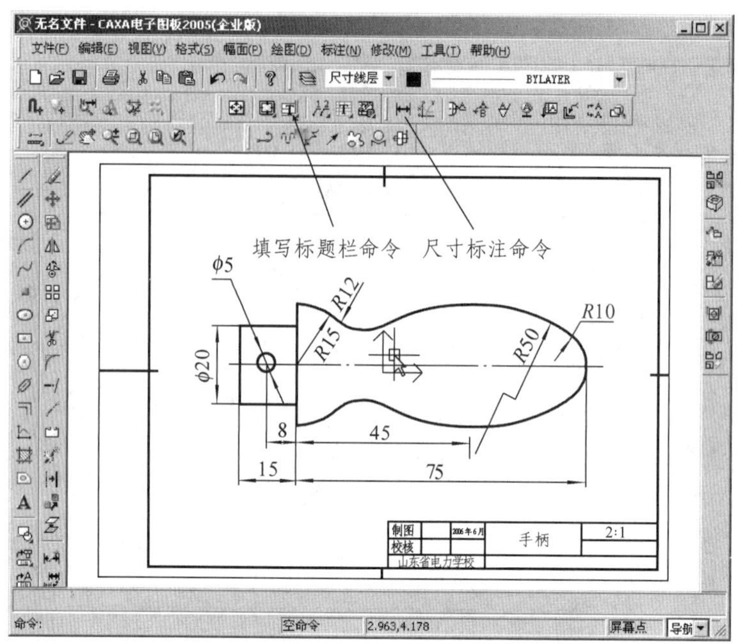

图 1-38 标注尺寸、填写标题栏后的图形

它有许多手工绘图无法实现的高效构图方法，大大提高了绘图的精度和效率。限于篇幅，本节并未全面介绍这些方法，读者可结合电子图板及其帮助，随着学习的深入，逐步掌握。

第三节 投影的基本知识

本节介绍工程图样最基本的构图规律，研究用平面图形表达空间结构的基本方法。

一、投影法

（一）投影法的概念

在图 1-39 中，有平面 P 以及不在该平面上的一点 S 和空间△ABC。将 S 与△ABC 的三个顶点 A、B、C 分别连线，并作出连线 SA、SB、SC 与平面 P 的交点 a、b、c，得△abc。S 点称为投影中心。S 点与△ABC 各顶点的连线（SA、SB、SC），称为投影线。平面 P 称为投影面。△abc 称为空间△ABC 在 P 面的投影。

这种产生图形的方法，称为投影法。

（二）投影法的种类

投影法分为中心投影法和平行投影法两类。

1. 中心投影法

如图 1-39 所示，投影中心位于有限远处，投影线汇交于一点的投影法，称为中心投影法，所得的投影称为透视投影、透视图或透视。

中心投影法常用于绘制建筑物或产品的富有逼真感的立体图，在机械图中很少采用。

2. 平行投影法

如图 1-40 所示，若投影中心位于无限远处，则所有投影线都互相平行，这种投影法称为平行投影法。

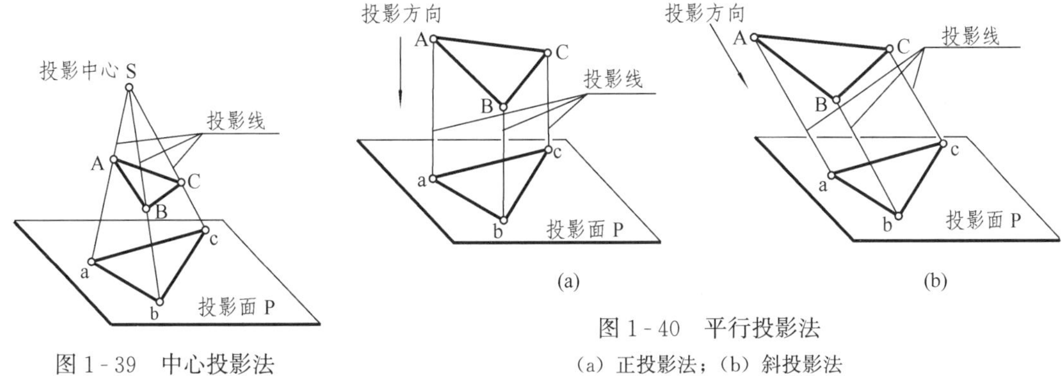

图1-39　中心投影法

图1-40　平行投影法

(a) 正投影法；(b) 斜投影法

在平行投影法中，投影线的方向称为投影方向。根据投影方向是否垂直于投影面，平行投影法分为两种：

(1) 正投影法：投影方向垂直于投影面，如图1-40 (a) 所示。

(2) 斜投影法：投影方向倾斜于投影面，如图1-40 (b) 所示。

用正投影法作出的投影称为正投影或正投影图，工程图样主要是用正投影法绘制的，本书将“正投影”简称为“投影”。

（三）正投影的投影特性

(1) 真实性。当平面或直线平行于投影面时，其投影反映平面的真实形状，或反映直线的真实长度。这种投影特性称为真实性，如图1-41 (a) 所示。

(2) 类似性。当平面或直线倾斜于投影面时，其投影是缩小了的类似形或缩短了的直线段。这种投影特性称为类似性，如图1-41 (b) 所示。

(3) 积聚性。当平面或直线垂直于投影面时，其投影积聚成一条直线或一个点。这种投影特性称为积聚性，如图1-41 (c) 所示。

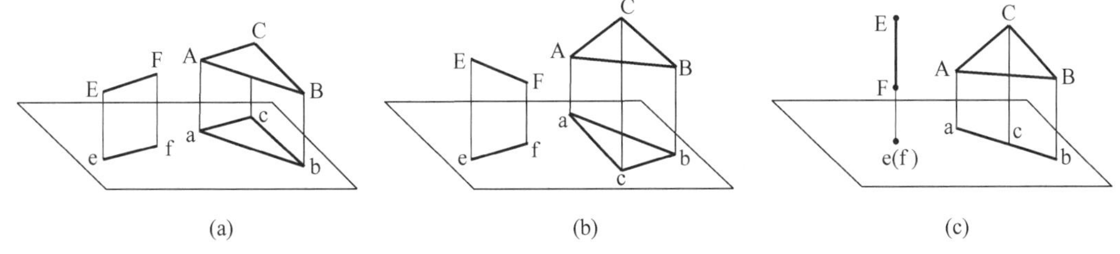

图1-41　正投影的基本特性

(a) 空间结构平行于投影面；(b) 空间结构倾斜于投影面；(c) 空间结构垂直于投影面

二、轴测图

轴测图是一种能反映物体三维空间的单面投影图，它立体感强，但作图复杂、度量性差，生产中常作为一种辅助图样来使用。

（一）轴测图的基本知识

1. 轴测图的形成

将物体连同确定其空间位置的直角坐标系，用平行投影法向投影面P进行投影，所得的图形就叫轴测投影图，简称轴测图，如图1-42所示。

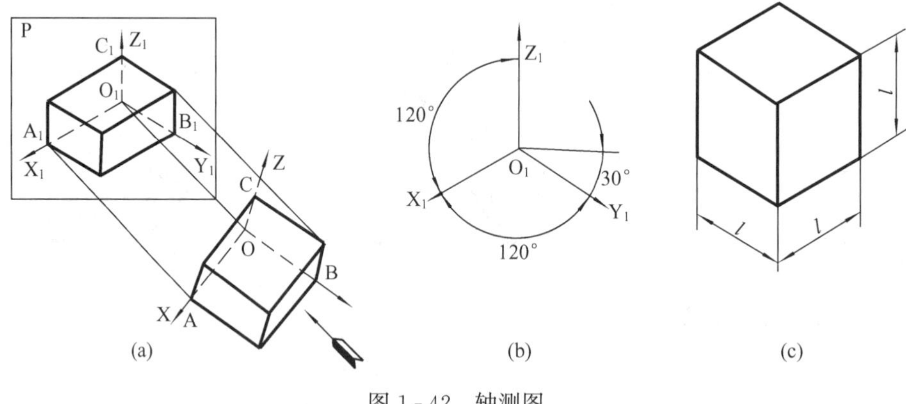

图 1 - 42 轴测图

(a) 轴测图的形成;(b) 正等测轴测轴;(c) 立方体的正等测轴测图

2. 轴间角

在图 1 - 42 中,投影平面 P 称为轴测投影面,投影方向称为轴测投影方向,三条直角坐标轴 OX、OY、OZ 的轴测投影 O_1X_1、O_1Y_1、O_1Z_1 称为轴测轴,轴测轴之间的夹角,$\angle X_1O_1Y_1$、$\angle X_1O_1Z_1$、$\angle Y_1O_1Z_1$ 称为轴间角,如图 1 - 42 (b) 所示。

3. 轴向变形系数

轴测轴上线段的长度与空间坐标轴上的对应线段长度之比称为轴向变形系数,规定

$$p=\frac{O_1A_1}{OA},\ q=\frac{O_1B_1}{OB},\ r=\frac{O_1C_1}{OC}$$

式中:p、q、r 分别为 X、Y、Z 轴的轴向变形系数。

4. 轴测图的基本特征

(1) 平行性。物体上相互平行的线段,其轴测投影仍相互平行;物体上与坐标轴平行线段,其轴测投影也与相应的轴测轴平行。

(2) 定比性。凡是与坐标轴平行的线段,其变形系数与相应的轴向变形系数相同。

5. 轴测图的基本画法

根据轴测图的基本性质可以看出,画轴测图时只要确定了轴测轴的位置和轴向变形系数,就能够画出物体上与坐标轴平行的线段在轴测图上的方向和长度。只有与三根坐标轴平行的线段,才可以直接度量尺寸画出,否则只能间接画出。

(二) 常用的轴测图

轴测图因轴测投影方向与轴测投影面间相对位置的不同,以及物体坐标轴与轴测投影面间相对位置的不同,分为很多种,常用的有正等轴测图和斜二等轴测图两种。

1. 正等轴测图

使确定物体位置的三根坐标轴 X、Y、Z 与轴测投影面的倾角都相等,然后用正投影法进行投影,所画出的轴测图称为正等轴测图,简称正等测。

(1) 轴间角。如图 1 - 42 (b) 所示,正等测的轴间角 $\angle X_1O_1Y_1=\angle X_1O_1Z_1=\angle Y_1O_1Z_1=120°$。画图时,一般使 O_1Z_1 轴处于垂直位置。O_1X_1、O_1Y_1 轴与水平方向成 30°角 (布置方式不可随意更改)。

(2) 轴向变形系数。正等测的轴向变形系数 $p=q=r=0.82$。为了作图方便,常采用简

化轴向变形系数，即 $p=q=r=1$。这样在绘制正等测图时，就可以按物体的实际尺寸去量度，如图 1-42（c）所示。

2. 斜二等轴测图

如图 1-43（a）所示，使物体上 XOZ 坐标面与轴测投影面平行，用斜投影法向轴测投影面 P 进行投影，所得的图形称为斜二等轴测图，简称斜二测。

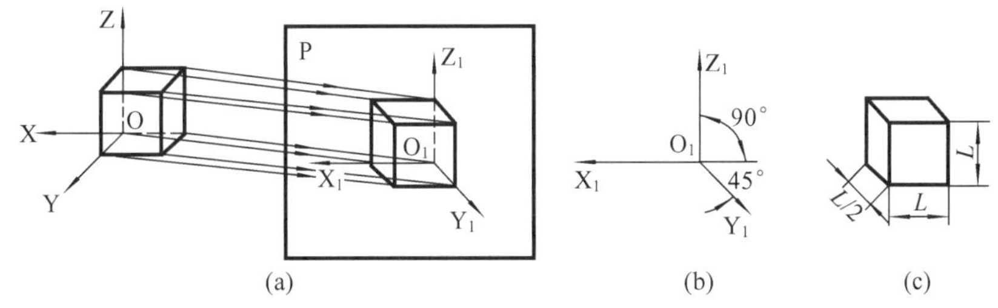

图 1-43　斜二测轴测图

（a）斜二测轴测图的形成；（b）斜二测轴测轴；（c）立方体的斜二测轴测图

（1）轴间角。如图 1-43（b）所示，轴间角$\angle X_1O_1Z_1=90°$。$\angle X_1O_1Y_1=\angle Y_1O_1Z_1=135°$。画图时，一般使 O_1Z_1 轴处于垂直位置，O_1X_1 水平，O_1Y_1 轴与水平方向成 45°角（布置方式不可随意更改）。

（2）轴向变形系数。斜二测图的轴向变形系数 $p=r=1$，$q=0.5$。画物体斜二测图时，O_1X_1、O_1Z_1 方向按物体实际尺寸度量，而 O_1Y_1 方向只能取物体尺寸的 1/2，如图 1-43（c）所示。

三、点的投影

点是构成形体的最基本、最简单的几何元素。研究点的投影，掌握其投影规律，可为正确理解和表达物体的空间结构打下坚实的基础。

1. 三投影面体系的建立

如图 1-44 所示，三投影面体系由三个互相垂直的投影面组成。三投影面分别是：

（1）正立投影面：简称正面，用 V 标记。

（2）水平投影面：简称水平面，用 H 标记。

（3）侧立投影面：简称侧面，用 W 标记。

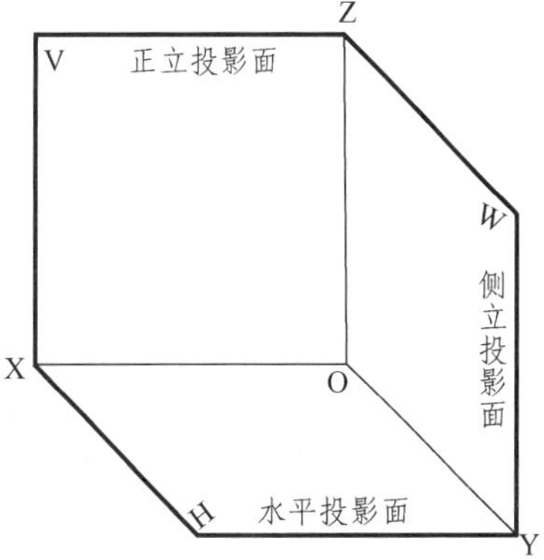

图 1-44　三投影面体系

两投影面的交线称为投影轴，它们分别是：

（1）OX 轴是 V 面和 H 面的交线，简称 X 轴，它代表长度方向；

（2）OY 轴是 H 面和 W 面的交线，简称 Y 轴，它代表宽度方向；

（3）OZ 轴是 V 面和 W 面的交线，简称 Z 轴，它代表高度方向。

注意：三投影面体系是标准规定好的，一般不允许做任何改动。特别是“长”、“宽”和“高”的约定，有些情况下与生活中并不一致。

2. 点的三面投影

如图 1-45（a）所示，假设在三投影面体系中，有一空间点 A，要求做 A 点的三面投影，可由 A 点分别向三个投影面作垂线（投影线），它们与投影面的三个交点 a、a′和 a″就是点 A 的三面投影。其中，a 是点 A 的水平投影，a′是点 A 的正面投影，a″是点 A 的侧面投影，a_x、a_y、a_z 分别是投影连线与投影轴 X、Y、Z 的交点。

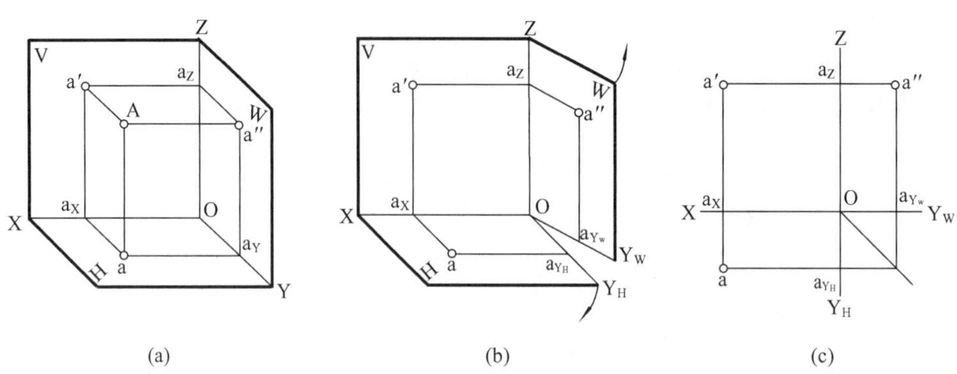

图 1 - 45　点的三面投影

(a) 空间点 A 在三投影面体系中的投影的立体图；(b) W 面和 H 面展开；(c) 投影面

规定空间点用大写字母 A、B、C、…表示，其在 H 面的投影用相应的小写字母 a、b、c、…表示；在 V 面的投影用相应的小写字母加一撇 a′、b′、c′、…表示；在 W 面的投影用相应的小写字母加两撇 a″、b″、c″、…表示。

将投影面展开在一个平面上，便得到点的三面投影图（去掉投影面边框），如图 1 - 45（b）、（c）所示。

通过对图 1 - 45 的分析，可得出点的三面投影规律：

（1）点的正面投影和侧面投影连线垂直于 Z 轴，即 $a'a'' \perp OZ$。

（2）点的正面投影和水平投影连线垂直于 X 轴，即 $a'a \perp OX$。

（3）点的水平投影到 X 轴的距离，等于点的侧面投影到 Z 轴的距离，即 $aa_X = a''a_Z$。

点的三面投影规律是工程制图最基本的构图规律。

在 CAXA 电子图板中，利用屏幕点导航和三视图导航捕捉方式，可方便地准确画出符合投影关系的三面投影图（一般不必画出投影轴），如图 1 - 46 所示。

3. 点的投影与空间直角坐标

点的空间位置也可用其空间直角坐标值来确定。如果把三投影面体系看成直角坐标系，则投影面就是坐标面，投影轴就是坐标轴，O 点就是坐标原点。由图 1 - 47 看出，A 点到三投影面的距离就是 A 点的三个坐标 X_A、Y_A 和 Z_A，即：

A 点到 W 面的距离　　$Aa'' = X_A$

A 点到 V 面的距离　　$Aa' = Y_A$

A 点到 H 面的距离　　$Aa = Z_A$

从图 1 - 47（a）又可看出，A 点的每一个投影到两投影轴的距离，反映 A 点到相应两投影面的距离，如 $Aa'' = a'a_Z$、$Aa' = aa_X$、$Aa = a'a_X$ 等。因此，有了点的两个投影就可确定点的坐标，也可以补画第三个投影；反之，有了点的坐标，也可做出点的三个投影。

在 CAXA 电子图板中，已知点的两投影求第三个投影也很方便（请见图 1 - 46）。

更重要的是，理论上，还可以用相对简单的空间结构的两个投影图来表达复杂的空间结构。

4. 两点的相对位置

空间两点的相对位置，可由空间点到三投影面的距离即点的三个坐标值来确定。距 W

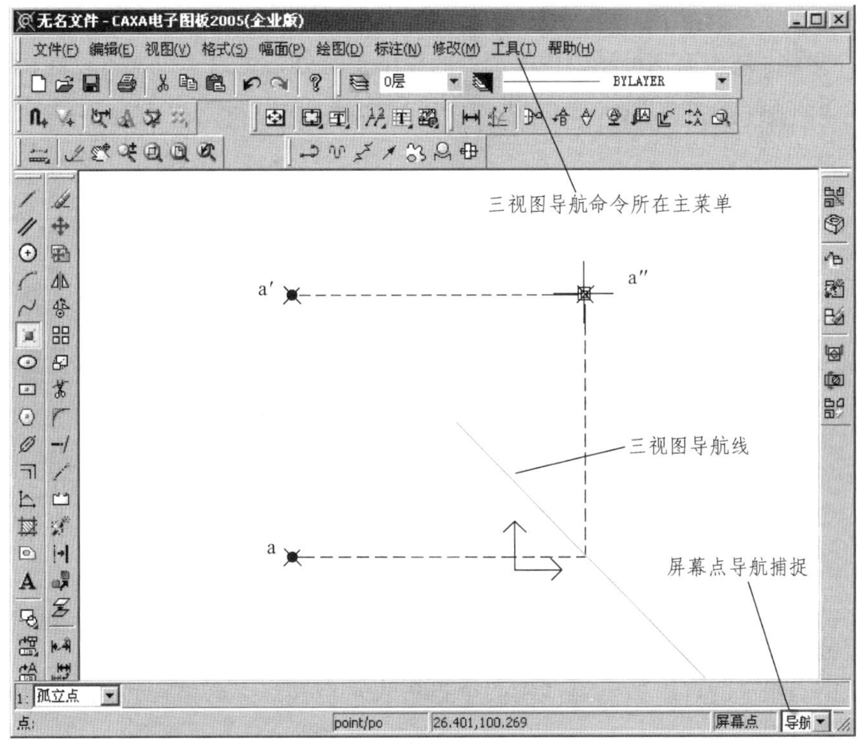

图 1-46　画点的三面投影

面远者，即 X 坐标值大的点在左，反之在右；距 V 面远者，即 Y 坐标值大的点在前，反之在后；距 H 面远者，即 Z 坐标值大的点在上，反之在下。

注意："上"和"下"、"左"和"右"，"前"和"后"也是约定好的，一般不能改动，尽管有些情况下与生活中并不一致。

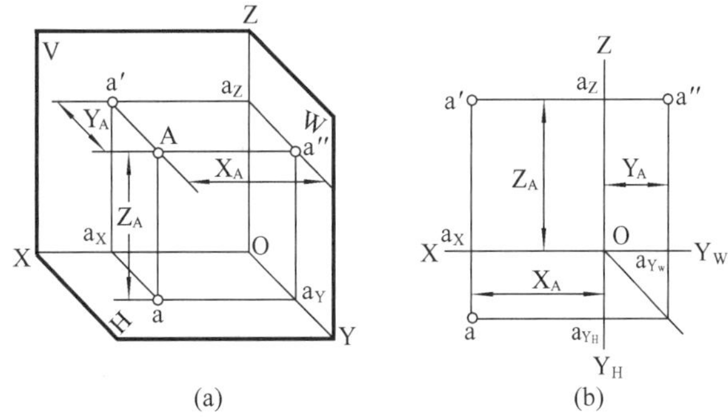

图 1-47　点的三面投影和空间直角坐标系的关系

(a) 立体图；(b) 投影图

如图 1-48 所示，已知 A、B 两点的投影，并由此知坐标 A（X_A、Y_A、Z_A）和 B（X_B、Y_B、Z_B）。因 $X_A > X_B$，故 A 点在左、B 点在右；因 $Y_A > Y_B$，故 A 点在前、B 点在后；因 $Z_B > Z_A$，故 B 点在上、A 点在下。因此，B 点在 A 点的右侧后上方，或 A 点在 B 点的左侧前下方。

5. 重影点和可见性

若两点的某一同面投影（几何元素在同一投影面上的投影）重合，则这两点称为对这个投影面或这个投影的重影点。

如图 1-49 所示，C 点在 A 点的正后方（由这两点的投影分析得到），这两点的正面投影重合，点 A 和点 C 称为对正面投影的重影点。

正投影是将几何形体置于观察者和投影面之间，假想以垂直于投影面的平行视线（投射线）进行投影所得出的。因此，对正面投影、水平投影、侧面投影的重影点的投影的可见性，分别是前遮后、上遮下、左遮右。例如在图 1-49 中，较前的点 A 的投影 a′可见，而较后的点 C 的投影 c′被遮而不可见。在投影点的投影重合处，可以不表明可见性；若需表明，则可在不可见投影的符号上加括号，如图 1-49 中的（c′）。

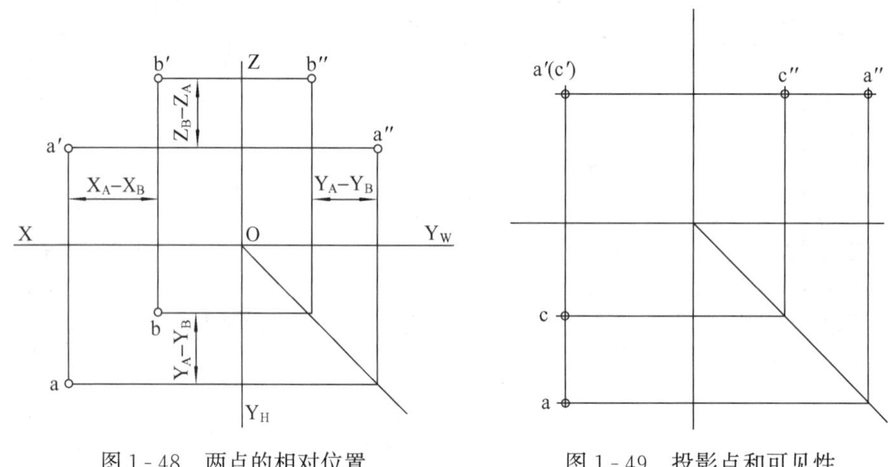

图 1-48　两点的相对位置　　图 1-49　投影点和可见性

四、直线的投影

直线是由点组成的，既然已经能用两个投影表示空间点，必然能用两个投影（常用三个）表示空间直线。

1. 直线的三面投影

根据“两点确定一直线”的几何定理，在绘制直线的投影图时，只要作出直线上任意两点的投影，再将两点的同面投影连接起来，即为直线的三面投影。

如图 1-50（a）所示，要作直线 AB 的三面投影，先做直线两端点 A、B 的三面投影，再分别连两点的同面投影，即为直线 AB 的三面投影 ab、a′b′和 a″b″，如图 1-50（b）、（c）所示。

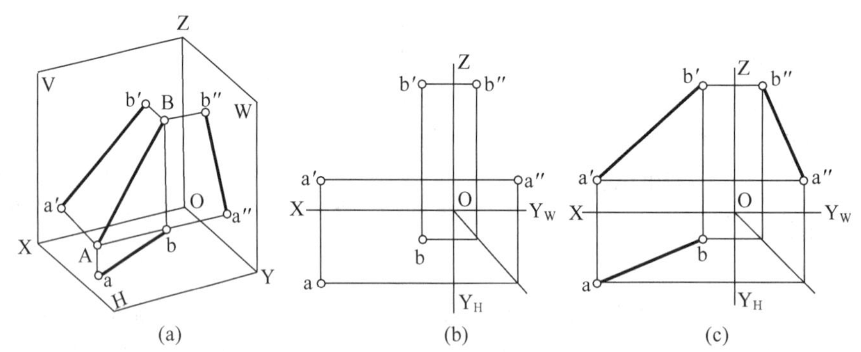

图 1-50　直线的三面投影

（a）立体图；（b）两端点的投影图；（c）直线的投影图

2. 各种位置直线的投影

在三投影面体系中，根据空间直线对三个投影面的相对位置的不同，空间直线可分为投影面平行线、投影面垂直线、一般位置直线三类。

（1）投影面平行线。平行于一个投影面而倾斜于其他两个投影面的直线，称为投影面平行线。投影面平行线又可分为正平线（平行于正面）、水平线（平行于水平投影面）和侧平线（平行于侧面）三种，见表 1-2。

从表 1-2 中，可概括出投影面平行线的投影特性如下：

1）在与直线平行的投影面上，投影反映实长，且与投影轴倾斜。

2）在与直线倾斜的两投影面上，投影均为直线，长度缩短，且分别平行于相应的投影轴。

表 1-2　　投影面平行线的投影特性

名称	水平线（//H，∠V，∠W）	正平线（//V，∠H，∠W）	侧平线（//W，∠H，∠V）
立体图	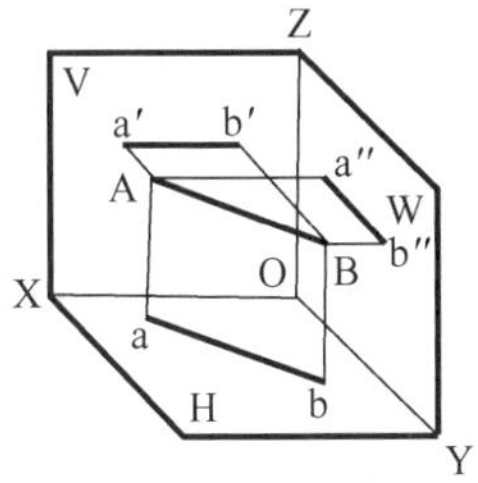	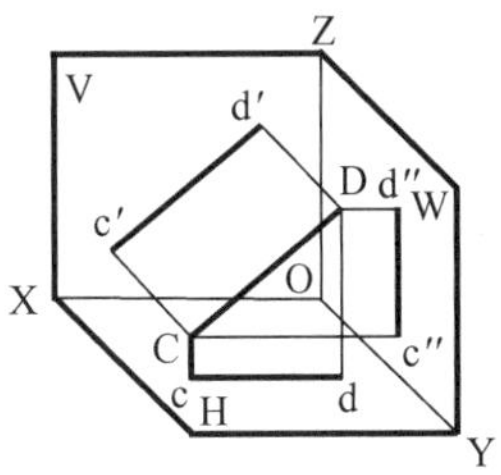	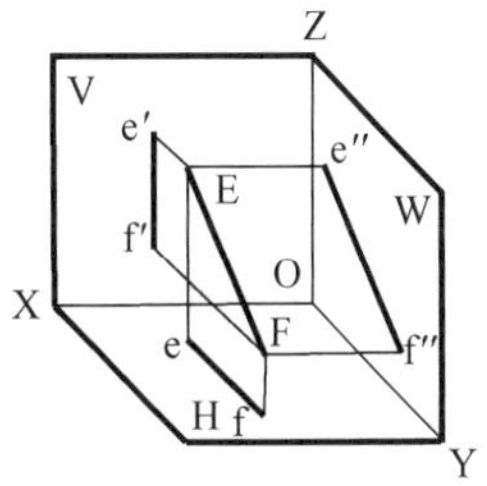
投影图	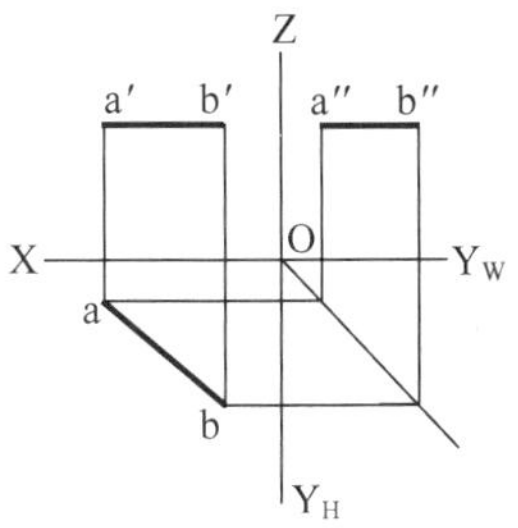	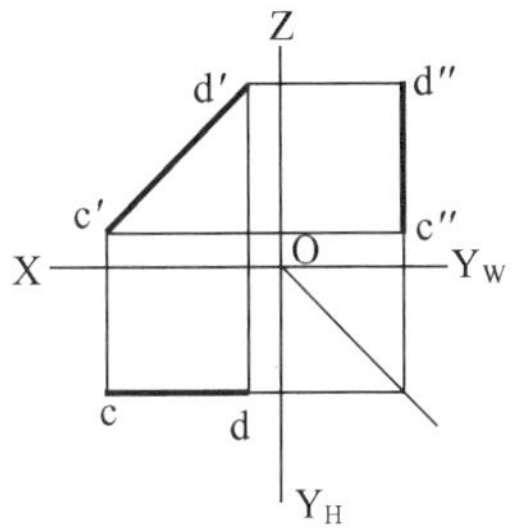	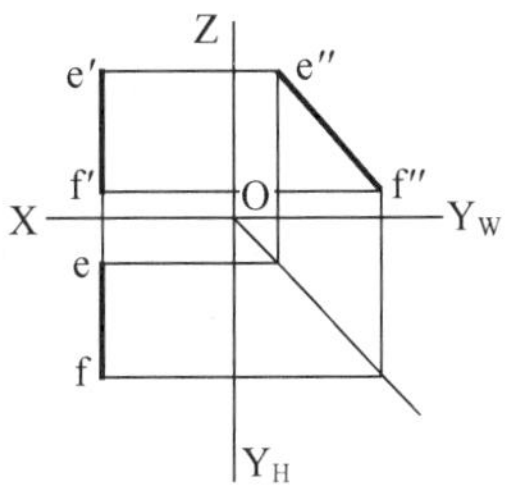
投影特性	（1）水平投影 ab＝AB，且倾斜于 OX、OY_H； （2）正面投影 a′b′//OX，侧面投影 a″b″//OY_W，且长度缩短	（1）正面投影 c′d′＝CD，且倾斜于 OX、OZ； （2）水平投影 cd//OX，侧面投影 c″d″//OZ，且长度缩短	（1）侧面投影 e″f″＝EF，且倾斜于 OY_W、OZ； （2）水平投影 ef//OY_H，正面投影 e′f′//OZ，且长度缩短
小结	（1）在所平行的投影面上的投影为斜直线，反映实长； （2）在另外两个投影面上的投影平行于相应的投影轴，长度缩短		

（2）投影面垂直线。垂直于一个投影面而平行于其他两个投影面的直线，称为投影面垂直线。投影面垂直线又分为垂直于正面的正垂线、垂直于水平面的铅垂线和垂直于侧面的侧垂线三种，见表 1-3。

表 1-3　　投影面垂直线的投影特性

名称	铅垂线（⊥H，//V，//W）	正垂线（⊥V，//H，//W）	侧垂线（⊥W，//V，//H）
立体图	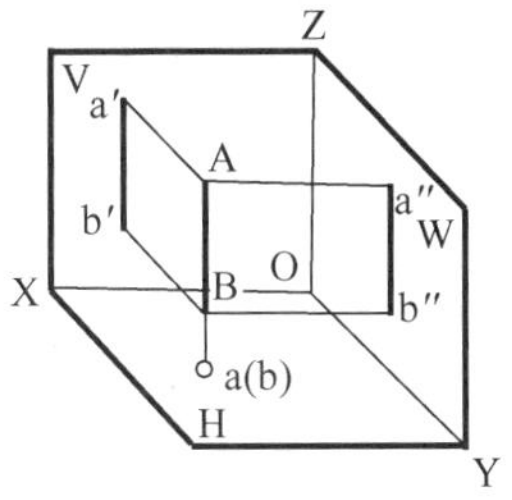	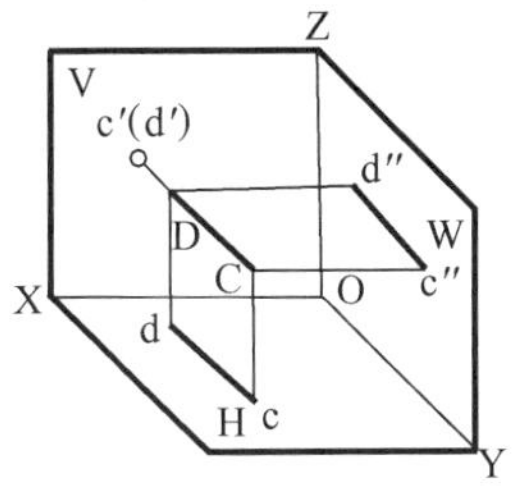	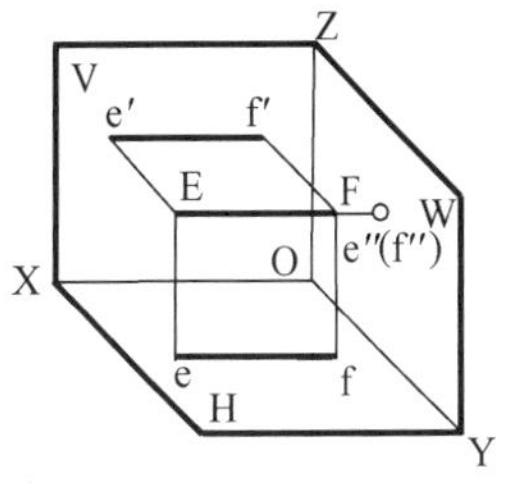

续表

名称	铅垂线（⊥H，//V，//W）	正垂线（⊥V，//H，//W）	侧垂线（⊥W，//V，//H）
投影图			
投影特性	（1）水平投影 ab 积聚为一点； （2）正面投影 a′b′⊥OX，侧面投影 a″b″⊥OY_W；且 a′b′=a″b″=AB	（1）正面投影 c′d′积聚为一点； （2）水平投影 cd⊥OX，侧面投影 c″d″⊥OZ；且 cd=c″d″=CD	（1）侧面投影 e″f″积聚为一点； （2）水平投影 ef⊥OY_H，正面投影 e′f′⊥OZ，且 ef=e′f′=EF
小结	（1）在所垂直的投影面上的投影积聚为一点； （2）在另外两个投影面上的投影垂直于相应的投影轴，反映实长		

从表 1-3 中，可概括出投影面垂直线的投影特征如下：

1）在与直线垂直的投影面上，投影积聚成一点。

2）在与直线平行的两投影面上，投影均反映实长，且分别平行于同一投影轴。

（3）一般位置直线。与三个投影面都倾斜（既不垂直，也不平行）的直线，称为一般位置直线。图 1-50 所示直线恰为一般位置直线。由图中可看出一般位置直线的投影特性，三个投影均为直线，长度缩短，且均倾斜于投影轴。

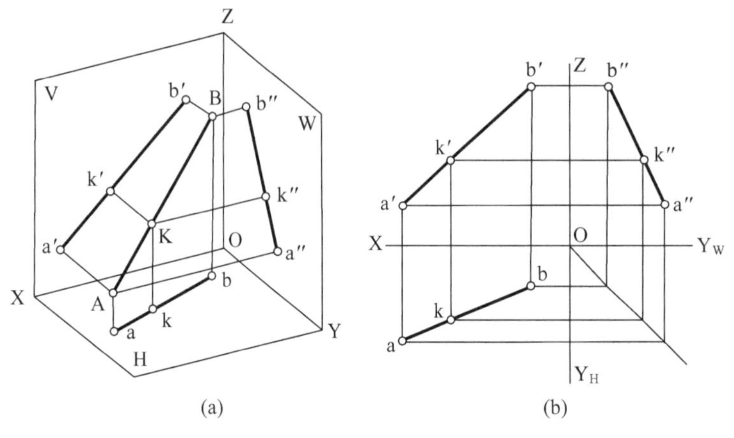

图 1-51 直线上的点的投影

（a）立体图；（b）投影图

3. 直线上的点

点在直线上，则点的投影必定在该直线的同面投影上。

如图 1-51 所示，K 点一定在直线 AB 上，则 K 点的三个投影 k、k′和 k″分别在直线 AB 的三个投影 ab、a′b′、a″b″上，并且 K 点的三个投影 k、k′和 k 符合点的投影特性。

五、平面的投影

与直线类似，也可以用两个投影（常用三个）表示空间平面。

1. 平面的三面投影

如图 1-52 所示，要作空间△ABC 的三面投影，先作△ABC 三个顶点 A、B、C 的三面投影，再分别连接各顶点的同面投影，即得△ABC 的三面投影。其中水平投影为△abc，正面投影为△a′b′c′，侧面投影为△a″b″c″。

2. 各种位置平面的投影

空间平面由于对三个投影面的相对位置不同，可分为投影面垂直面、投影面平行面和一般位置平面三类。

(1) 投影面垂直面。垂直于一个投影面而倾斜于其他两个投影面的平面，称为投影面垂直面。投影面垂直面又可分为垂直于正投影面的正垂面、垂直于水平投影面的铅垂面和垂直于侧立投影面的侧垂面三种，见表1-4。从表1-4中可概括出投影面垂直面的投影特性如下：

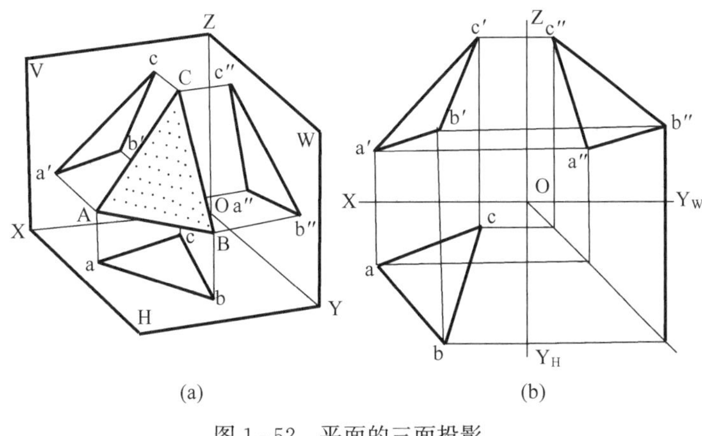

图1-52　平面的三面投影
(a) 立体图；(b) 投影图

表1-4　　**投影面垂直面**

名称	铅垂面（⊥H，∠V，∠W）	正垂面（⊥V，∠H，∠W）	侧垂面（⊥W，∠V，∠H）
立体图			
投影图			
投影特性	(1) 水平投影积聚成斜直线； (2) 正面投影、侧面投影分别为小于实形的类似图形	(1) 正面投影积聚成斜直线； (2) 水平投影、侧面投影分别为小于实形的类似图形	(1) 侧面投影积聚成斜直线； (2) 水平投影、正面投影分别为小于实形的类似图形
小结	(1) 在所垂直的投影面上的投影积聚成斜直线； (2) 在另外两个投影面上的投影均为小于实形的类似图形		

1) 在与平面垂直的投影面上，投影积聚成直线，且倾斜于投影轴。

2) 在与平面倾斜的两投影面上，投影均为类似形。

(2) 投影面平行面。平行于一个投影面而垂直于其他两个投影面的平面，称为投影面平行面。投影面平行面又可分为平行于正投影面的正平面、平行于水平投影面的水平面和平行于侧立投影面的侧平面三种，见表 1 - 5。从表 1 - 5 中可概括出投影面平行面的投影特性如下：

1）在与平面平行的投影面上，投影反映实形。

2）在与平面垂直的两投影面上，投影积聚成直线，且平行于相应的投影轴。

表 1 - 5　　投 影 面 平 行 面

名称	水平面（//H，⊥V，⊥W）	正平面（//V，⊥H，⊥W）	侧平面（//W，⊥H，⊥V）
立体图			
投影图			
投影特性	（1）水平投影反映实形； （2）正面投影、侧面投影分别积聚成直线，且平行于 OX 轴、OY_W 轴	（1）正面投影反映实形； （2）水平投影、侧面投影分别积聚成直线，且平行于 OX 轴、OZ 轴	（1）侧面投影反映实形； （2）水平投影、正面投影分别积聚成直线，且平行于 OY_H 轴、OZ 轴
小结	（1）在所平行的投影面上的投影反映实形； （2）在另外两个投影面上的投影分别积聚成直线，且平行于相应的投影轴		

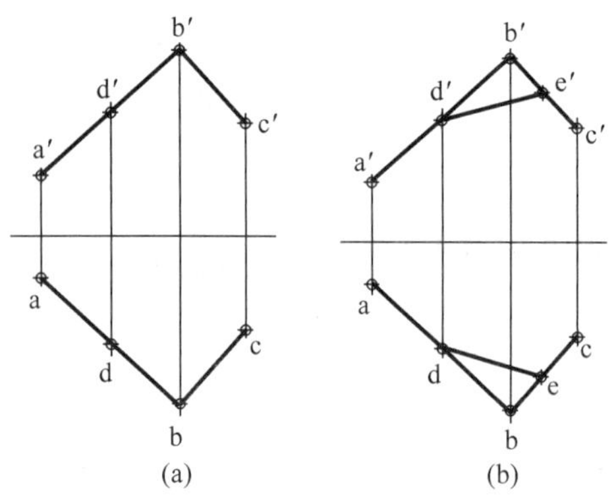

图 1 - 53　平面上的点和直线

（a）点 D 在平面 ABC 的直线 AB 上；（b）直线 DE 通过平面 ABC 上的两个点 D、E

（3）一般位置平面。与三个投影面都倾斜（既不平行，也不垂直）的平面，称为一般位置平面，如图 1 - 52 所示。由图中可看出一般位置平面的投影特性，即三个投影均为类似形，不反映实形。

3. 平面上的点和直线

点和直线在平面上的几何条件是：点在平面上，则该点必定在这个平面的一条直线上。直线在平面上，则该直线必定通过这个平面上的两个点。

图 1 - 53 是上述条件在投影图中说明：点 D 和直线 DE 位于相交两直线 AB、BC 所确定的平面 ABC 上。

第四节　基本立体的视图

一、视图的基本知识

（一）三视图的形成

在工程图样中，用正投影法绘出的物体的图形（投影图），叫视图。常用的视图有三种。

（1）主视图。物体的正面投影，是由前向后投影所得的视图。

（2）俯视图。物体的水平投影，是由上往下投影所得的视图。

（3）左视图。物体的侧面投影，是由左往右投影所得的视图。

三视图的形成和三面投影的形成是一样的，如图 1-54 所示。

绘制视图时，可见部分的投影用粗实线绘制，不可见部分的投影用虚线绘制，若实线和虚线重合，只画实线。若不可见部分已表达清楚，虚线可省略（常见于有剖视图的图样中）。

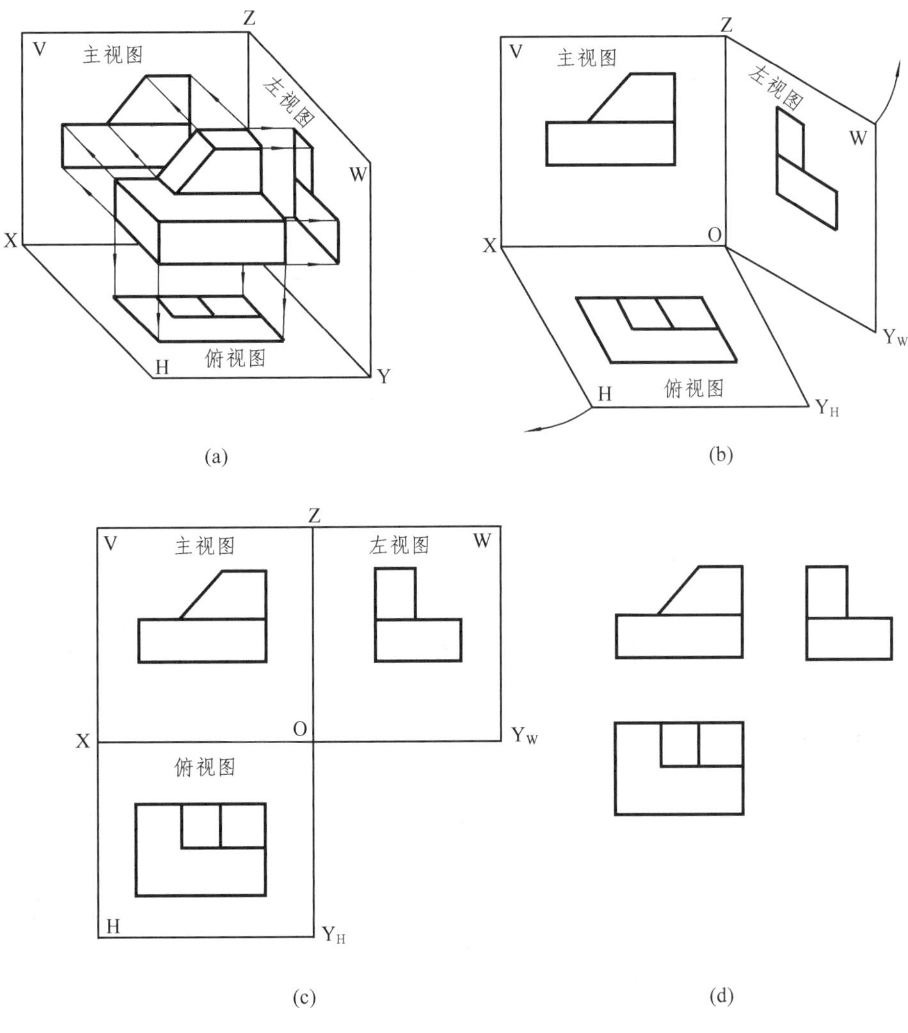

图 1-54　三视图的形成

（a）立体图；（b）三视图展开；（c）展开后的三视图；（d）最终三视图

（二）三视图的对应关系

三视图的对应关系和点、线、面的投影规律是一致的，它以更接近于生产和生活的“上”、“下”、“左”、“右”、“前”、“后”、“长”、“宽”、“高”来描述（尽管这些约定可能与习惯不一样，但不允许改变）。

（1）位置关系。以主视图为准，俯视图应在主视图正下方，左视图应在主视图正右方，如图 1-55（c）所示。

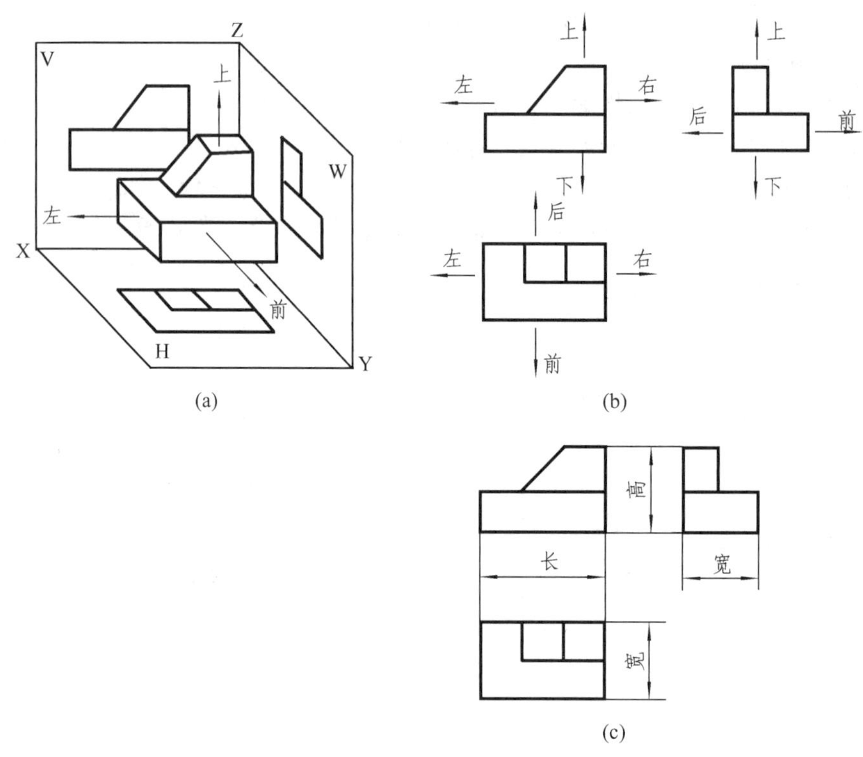

图 1-55 三视图的对应关系

（a）立体图；（b）三视图与上下、左右、前后的对应关系；（c）三视图与长宽高的对立关系

（2）方位关系。如图 1-55（a）、（b）所示，从正面观察时，形体有上下、左右和前后六个方位。三视图对应地反映了形体的这六个方位关系（一旦给定三视图，方位就确定了）：

1）主视图：反映形体的上下和左右。

2）俯视图：反映形体的前后和左右。

3）左视图：反映形体的前后和上下。

俯、左视图靠近主视图的一边（里边）为形体的后面，远离主视图的一边（外边）为形体的前面。

（3）尺寸关系。如图 1-55（c）所示，主视图反映形体的长度和高度，俯视图反映形体的长度和宽度，左视图反映形体的宽度和高度。

三视图的对应关系可概括为“三等”关系，即：

1）主、俯视图：长对正（等长）。

2）主、左视图：高平齐（等高）。

3）俯、左视图：宽相等（等宽）、前后对应。

"长对正、高平齐、宽相等"对于视图的整体或局部都是如此。它是画图和读图时必须遵循的基本规律。

二、基本体的三视图

任何机械零件，不管其形状如何复杂，都可以看成是由一些简单的基本几何体组合而成的。这些基本几何体简称为基本体。

基本体的表面是由若干个面围成的，按表面性质的不同，基本体可分为平面立体和曲面立体两类。

（一）平面立体

表面全都是平面的立体称为平面立体。画平面立体的三视图，可以理解为画围成立体的平面（或者是棱线、顶点）的投影。

这里仅以最简单最常用的平面立体——长方体为例简要说明。在图 1-56（a）中，长方体的上表面、左表面和前表面分别平行于 H、W 和 V 面（这种位置的长方体形成的三视图最好画）。可见，主视图（V 面投影）、俯视图（H 面投影）和左视图（W 面投影）均为矩形，容易得到图 1-56（b）所示的长方体的三视图（必须符合"三等"关系）。

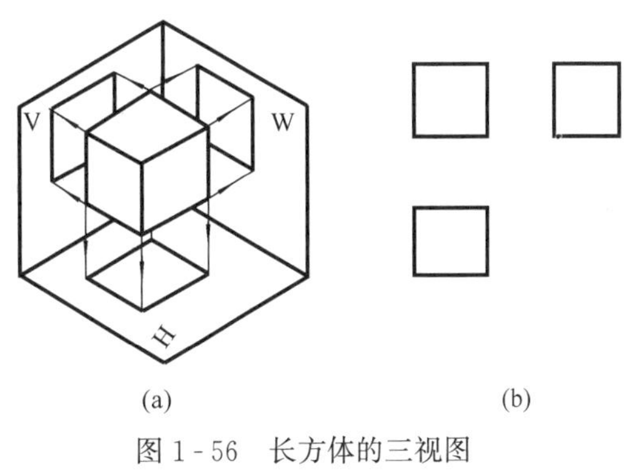

图 1-56　长方体的三视图

（a）立体图；（b）三视图

在 CAXA 电子图板中，与绘制点的三面投影类似，通过矩形绘图命令，借助于屏幕点导航捕捉和三视图导航捕捉，绘制长方体的三视图非常方便。绘制过程主要截图如图 1-57 所示。

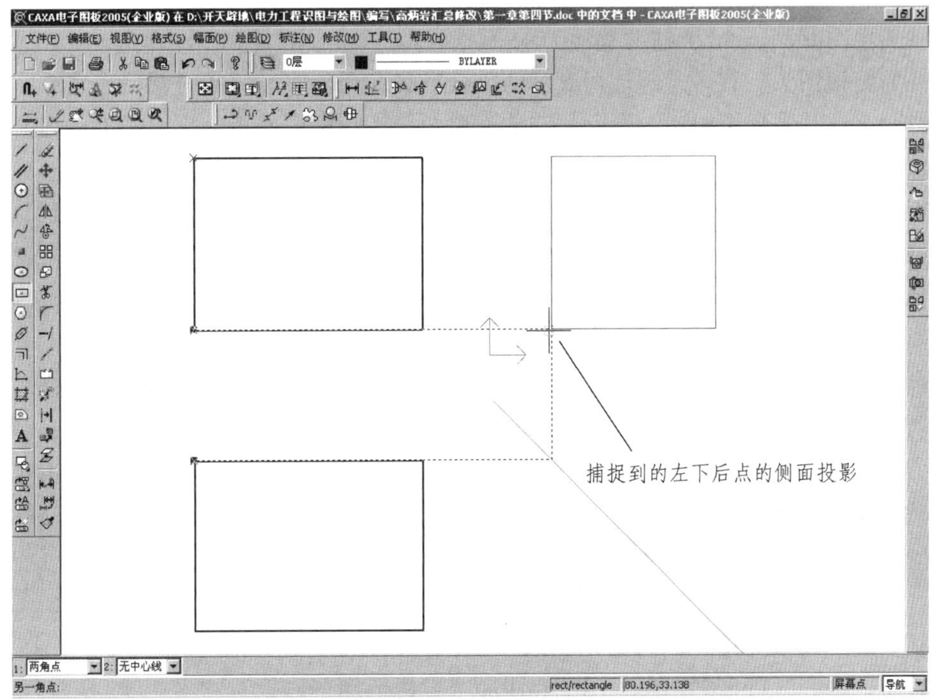

图 1-57　画长方体的三视图

（二）曲面立体

完全由曲面或由曲面和平面共同围成的立体称曲面立体。

最常见的曲面立体是圆柱、圆锥和圆球。

1. 圆柱

（1）圆柱面的形成。圆柱由圆柱面和两个底面围成，圆柱面可看作由一条直母线围绕与它平行的轴线回转一周形成的，圆柱面上任意一条平行于轴线的直线称为素线，如图 1-58（a）所示。

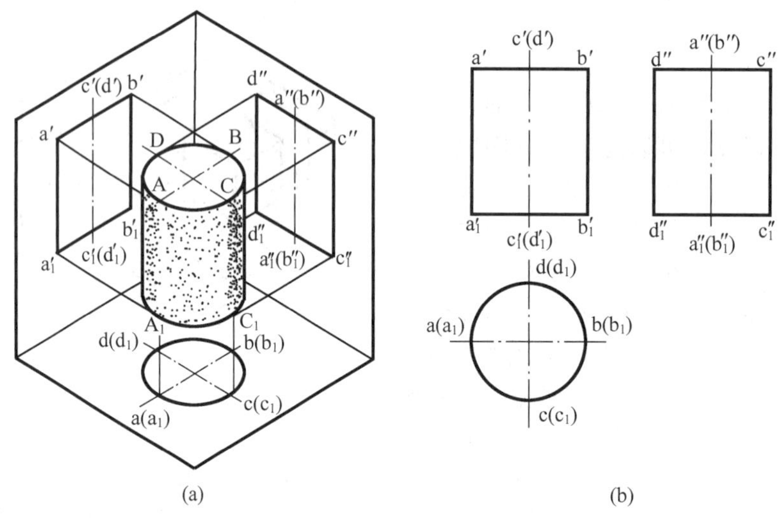

图 1-58　圆柱的三视图

（a）立体图；（b）三视图

（2）圆柱的三视图。如图 1-58 所示，圆柱的轴线垂直于水平投影面（轴线垂直于投影面的圆柱三视图好画），故圆柱两底面为水平面。

圆柱的俯视图为一圆，是圆柱两底圆的重合投影，反映实形，同时圆周又是圆柱面的积聚性投影。圆柱的主视图为一矩形，是圆柱前后两个半圆柱面的重合投影，矩形的上下两边为两底圆的积聚性投影，左右两边 $a'a_1{}'$和 $b'b_1{}'$是圆柱面正面投影的转向轮廓线，它们分别是圆柱面最左、最右两条素线（也是前后可见与不可见的两个半圆柱面的分界线）AA_1 和 BB_1 的投影。AA_1 和 BB_1 在水平面上的投影积聚成点 a、b，分别位于圆周与圆的前后对称中心线的两个交点处。AA_1 和 BB_1 在侧面上的投影都与圆柱轴线的投影（点画线）相重合，因圆柱表面是光滑的，所以不应画出它们的投影。

圆柱左视图为一个与主视图全等的矩形，是圆柱左右两个半圆柱面的重合投影，矩形的上下两边为圆柱底圆的积聚性投影，矩形的前后两边 $c'c_1{}'$和 $d'd_1{}'$是圆柱面侧面投影的转向轮廓线，它们分别是圆柱面最前最后两条素线（也是左右可见与不可见的两个半圆柱面的分界线）CC_1 和 DD_1 的投影。CC_1 和 DD_1 的水平投影和正面投影情况，读者可自行分析。

在 CAXA 电子图板中，使用绘制矩形、圆的命令，借助于屏幕点导航捕捉和三视图导航捕捉，可方便地画出圆柱体的三视图。主要作图过程截图如图 1-59 所示。

圆柱轴线的投影应用点画线清晰的表示出来，其他回转体的投影都应如此。在 CAXA 电子图板中，中心线可在画图最后用中心线命令方便地加上。

（3）圆柱表面点的投影。圆柱表面上点的投影，可利用圆柱面投影的积聚性来求得。在

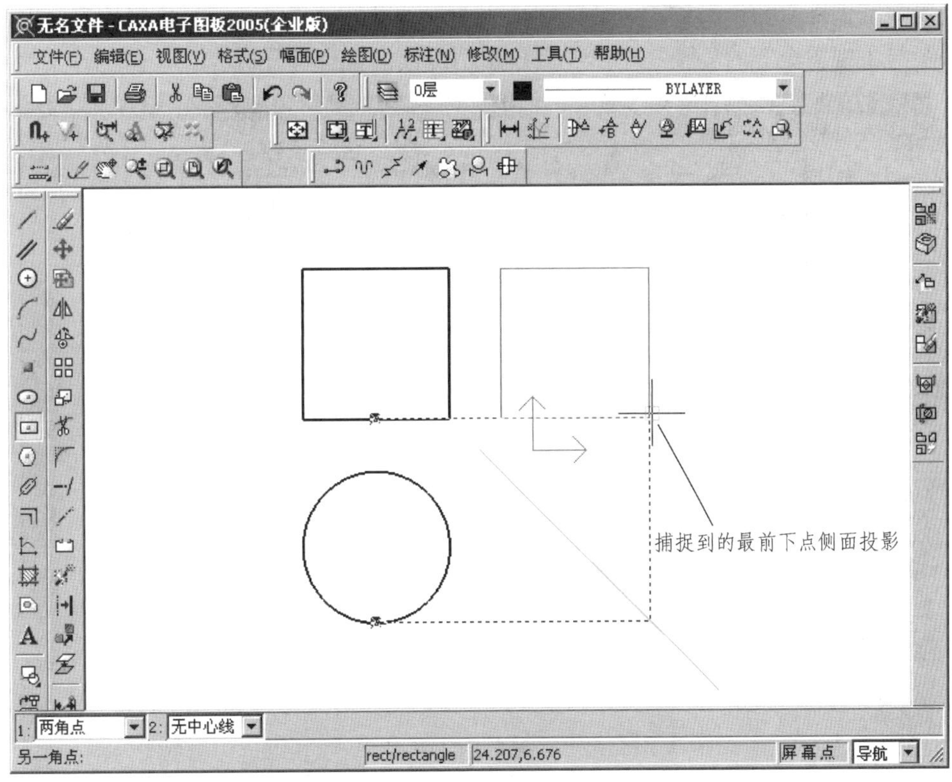

图 1-59　画圆柱的三视图

图 1-60 中，已知圆柱表面上点 M 的 V 面投影 m′，求其他两面投影。由于圆柱表面的水平投影有积聚性，所以点 M 的水平投影应在圆柱面水平投影的圆周上，据此先求出 m，再根据 m′、m，求出 m″。由 N 的 V 面投影，求另两面投影的方法，读者可自行分析。

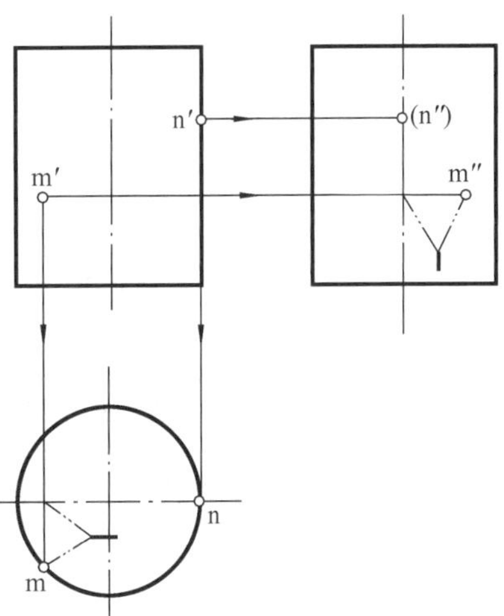

图 1-60　圆柱表面点的投影

在 CAXA 电子图板中，很容易求得圆柱表面的点的各面投影。主要作图过程截图如图 1-61 所示。

2. 圆锥

(1) 圆锥面的形成。圆锥由圆锥面和底面组成，圆锥面由一直线围绕与它斜交的轴线回转而成，圆锥面上通过锥顶的任一条直线称为圆锥面的素线，如图 1-62 (a) 所示。

(2) 圆锥的三视图。如图 1-62 所示，圆锥轴线垂直于水平投影面，故圆锥底面为水平面。

俯视图为一个圆，是圆锥底面的投影，反映实形。同时，此圆又是圆锥面的投影。对称中心线的交点是锥顶的投影。主视图为一个等腰三角形，是前后两个半圆锥面的重合投影，其底边 a′b′是圆锥底面的积聚性投影，两腰 s′a′和 s′b′是圆锥面正面投影的转向轮廓线，它们是圆锥面最左、最右两条素线 SA 和 SB 的投影，也是前后可见与不可见的两个半圆锥面的分界线。SA 和 SB 在水平面上的投影位置，与圆的前后对称中心线相重合，在侧面上的投影位置与圆锥轴线的投影相重合，因圆锥表面是光滑的，所以它们的投影均不画出。左视图是一个与主视图全等的等腰三角形，其投影情况读者可自行分析。

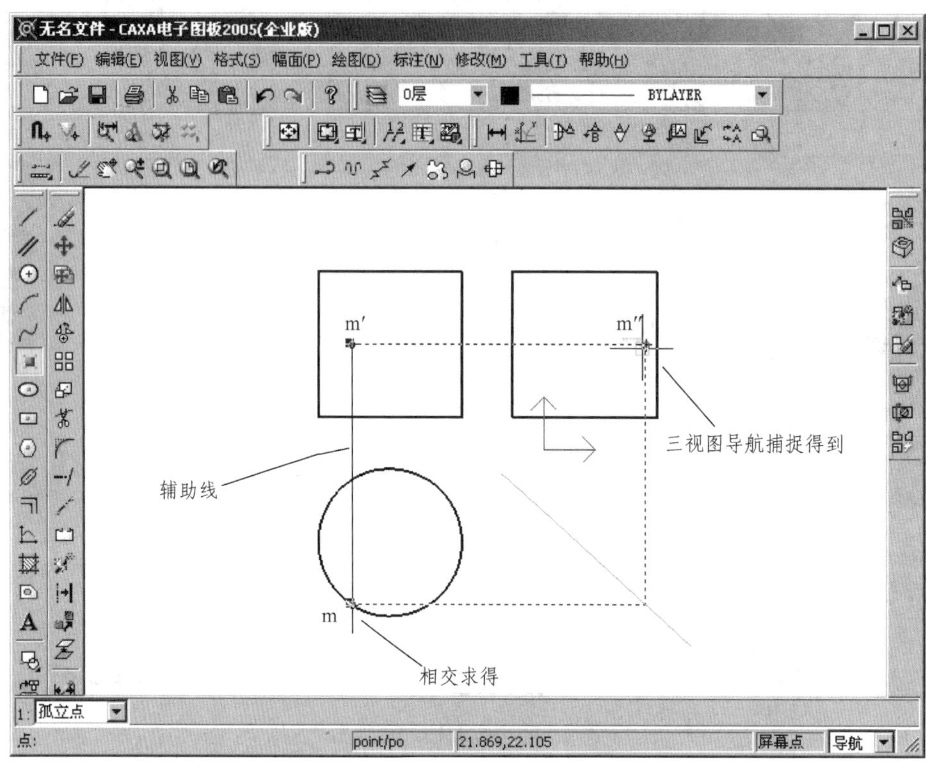

图 1 - 61 作圆柱体表面点的投影

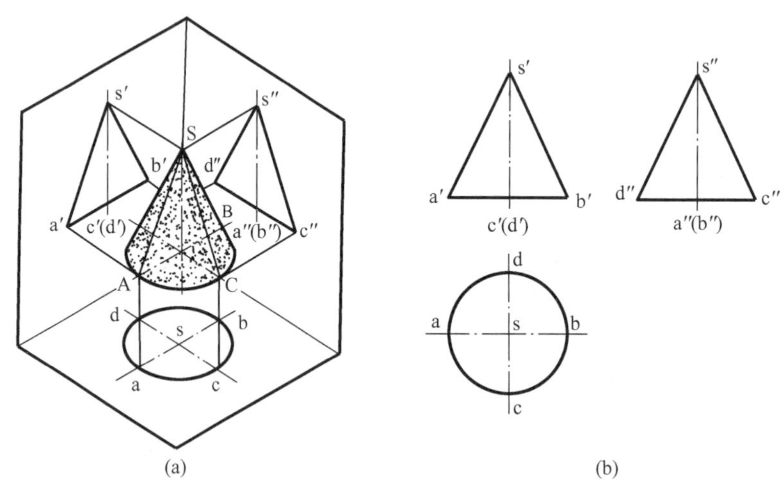

图 1 - 62 圆锥的三视图

(a) 立体图；(b) 三视图

在 CAXA 电子图板中，使用画圆、直线命令，充分利用点的导航捕捉功能，可方便地画出圆锥的三视图。主要作图过程截图如图 1 - 63 所示。

(3) 圆锥表面点的投影。如图 1 - 64 所示，已知圆锥面上点 M 的正面投影 m′，试求 m、m″。

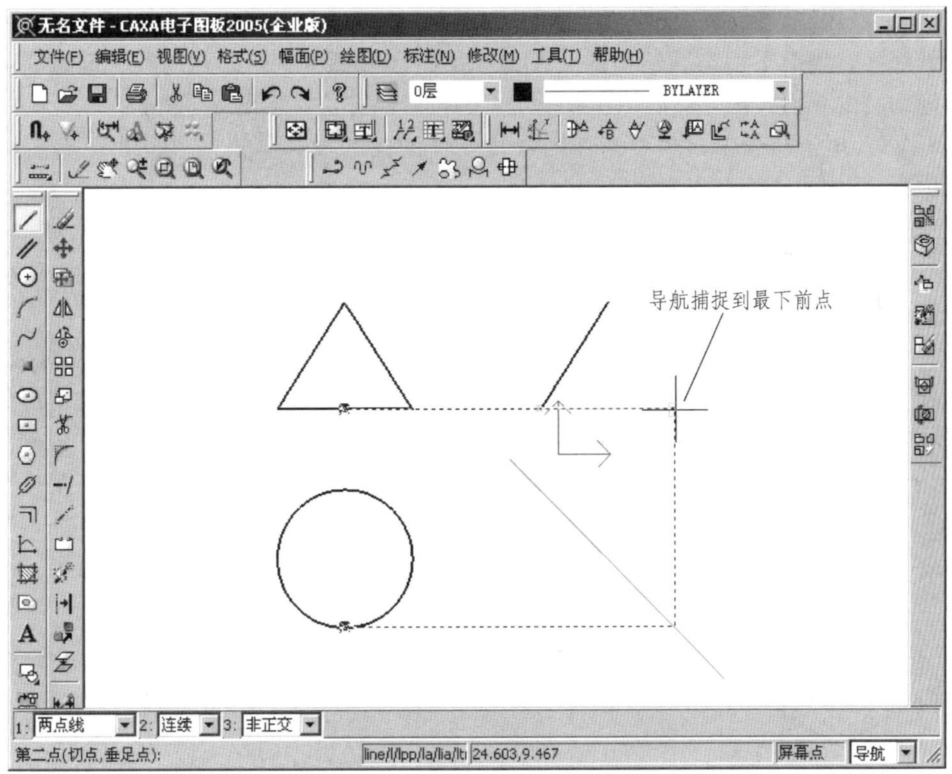

图 1-63　画圆锥的三视图

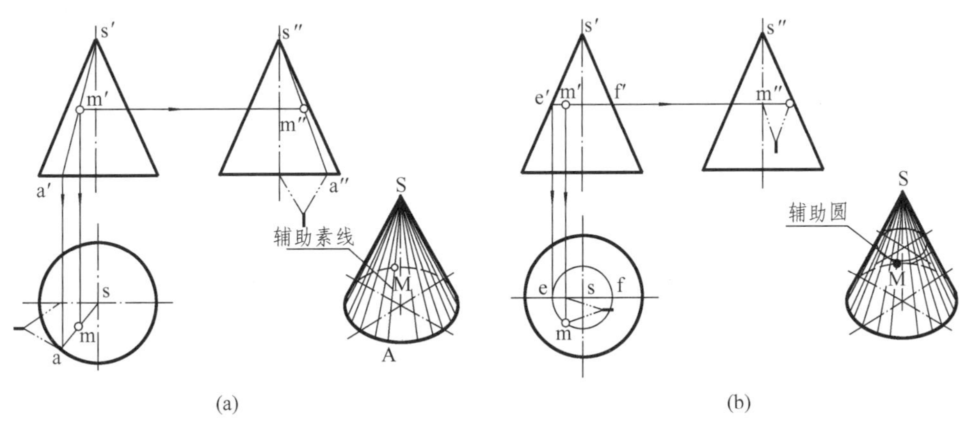

图 1-64　作圆锥表面点的投影

(a) 辅助素线法；(b) 辅助圆法

由于圆锥面的三面投影都没有积聚性，为了求点 M 的另两个投影，必须在圆锥面上先过点 M 做辅助线（通过在线上取点来完成在立体表面上取点，这是面上取点的基本方法），然后在辅助线的投影上确定点 M 的投影。作图方法有以下两种：

1）辅助素线法。如图 1-64（a）所示，由于圆锥面的素线是直线，所以圆锥面上求点的投影时，可过锥顶 S 和点 M 引辅助素线 SA。先作出 SA 的三面投影，然后用在线上求点的投影的方法，求出 m 和 m″。

2）辅助圆法。辅助圆法也叫辅助平面法，如图1-64（b）所示，过点M作辅助平面平行于圆锥底面，辅助平面与圆锥面的交线为一平行于底面的圆，即辅助圆（也是辅助线）。先作出辅助圆的三面投影，然后用在线上求点的投影的方法，求出m和m″。

在CAXA电子图板中，只要把辅助素线或辅助圆的投影画出来（也要用导航捕捉功能），其余与前面的表面取点类似。

3. 圆球

（1）圆球面的形成。圆球的表面为圆球面，也称为球面。球面可看成一条圆母线绕其直径回转而成，如图1-65（a）所示。

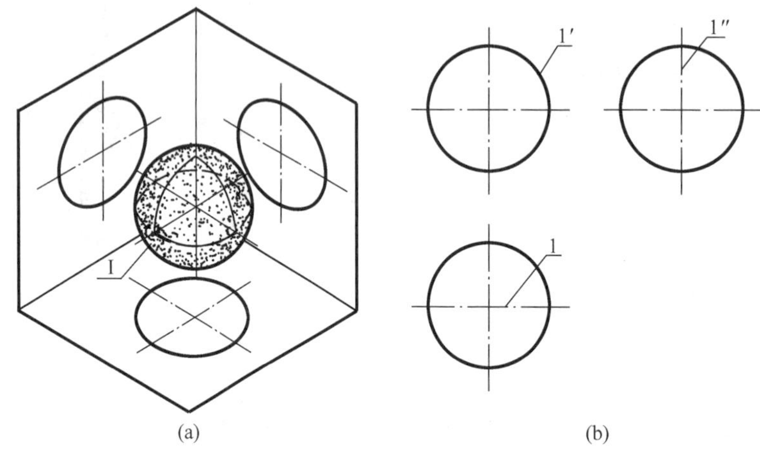

图1-65 圆球的三视图

（a）立体图；（b）三视图

（2）圆球的三视图。圆球的三个视图都是与圆球直径相等的圆，它们分别是球面的三个投影的转向轮廓线（例如，“I”表示前半球与后半球的分界线，是平行于V面的前后方向转向线圆）的投影，如图1-65（a）所示。在图1-65（b）中，主视图中的圆1′表示“I”的投影，它在H和W面的投影与球的前后对称中心线1、1″重合（仍画中心线）。俯、左视图中的圆，读者可自行分析。

在CAXA电子图板中，使用画圆命令（圆心—半径方式），可方便地画出圆球的三视图。

（3）球表面点的投影。如图1-66所示，已知球面上点M的正面投影m′，求作m、m″。

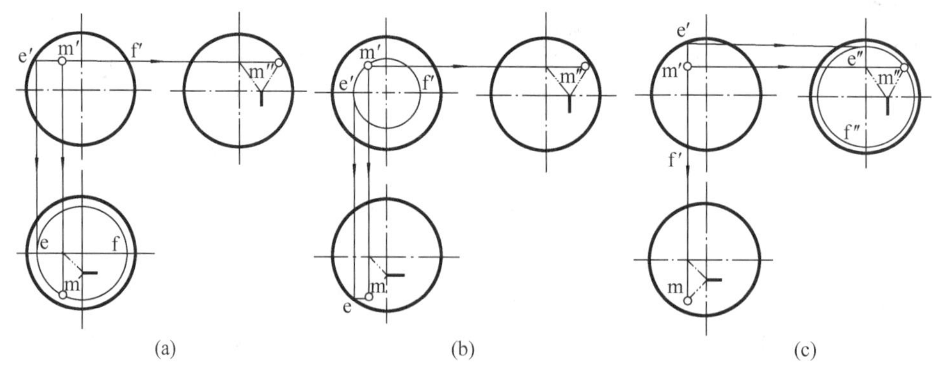

图1-66 圆球表面点的投影

（a）作水平辅助圆取点；（b）作正平辅助圆取点；（c）作侧平辅助圆取点

在球表面上求出点的投影，应采取包含这个点在球面上作平行于投影面的辅助圆的方法。如图1-66（a）所示，过点M在球面上作一辅助圆，其正面投影积聚成一条水平线e′f′，水平投影是一条直径等于 e′f′的圆；因点 M 的投影在辅助圆的同面投影上，所以可由 m′求得 m，再由 m′、m 求得 m″。因为点 M 在左半球的前上部分，因此点 M 的三面投影均为可见。

在球面上作辅助圆时，既可作平行于 H 面的圆，也可作平行于 V 面或 W 面的圆，其结果是一样的，如图 1-66（b）和（c）所示。

第五节 组 合 体

由基本体按一定的形式组合起来的立体称为组合体。

一、组合体的形体分析

（一）形体分析法

在组合体的画图、读图和标注尺寸过程中，通常假想将其分解成若干个基本体，并分析各基本体的形状、相对位置、组合形式及表面连接关系，这种化整为零，使复杂问题简单化的分析组合形体的方法称为形体分析法。形体分析法是画、读组合体视图及标注组合体尺寸的最基本方法。

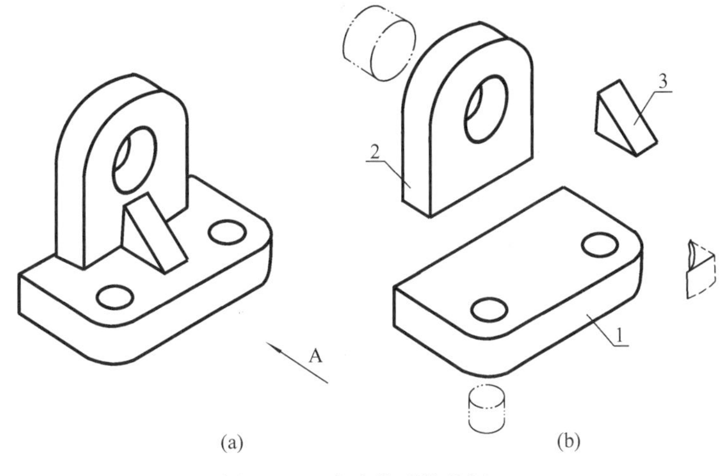

图 1-67 支座的形体分析

（a）轴测图；（b）形体分析

1—底板；2—支承板；3—肋板

如图 1-67 所示的支座是左右对称的，按它的结构特点可分为三部分。长方形底板 1，底板上挖了两个圆柱孔，前面切成两个圆角；支承板 2 由一个长方体和半个圆柱体组成，上面挖去一个圆柱孔，肋板 3 是个三棱柱，见图 1-67（b）。支承板 2 和肋板 3 同在底板 1 之上，支承板和底板的后表面平齐。

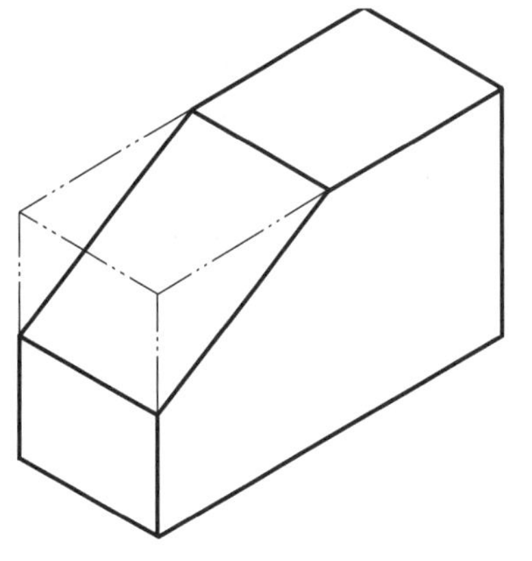

图 1-68 用正垂面切去左上角的长方体

组合体实际是一个不可分割的整体，形体分析法仅仅是一种认识组合结构的方法。同一个组合结构，也可以有不同的形体分析结果。

（二）组合形式

组合体有切割、叠加两种基本组合形式。

1. 切割

组合体由基本体切去某些部分而成，如图 1-67（b）中的底板可看作是由长方体切割而成的。

为了给绘制和阅读更复杂的组合体的三视图打好基础，应熟练掌握几个最常用的基本的切割结构的三视图的特点，并在绘图和读图实践中不断丰富自己所熟悉的常用组合结构。

（1）切割长方体。如图 1-68 所示为一用正垂面切去左上角的长方体。为画出该结构的三视图，应先画出长方体（三视图），再画切割面（三视图），即一部分一部分地画基本结构的三视图。除非你对结构的视图非常熟悉，不要试图一下子完成一个视图，这是画组合体三视图的基本方法，要养成这个习惯。最后对得到的草图进行修改（主要是删除一些不必要的线，完善某些细节）。具体绘图过程如图 1 - 69 所示。

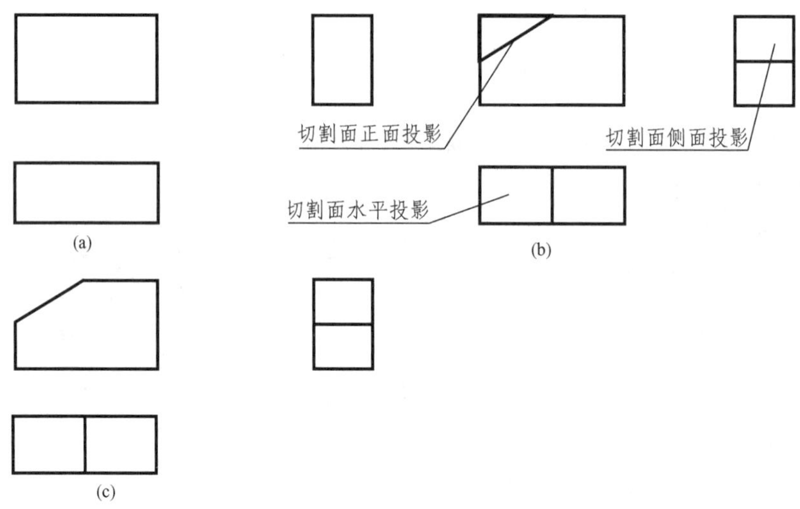

图 1 - 69　长方体切角的绘图过程

(a) 画长方体；(b) 画切割面；(c) 修改后最终结果

若继续切割，还可得到更复杂的结构。如图 1 - 70 所示的切割长方体，又把左前角用正平面和侧平面切掉。绘图过程与上面类似，请读者自行完成绘制过程。

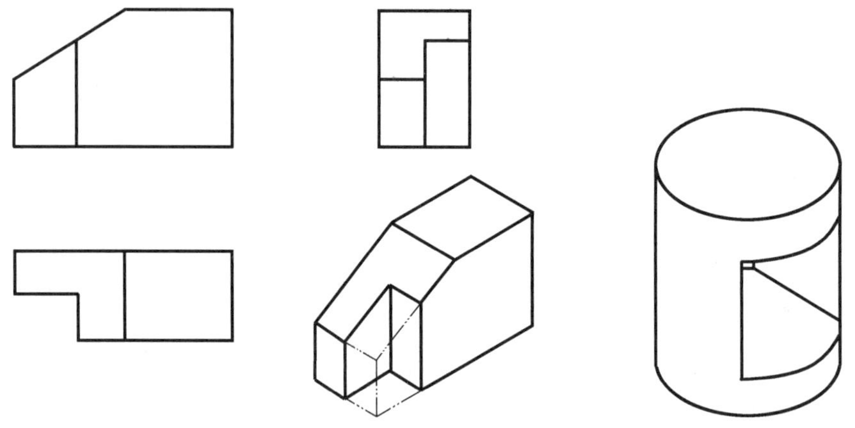

图 1 - 70　切掉左前角的长方体　　图 1 - 71　开方孔的圆柱体

（2）圆柱体开方孔。如图 1 - 71 所示为一开方孔的圆柱体，与前面相似，为画出该结构的三视图，应先画圆柱体（轴线垂直于水平投影面）的三视图，再画方孔（垂直于正投影面）的三视图，把交线画全，最后修改成图。绘图过程如图 1 - 72 所示。

在此绘图过程中，交线的绘制及最后的修改很关键。

由图 1 - 71 可知，交线由两段圆弧（在平行于水平投影面的平面内）和两段直线（平行于圆柱体轴线）组成。画到图 1 - 72（c）所示时，交线的正面投影和水平投影已经完整了，还缺左视图上两段直线的侧面投影，该投影可通过直线绘制命令方便获得（借助于导航捕捉

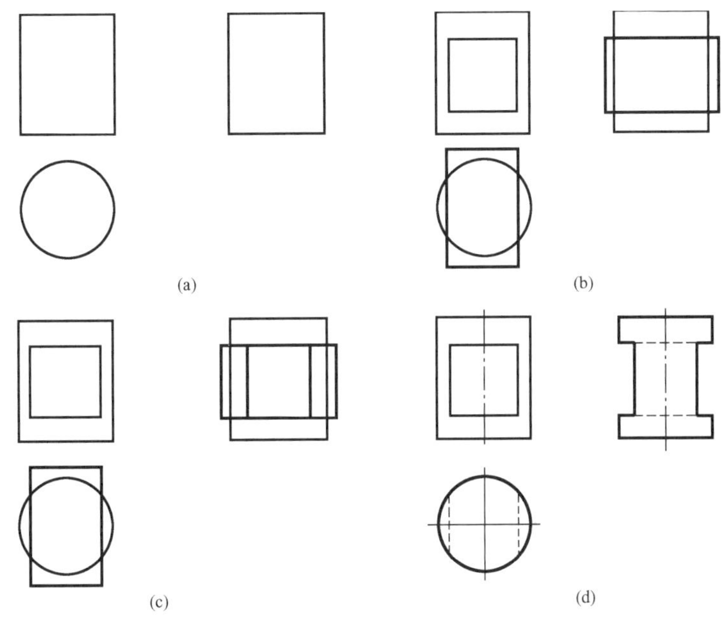

图 1-72　开方孔的圆柱体绘图过程

(a) 画圆柱体；(b) 画长方体孔；(c) 将圆柱体和长方体的交线画完整；(d) 编辑修改最终成图

点)。主要绘图过程如图 1-73 所示。

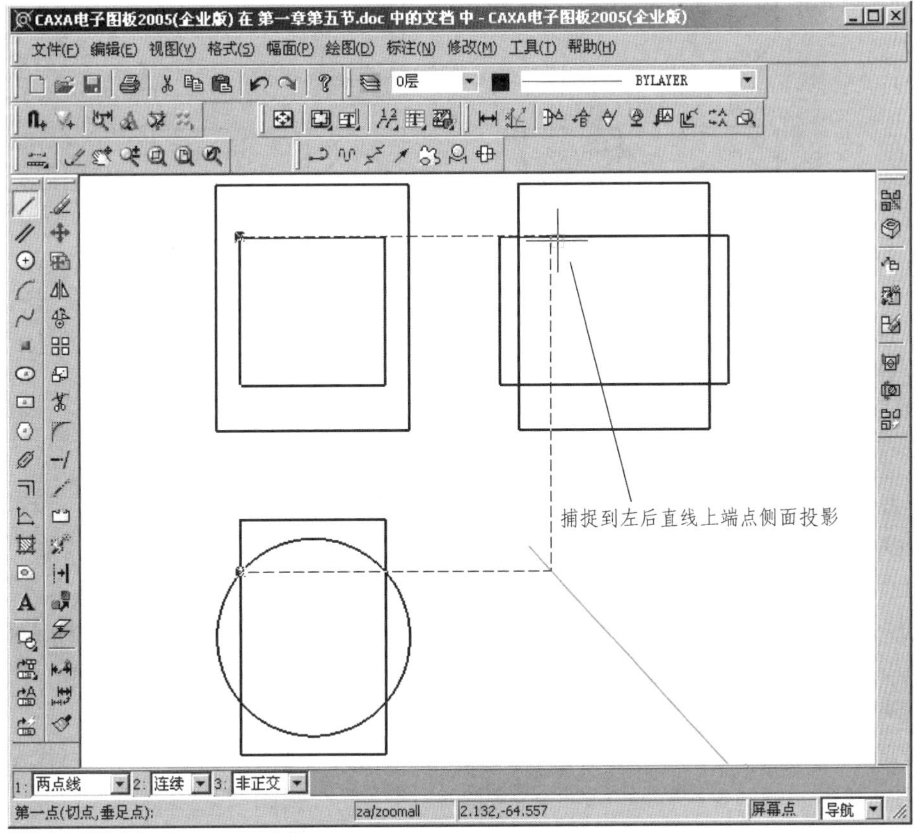

图 1-73　绘制交线

图 1-74　开圆孔的圆柱体

在最后修改阶段，由于此例中“长方体”孔是“空”的，所以圆柱体以外的线条要删掉，左视图上被“方孔”挖掉的转向线部分投影也应删掉，“方孔”在俯视图和左视图上被圆柱体挡住的投影也要改成虚线，最后用中心线命令加上中心线，并适当调整，最后结果如图 1-72（a）所示。

（3）圆柱体开圆孔。如图 1-74 所示为一开圆孔的圆柱体，为画出该结构的三视图，应先画圆柱体（轴线垂直于水平投影面）的三视图，再画圆孔（轴线垂直于正投影面）的三视图，把交线画好，最后修改成图。绘图过程如图 1-75 所示。

与圆柱体开方孔一样，在此绘图过程中交线的绘制及最后的修改也是关键。

由图 1-74 可知，交线是一封闭的空间曲线。画到图 1-75（c）所示时，交线的正面投影（积聚在主视图小圆周上）和水平投影（积聚在俯视图大圆部分圆周上）已经完整了，还缺左视图上交线的侧面投影（为一光滑曲线），该投影可通过样条曲线绘制命令方便获得（借助于导航捕捉点）。其主要绘图过程如图 1-76 所示。

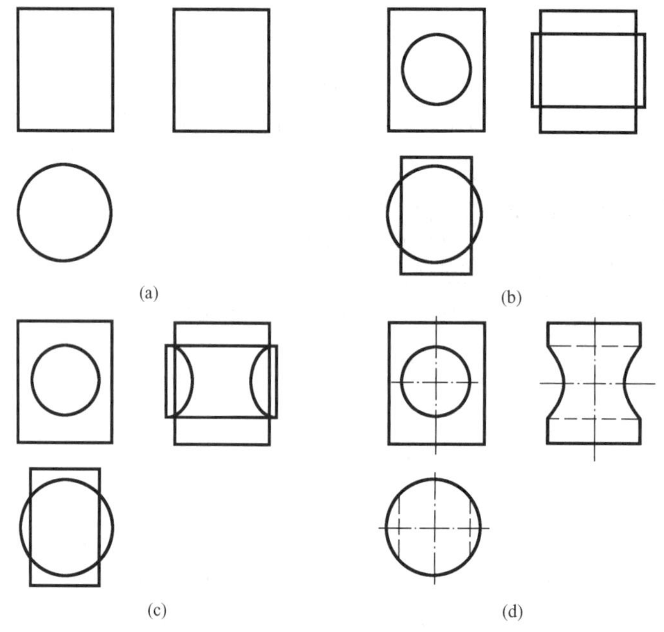

图 1-75　开圆孔的圆柱体绘图过程

（a）画大圆柱体；（b）画小圆柱体；（c）画交线；（d）修改编辑最终成图

在最后修改阶段，圆柱体以外的线条要删掉，左视图上被“孔”挖掉的转向线部分投影也应删掉，“圆孔”在俯视图和左视图上被圆柱体挡住的投影也要改成虚线，最后用中心线命令加上中心线，并适当调整，最后结果如图 1-75（d）所示。

以上所述圆柱体开方孔和圆柱体开圆孔是典型的两种常见结构（读者可自行绘制这两种结构其他主视方向的三视图），熟练掌握它们的视图特点对画图和读图有很大帮助，很多结构（见图 1-77）都可以看作是由它们变化而来的，请读者自行分析。

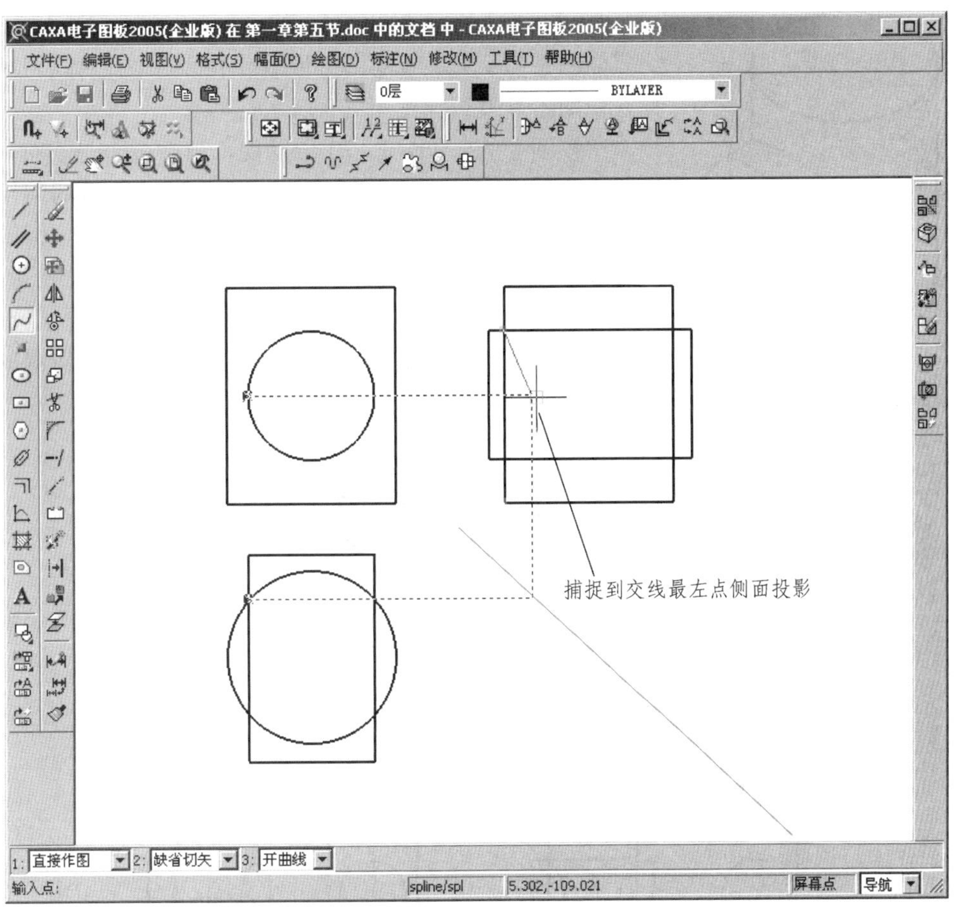

图 1-76　绘制曲线交线

图 1-77　几种常见结构

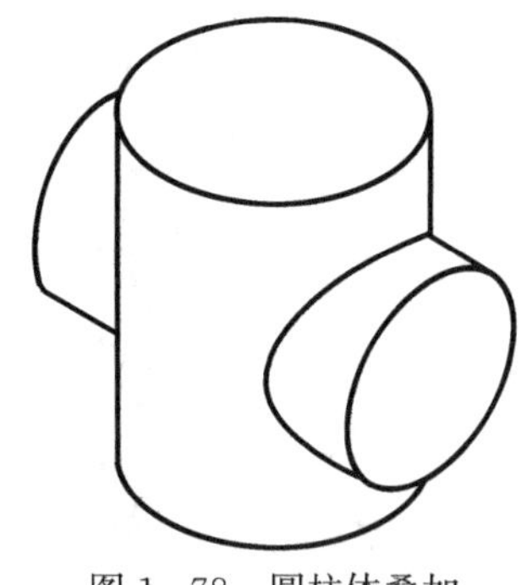
图 1-78 圆柱体叠加

2. 叠加

如图 1-78 所示结构，可以看作由两个圆柱体叠加而成。其三视图绘制过程如图 1-79 所示。

比较图 1-75 和图 1-79 会发现，虽然一个是切割，一个是叠加，但它们的构图过程几乎一样，仅在最后的编辑修改阶段有所区别。它们的共同特点依然是“一部分（三视图）一部分地构图”，然后处理结合部（交线等的三面投影），并修改完成绘图。

形状较复杂的机器零件常常是既有叠加又有切割的组合体，构图过程与上面相同。

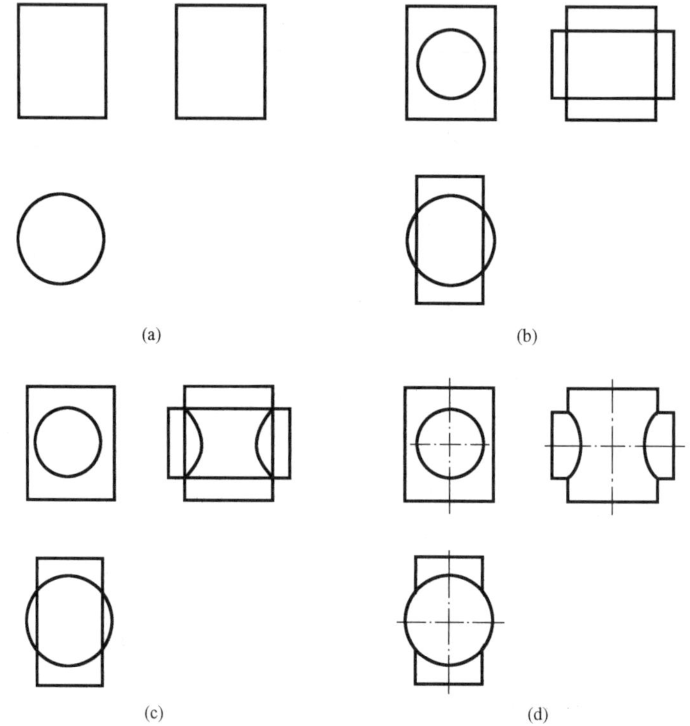

图 1-79 圆柱体叠加绘图过程

(a) 画大圆柱体；(b) 画小圆柱体；(c) 画交线；(d) 修改编辑最终成图

(三) 表面连接关系

在组合体上，各形体相邻表面之间的连接关系可分为以下两种情况：

1. 共面

如图 1-80 (a)、(b) 所示，当相邻两形体在连接处表面共面时，中间不应有线隔开。其中图 1-80 (b) 为特殊共面——相切（一般不应有线隔开）。

2. 不共面

如图 1-80 (c)、(d) 所示，当相邻两形体在连接处表面不共面时，中间应有线隔开。为正确画出这线条，应熟练掌握常见的切割或叠加结构的三视图的特点。

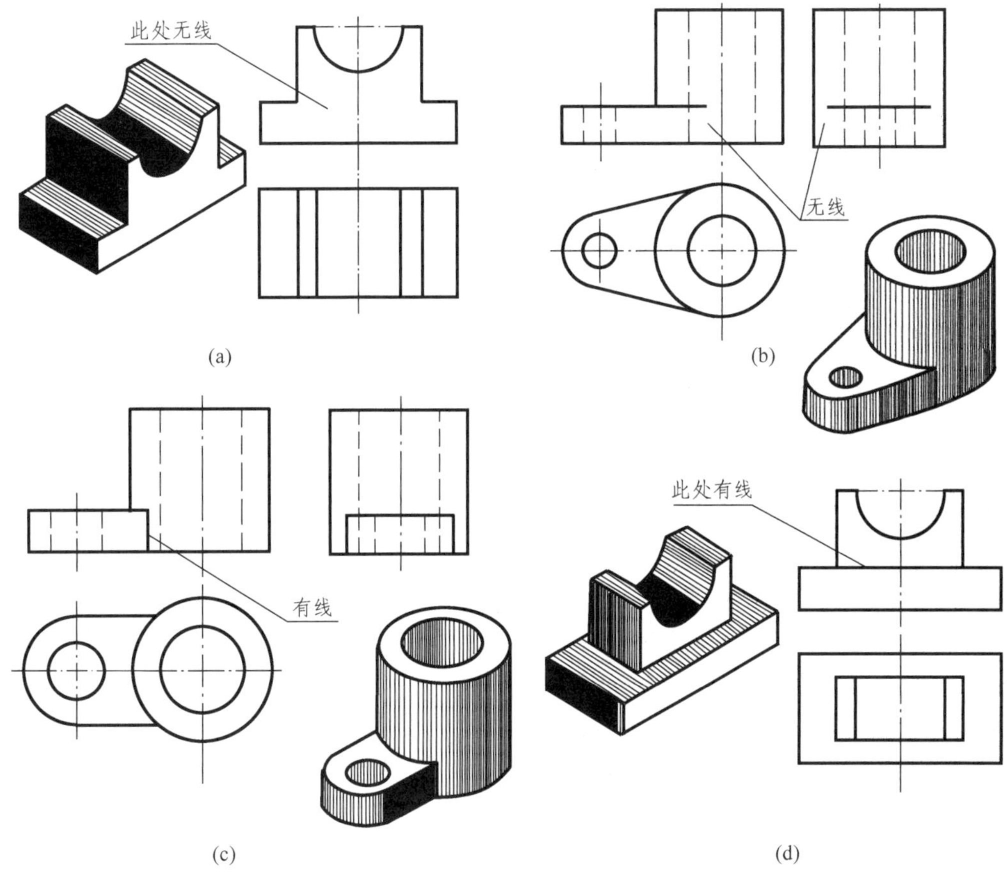

图 1-80　组合体表面连接关系

(a) 相邻两形体表面共面；(b) 相邻两形体表面相切；(c) 相邻两形体表面相交；(d) 相邻两形体表面不共面

二、组合体三视图的画法

画组合体视图的方法是形体分析法。下面以图 1-67 的支座为例，说明画组合体视图的方法和步骤。

1. 形体分析

分析组合体由哪些基本形体组成、它们的组合形式和相邻表面连接关系。图 1-67 所示支座的形体分析如前所述。

2. 选择主视图

主视图的选择应满足两个条件。一是最能反映组合体的形状特征，并尽可能使形体主要平面与投影面平行，以便获得形体表面的实形；二是要考虑组合体的自然安放位置。如图 1-67 (a) 所示，支座按自然位置安放后，以 A 向作为主视图的投影方向得到的主视图粗实线线条最多，最能反映支座的形状特征。

3. 选比例、定图幅

虽然在 CAXA 电子图板中，比例、图幅和标题栏可以方便地修改，但先大致估算一下，用图幅设置命令将它们设好会给绘图带来不少方便。

4. 绘各基本形体

根据形体分析的结果，按实际尺寸，充分利用 CAXA 电子图板强大的绘图和编辑功能，

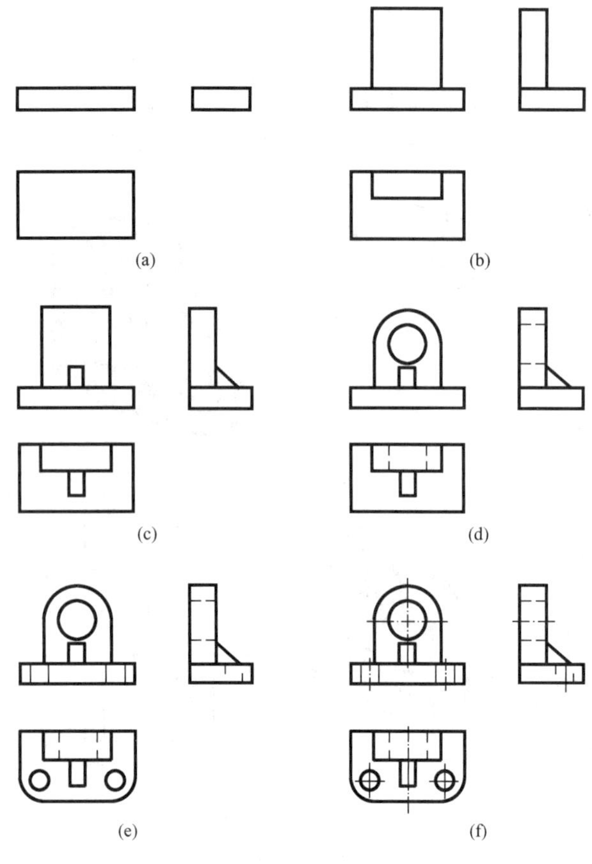

图 1-81 支座的主要绘图过程
(a) 画底板；(b) 画后支承板；(c) 画肋板；
(d) 完善后支承板；(e) 完善底板；
(f) 完成后的图形

绘制各基本体（一些细节，如圆角、小孔等暂可省略）的三视图。

5. 编辑修改

完善基本结构的细节，清理图面，删除多余的线条。根据表面连接关系，对基本体结合处的“有线”、“无线”、“交线”进行核对、修改和绘制，对绘图规范要求的线型、特殊画法等进行修改。

以上主要绘图过程如图 1-81 所示。

为了正确而迅速地画出组合体的视图，画图时应注意以下两点：

(1) 按形体分析逐个画出组合体的各部分。每画一个形体，务必将三个视图联系起来画，这样既能保证投影关系正确，又能提高绘画速度。

(2) 注意绘图顺序。画组合体的每一个基本形体时，都应从最能反映形状特征的视图画起。先画主要部分，后画次要部分；先画可见部分，后画不可见部分；先画基本形体，后求截交线、相贯线、过渡线等。

三、看组合体的视图

(一) 看组合体视图的注意事项

1. 几个视图联系起来看

如果不作其他说明，单凭一个视图肯定不能反映物体的确切形状。如图 1-82 (a) 所示，单凭主视图是不能确定物体形状的，只有联系俯视图方能确定形状。同样，如图 1-82 (b) 所示，单凭俯视图物体的形状也不确定，必须联系主视图才能确定其形状。

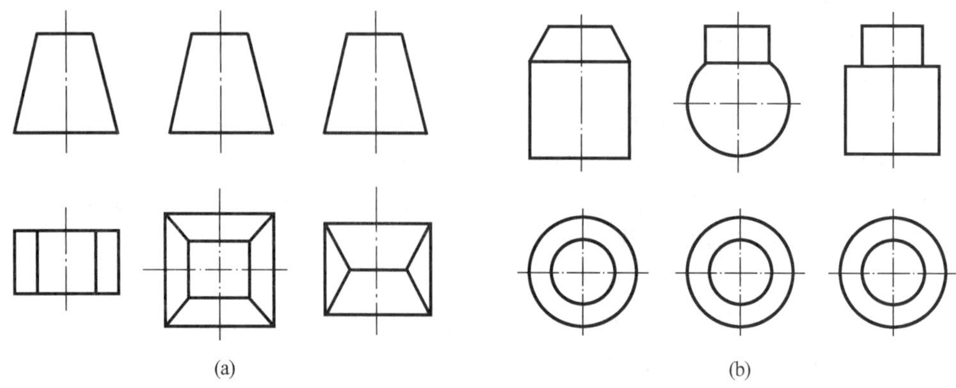

图 1-82 单个视图不能确定物体形状
(a) 单个主视图相同；(b) 单个俯视图相同

有时，仅凭两个视图也无法确定物体形状。如图 1-83 所示，三个不同形状的物体，它们的主、俯视图相同，而左视图不同，必须把三个视图联系起来看才能确定物体的形状。在工程制图学习过程中，经常遇到“二求三”问题，即已知两视图补画第三视图，其答案也因此并不唯一，只要能构造出一个与已知的两个视图一致的结构，把该结构的第三个视图画出即可。

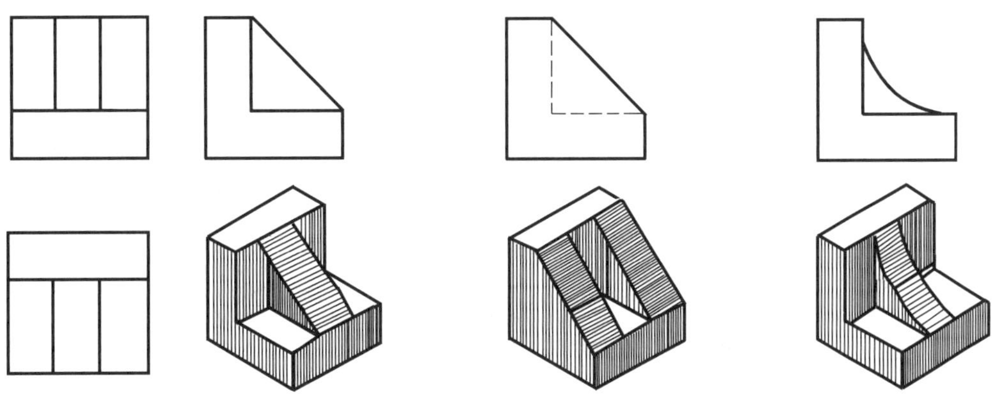

图 1-83　两个视图相同也不能确定物体形状

2. 明确视图中的线框和图线的含义

理解线框和图线的含义对读懂不熟悉的三视图非常重要。看图时必须将几个视图联系起来对照，才能明确视图中线和线框的含义。

视图中的一条线可能是下列三种情况之一：

（1）表示体上两个面交线的投影，如图 1-84 中的 $a'a_1'$。

（2）表示体上具有积聚性的面的投影，如图 1-84 俯视图中的各线。

（3）表示曲面的转向轮廓线的投影，如图 1-84 中的 $b'b_1'$。

视图中一个封闭的线框可能是下列三种情况之一：

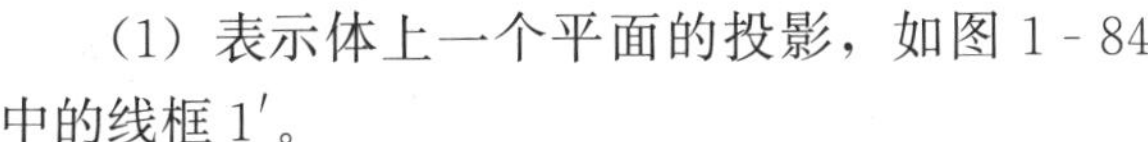

（1）表示体上一个平面的投影，如图 1-84 中的线框 1′。

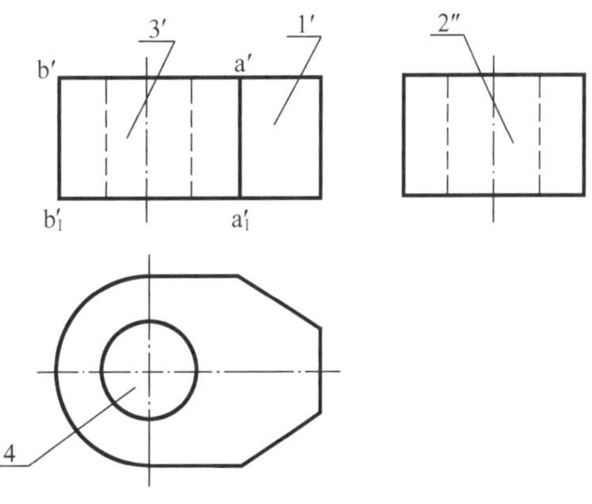

图 1-84　视图中线和线框

（2）表示体上一个曲面的投影，如图 1-84 中的线框 2″。

（3）表示体上平面和曲面组成的复合面的投影，如图 1-84 中的线框 3″。

（4）表示体上通孔的投影，如图 1-84 中的线框 4。

（二）看图基本方法

1. 形体分析法

读图的基本方法与画图一样，也是运用形体分析法，通过查找和验证各基本结构的三视图来理解组合体的结构。一般是从反映组合体形状特征明显的视图着手，把视图划分为若干部分，再找出各部分在其他视图中的投影，并逐一构造出各部分的形状及相对位置，最后综合起来，构造出组合体的整体形状。

下面以图 1-85 为例，说明用形体分析法看图的步骤。

(1) 初步分析。从主视图可看出支架的整体特点，属叠加型组合体。从俯、左视图可以看出支架的前后是对称的。

(2) 按线框分部分。根据主视图特点及其与俯、左视图的投影关系，可将视图分为五个部分，如图 1-85 (a) 所示。

(3) 对投影构造部分。每一部分可根据投影关系找出其在其他两个视图上的投影，然后想象出各部分的形状，如图 1-85 (b)、(c)、(d) 所示。

(4) 综合归纳构造整体。分析各部分的形状以后，根据各部分在视图中的相互位置关系，可以看出圆筒在支承板的上方、肋板在支承板的左边、支承板和肋板连在一起共同支承着圆筒、凸台在底板的上方、底板在支承板的右下方，支架的整体形状如图 1-85 (e) 所示。

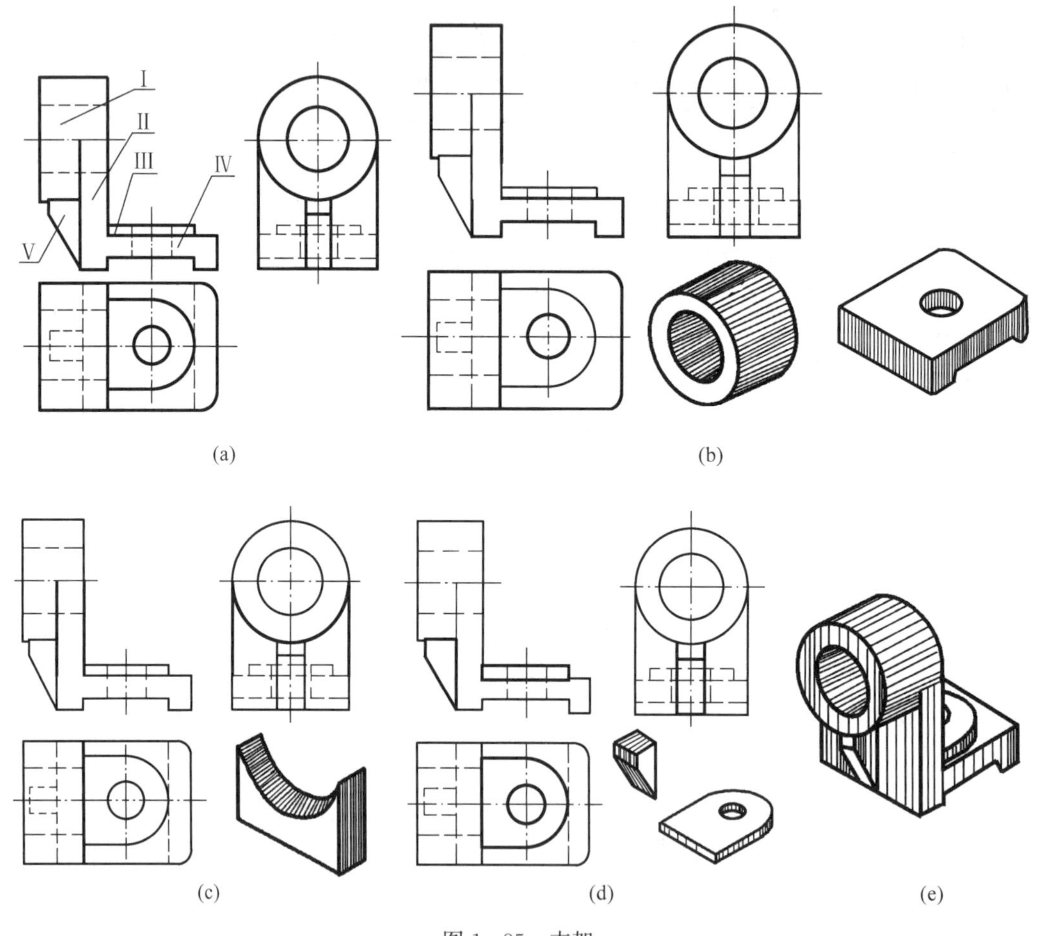

图 1-85 支架

(a) 支架的三视图；(b) 圆筒和底板的投影分析；(c) 支撑板的投影分析；(d) 凸台和肋板的投影分析；(e) 支架的轴测图

2. 线面分析法

对难以用形体分析法理解的结构，可采用线面分析法。

用线面分析法看图是通过对视图上的线框和图线的分析，识别物体表面的面、线的空间位置和形状，从而构造出物体的形状。

线面分析法的看图步骤如下：

（1）分线框对投影。一般情况下，视图上的一个线框反映空间的一个面，所以线面分析法仍然从分析线框入手。

（2）按投影定面形。由线框的三面投影分析出表面的形状及空间位置。

（3）综合起来想整体。根据以上分析，构造出物体的空间形状。

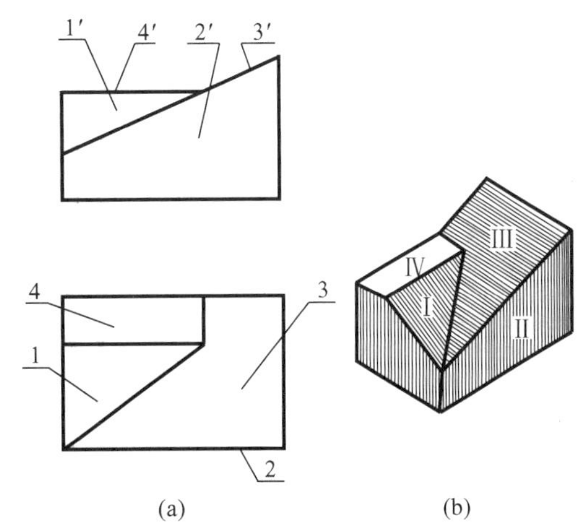

图 1-86　用线面分析法读三视图

（a）视图线面分析；（b）立体图

例如，图 1-86（a）所示物体，它的基本体是长方体。主视图中两个线框，俯视图中与线框 1′长对正的投影有一个是三角形、另一个是矩形。显然矩形和三角形不是类似形，所以线框 1′应对应俯视图上的三角形，空间为一侧垂面。根据物体上的平面多边形，它的投影要么是一个边数相同的多边形，要么是一段直线，即"若无类似形，必定积聚成线"，与俯视图中小矩形长对正的应为主视图中的一条水平直线段，空间为一水平面。俯视图中的线框 3 对应主视图中的斜线 3′，空间为一正垂面。物体的整体形状如图 1-86（b）所示。

四、组合体的尺寸标注

视图只能表达组合体的形状，而组合体的大小及各组成部分的相对位置则是由尺寸决定的。

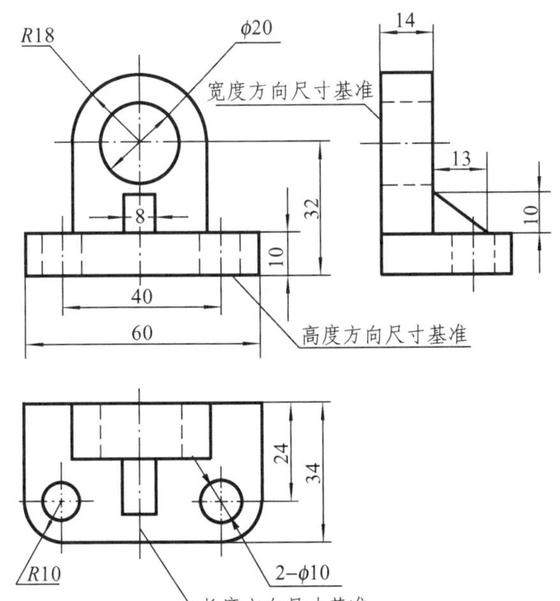

图 1-87　支座的尺寸分析

1. 基本要求

正确：尺寸标注必须符合国家标准的规定。

完整：所注各类尺寸应齐全，做到不遗漏、不重复。

清晰：尺寸布置要整齐清晰，便于看图。

2. 尺寸种类

根据尺寸的作用不同，组合体的尺寸可分为以下三类：

（1）定形尺寸：确定组合体各部分形状、大小的尺寸。如图 1-87 所示，底板的定形尺寸为长 60、宽 34、高 10 等。

（2）定位尺寸：确定组合体各部分之间的相对位置的尺寸。如图 1-87 所示，底板上两个小孔的定位尺寸是两小孔的间距 40，距后面 24。

（3）总体尺寸：确定组合体总长、总宽、总高的尺寸。

有时为了画图方便、读图清晰、便于加工起见，有些可由已知尺寸获得的尺寸，还总是重复标出的。如图 1 - 87 所示，底板的长度方向定形尺寸 60，可由其上两孔的定位尺寸 40 和圆角的定形尺寸 10 求得，但它们全都注出。

3. 尺寸基准

标注尺寸的起点称为尺寸基准。

组合体具有长、宽、高三个方向的尺寸，标注每一个方向的尺寸都应先选择好基准。标注时，通常选择组合体的底面、端面、对称面、回转体的轴线等作为尺寸基准。如图 1 - 87 所示，支座是选择左右对称面、支承板的后面和底板的底面作为长、宽、高三个方向的尺寸基准。

4. 尺寸布置

标注尺寸除了要求正确、完整外，还要求标注清晰，因此还要注意以下五点：

(1) 尺寸应注在表达形体特征最明显的视图上，并尽量避免标注在虚线上。

(2) 尺寸应尽量注在视图外面，布置在两个视图之间。

(3) 直径尺寸最好在非圆视图上标注。

(4) 各基本形体的尺寸，要尽量集中注在一个或两个视图上，以便于看图。

(5) 多个尺寸平行标注时，应使较小的尺寸靠近视图，较大的尺寸依次向外分布，以免尺寸线与尺寸界线交错。

5. 标注尺寸的方法和步骤

标注组合体尺寸的方法仍为形体分析法，分别注出各组成部分的定形尺寸、定位尺寸以及总体尺寸。

以图 1 - 88 支架的尺寸标注为例，说明尺寸标注的步骤如下：

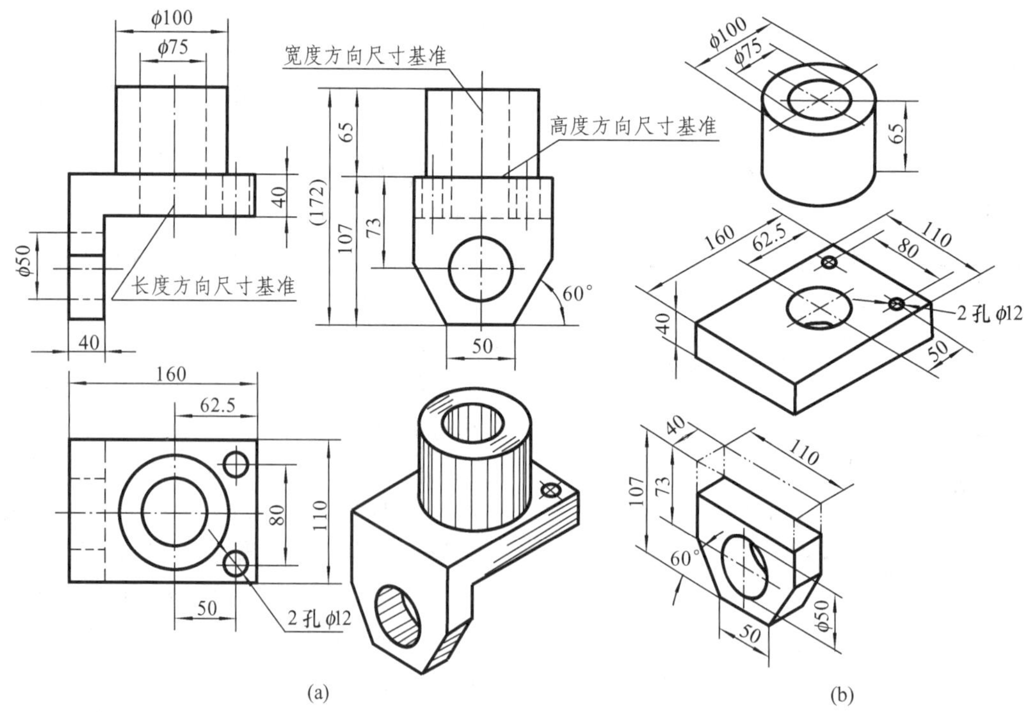

图 1 - 88 支架的尺寸标注

(a) 选择尺寸基准标注尺寸；(b) 分析各基本结构需标注的尺寸

（1）选择尺寸基准。分析形体特点，选择尺寸基准，支架可分解为底板、立板和圆筒三部分。长度方向以圆筒的轴线为基准，宽度方向以支架的前后对称面为基准，高度方向以底板顶面为基准，见图 1-88（a）。

（2）分别标出各形体的定形和定位尺寸。分析三个基本体所需注出的定形和定位尺寸，如图 1-88（b）所示。然后注出各形体的定形和定位尺寸，见图 1-88（a）。

（3）标注总体尺寸。支架的总长尺寸是 160，总宽尺寸为 110，在图上已经注出。总高尺寸应为 172，但是这个尺寸以不注为宜，因为如果注出总高尺寸，就与已注出的尺寸 107 和 65 重复；然而注上以上两个尺寸 107 和 65，有利于明显表示圆筒和立板的高度。如果保留了 107 和 65 这两个尺寸，还想注出总高尺寸，则可标注总高尺寸后再加一个括号，作为参考尺寸注出。

（4）校核。对已标注的尺寸，按正确、完整、清晰的要求进行检查，如有不妥，则作适当修改和调整。

6. 常见结构的尺寸注法

常见结构的尺寸注法对规范尺寸标注非常重要。图 1-89 列出了组合体常见结构的尺寸标注示例，在标注类似结构时应尽量与它们一致。

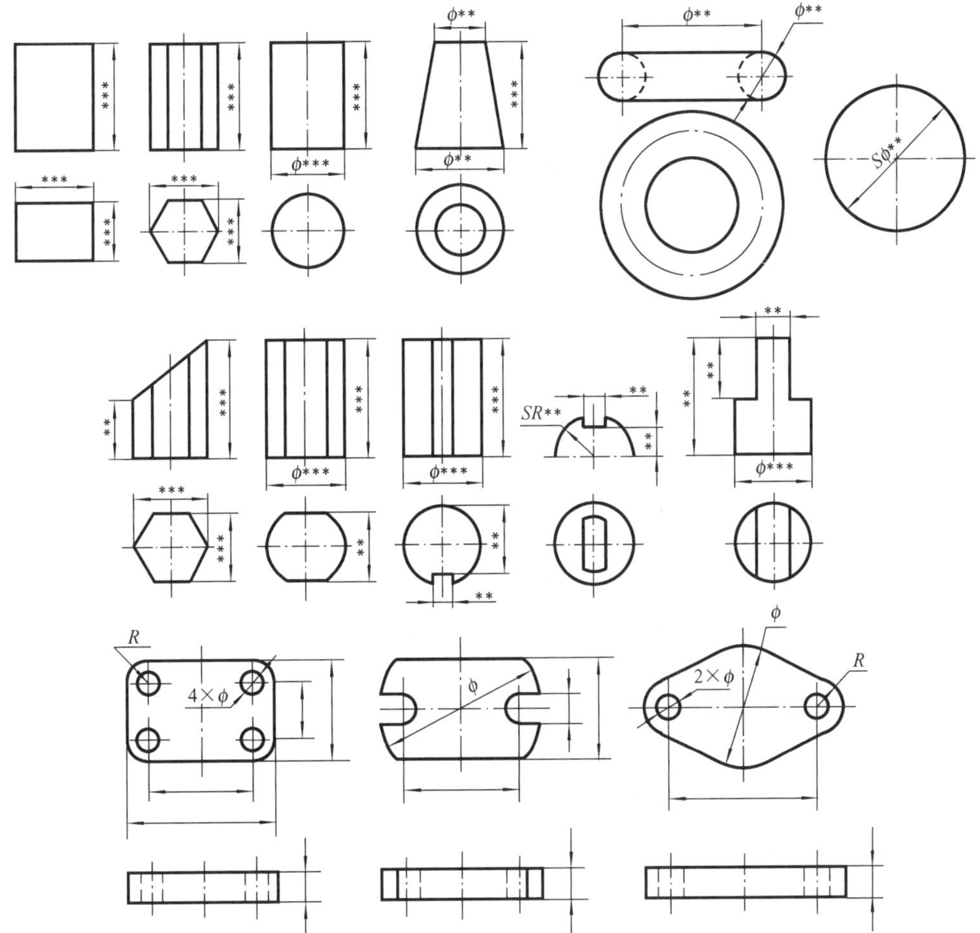

图 1-89　常见的基本结构的标注示例（一）

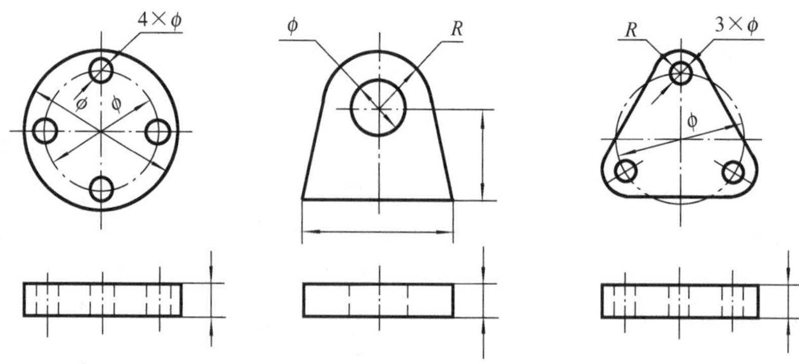

图 1-89 常见的基本结构的标注示例（二）

1-1 CAXA 电子图板的工作界面分为哪几部分？各有什么作用？

1-2 CAXA 电子图板如何满足机械制图国家标准的要求？CAXA 电子图板的默认设置是否应经常修改？

1-3 “图层”有什么作用？电子图板的线型与制图标准规定的线型有哪些异同？不同线型各有什么作用？

1-4 如何掌握常用尺寸注法？如何用电子图板进行快速尺寸标注？

1-5 CAXA 电子图板最常用的键有哪些？各有什么功能？

1-6 点的输入方式有哪些？

1-7 怎样用工具点菜单捕捉图形元素的工具点（几何特征点)？

1-8 平面图形由哪些线段组成？怎样画平面图形？

1-9 抄画图 1-90 所示平面图形。

1-10 抄画图 1-91 所示平面图形。

1-11 抄画图 1-92 所示平面图形。

1-12 抄画图 1-93 所示平面图形。

1-13 为什么可用空间点的两个投影表示一个空间点？工程上一般如何表达空间结构？

1-14 如图 1-94 所示，已知空间点 A、B 和 C 的两投影 a′、a；b′、b″；c、c″。①求 a″、b 和 c′；②并求空间直线 AB 的三面投影；③求空间平面 ABC 的三面投影。

1-15 什么是正平线、水平线和侧平线？其三面投影各有什么特点？画一条长 50mm，且与水平面成 45°夹角的正平线。

1-16 什么是正垂线、铅垂线和侧垂线？其三面投影各有什么特点？画一条长 50mm 的正垂线。

1-17 什么是正平面、水平面和侧平面？其三面投影各有什么特点？画一个用边长为 50mm 的正方形表示的正平面。

1-18 什么是正垂面、铅垂面和侧垂面？其三面投影各有什么特点？画一个用边长为 50mm 的正方形表示的正垂面，且与水平面成 45°夹角。

1-19 如图 1-95 所示，已知基本体的两视图，试补画第三视图。

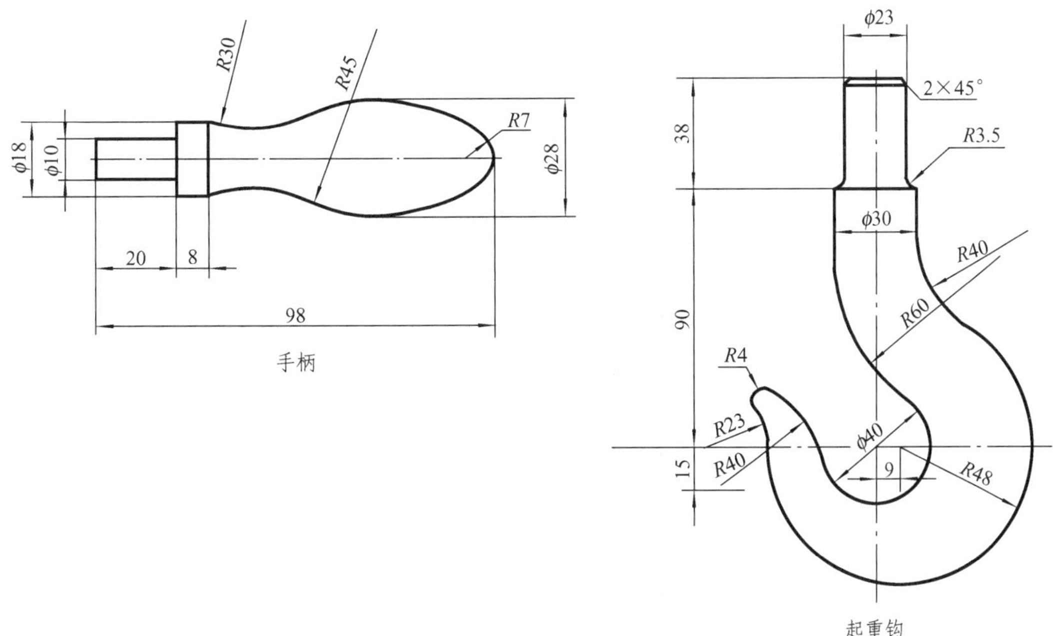

图 1 - 90　题 1 - 9 图

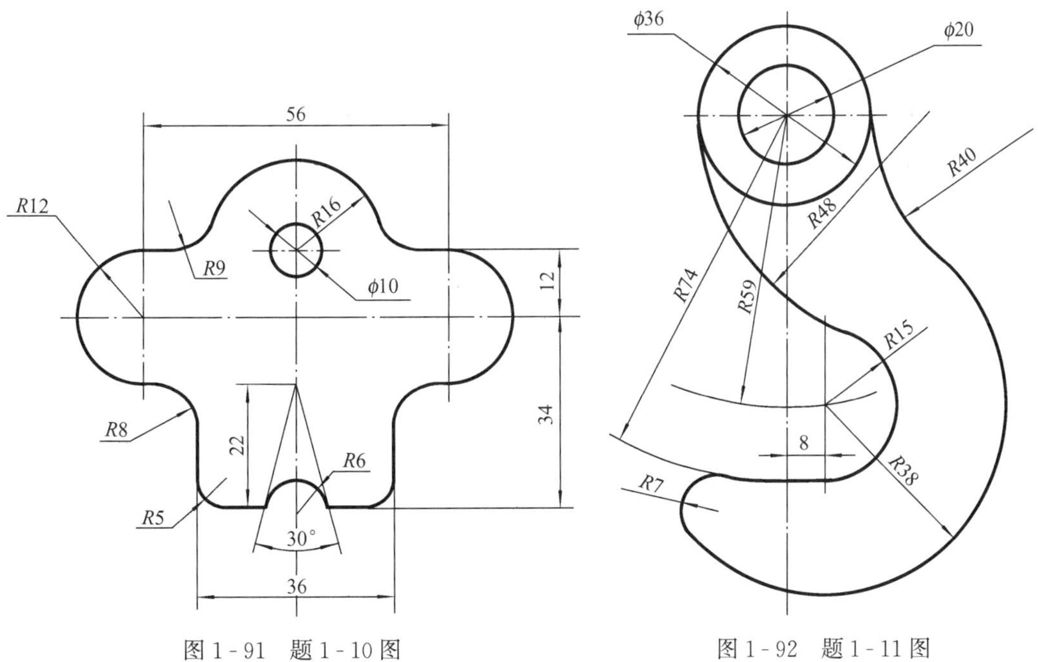

图 1 - 91　题 1 - 10 图　　图 1 - 92　题 1 - 11 图

1 - 20　画一长 100mm，宽 60mm，高 80mm 的长方体。

1 - 21　画一轴线垂直于侧面，直径为 50mm，长度为 80mm 的圆柱体。

1 - 22　将题 1 - 20 所画长方体右半部分用侧平面切去，画左半部分。

1 - 23　画一与图 1 - 71 所示结构相同的开方孔圆柱体，要求圆柱体轴线垂直于侧面，方孔中心线垂直于正面。

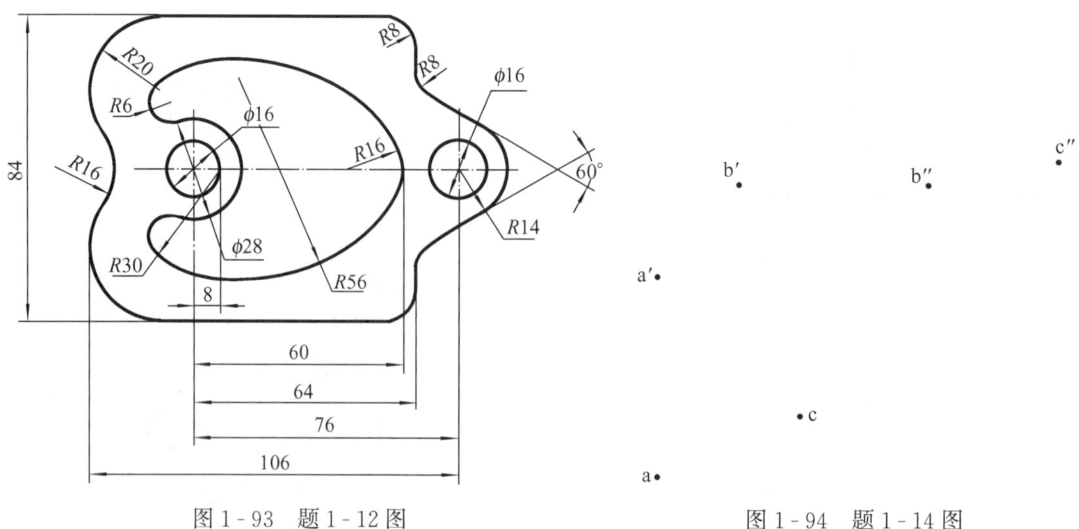

图 1-93　题 1-12 图　　　　图 1-94　题 1-14 图

1-24　画一与图 1-74 所示结构相同的开圆孔圆柱体，要求圆柱体轴线垂直于侧面，圆孔轴线线垂直于正面。

1-25　根据图 1-96 所示结构的轴测图画三视图（尺寸由图上量取）。

1-26　根据图 1-97 所示结构的轴测图画出三视图。

1-27　如图 1-98 所示，看懂两视图，试补画第三视图。

1-28　如图 1-99 所示，看懂两视图，试补画第三视图。

1-29　如图 1-100 所示，补画所缺图线，改正三视图错误。

1-30　如图 1-101 所示，补画所缺图线，改正三视图错误。

1-31　如图 1-102 所示，补画所缺图线，改正三视图错误。

1-32　如图 1-103 所示，标注组合体尺寸（尺寸由图上量取）。

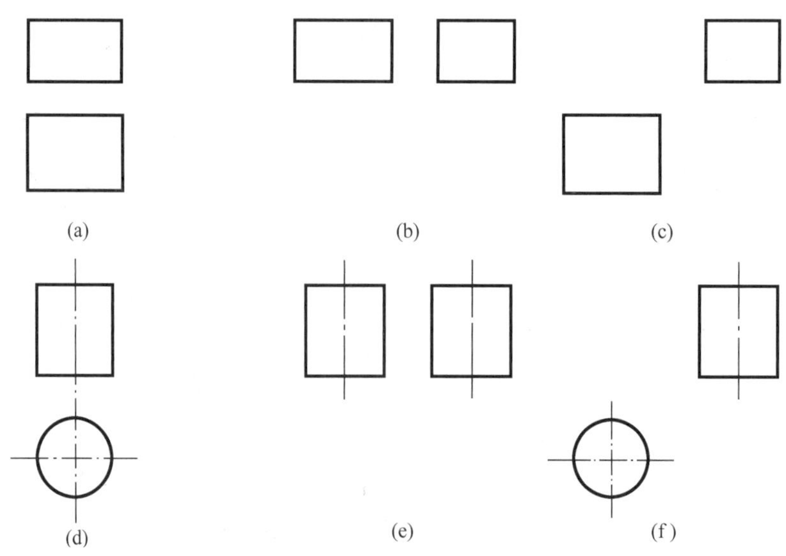

图 1-95　题 1-19 图

（a）补画左视图；（b）补画俯视图；（c）补画主视图；
（d）补画左视图；（e）补画俯视图；（f）补画主视图

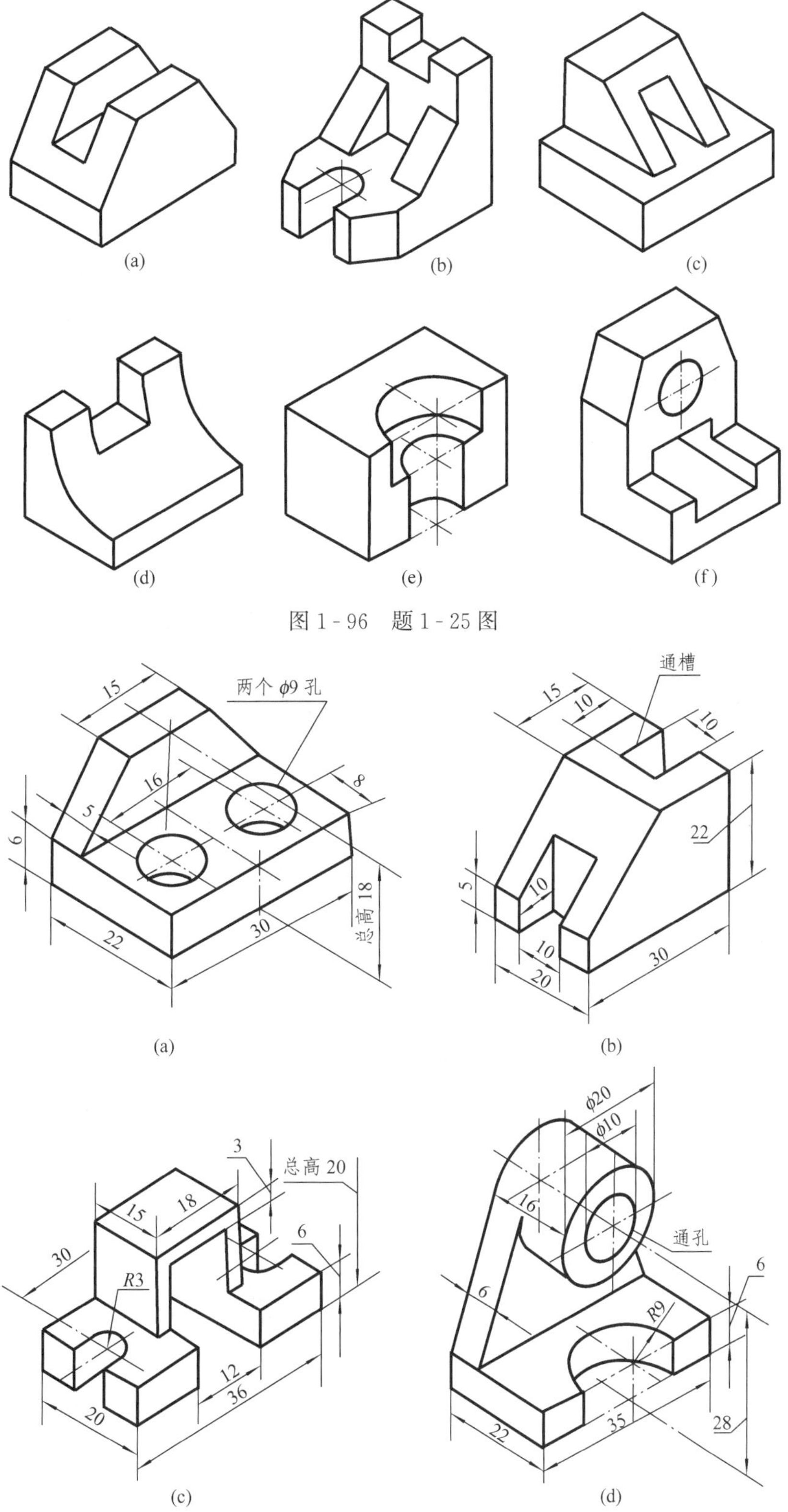

图 1-96　题 1-25 图

图 1-97　题 1-26 图（一）

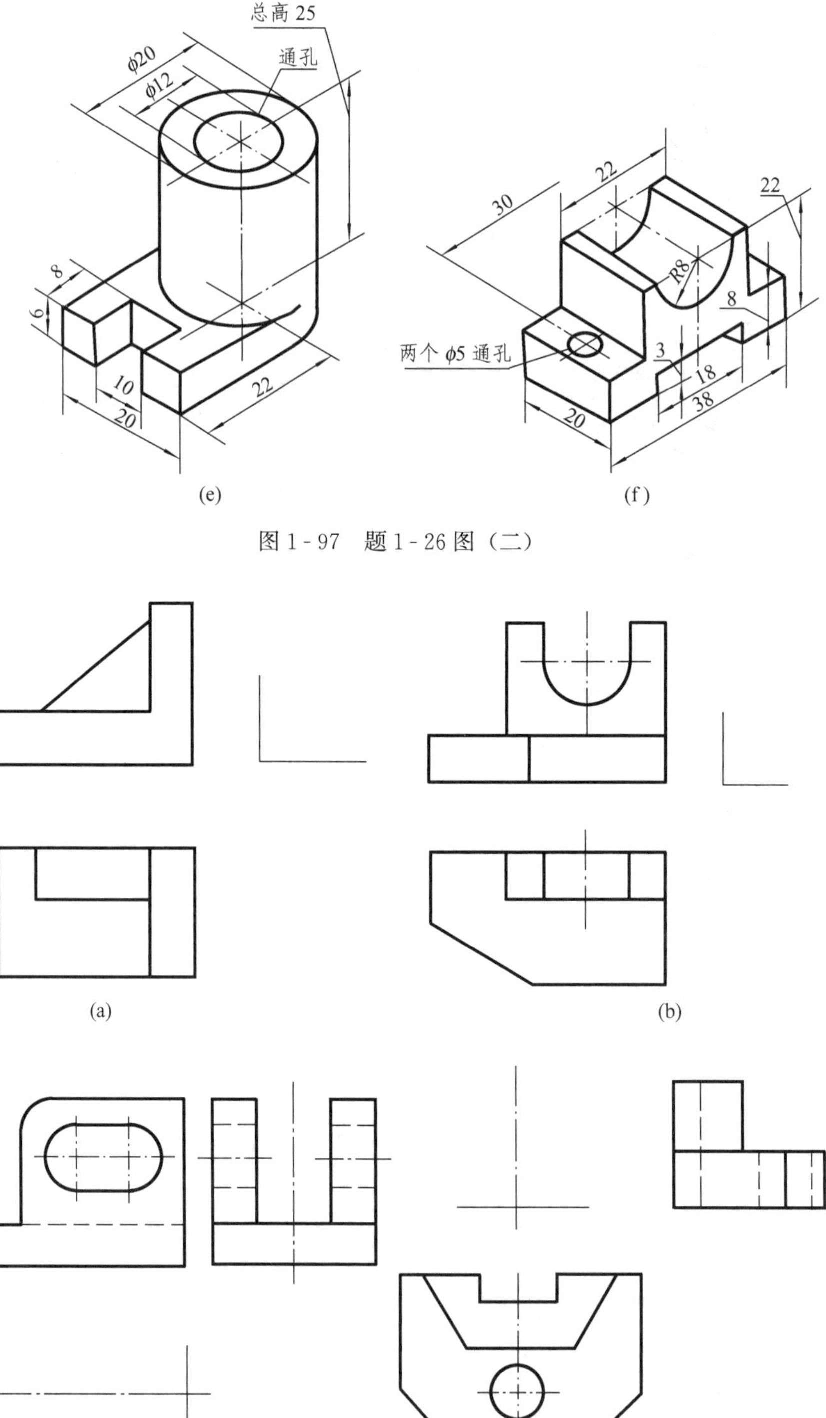

图 1-97 题 1-26 图（二）

(a)

(b)

(c)

(d)

图 1-98 题 1-27 图（一）

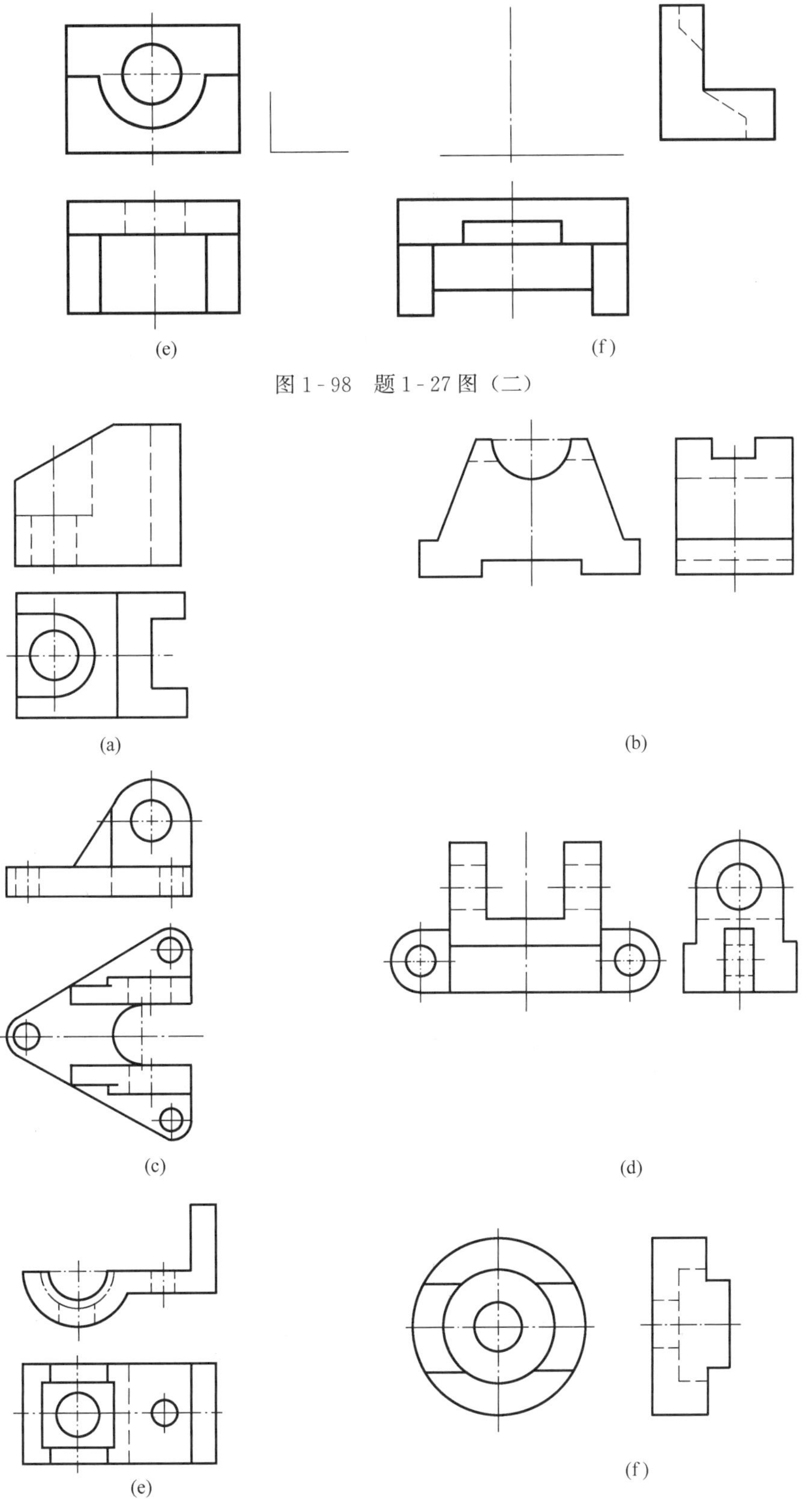

图 1-98　题 1-27 图（二）

图 1-99　题 1-28 图

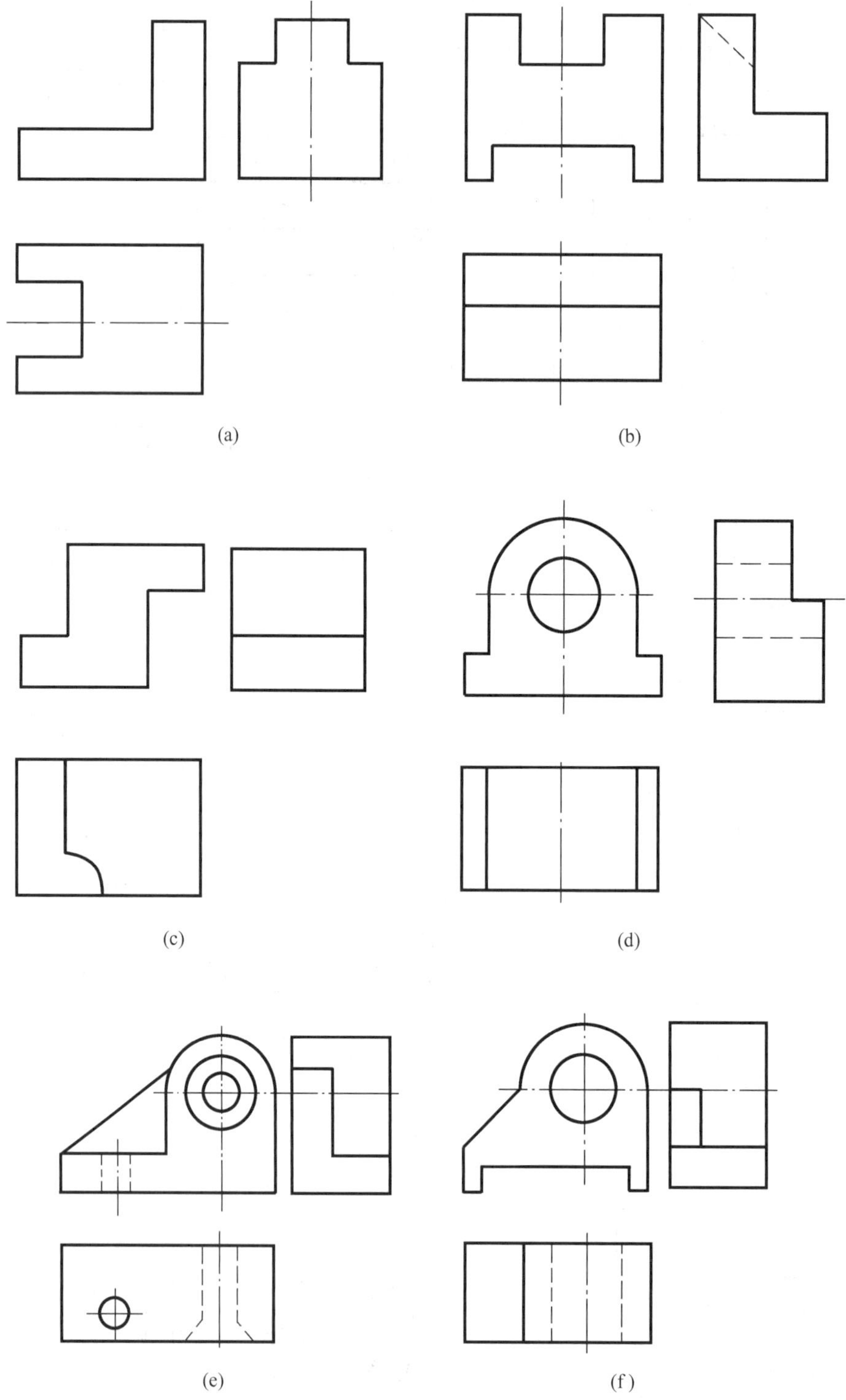

图 1-100 题 1-29 图

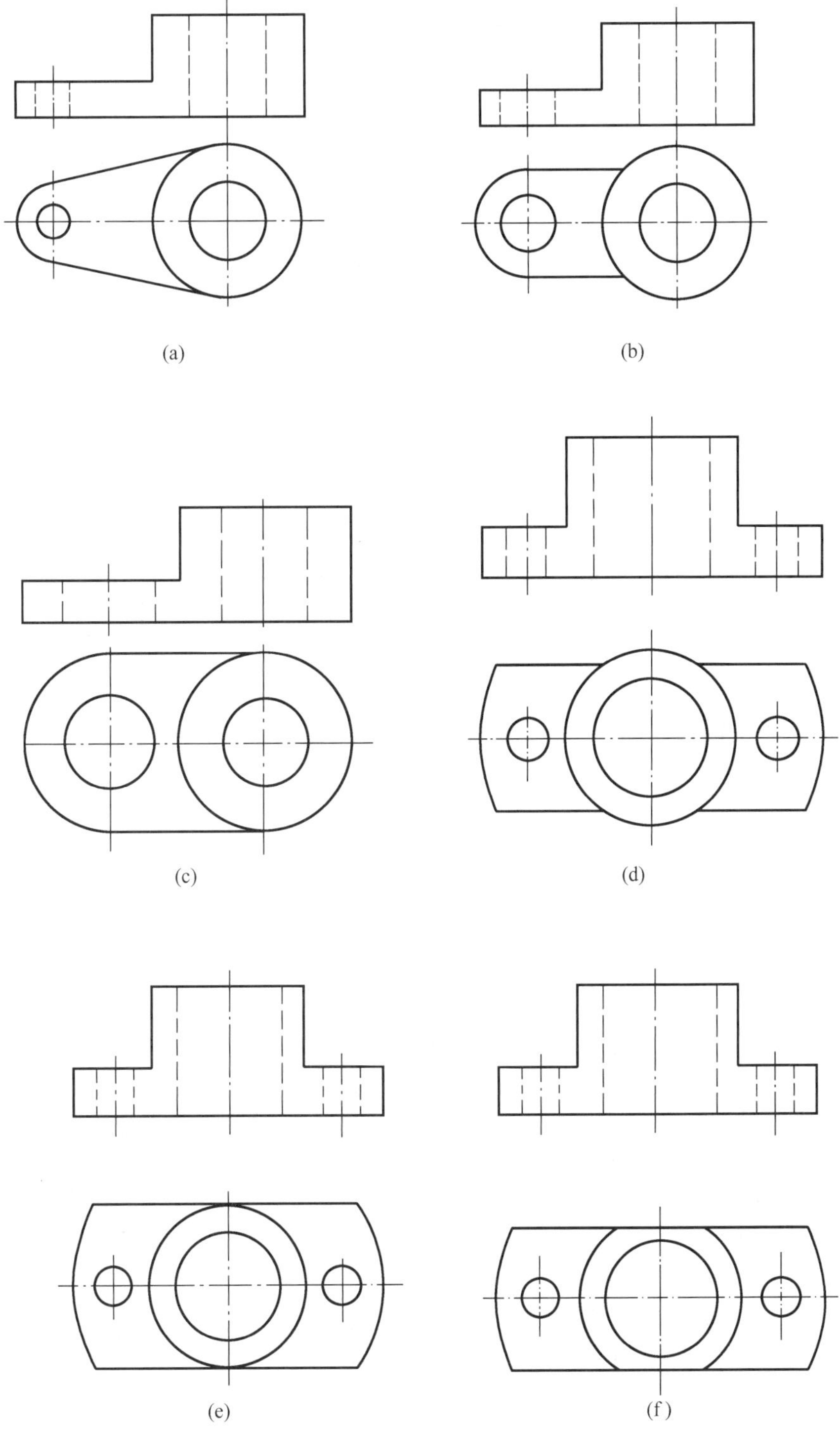

图 1-101　题 1-30 图

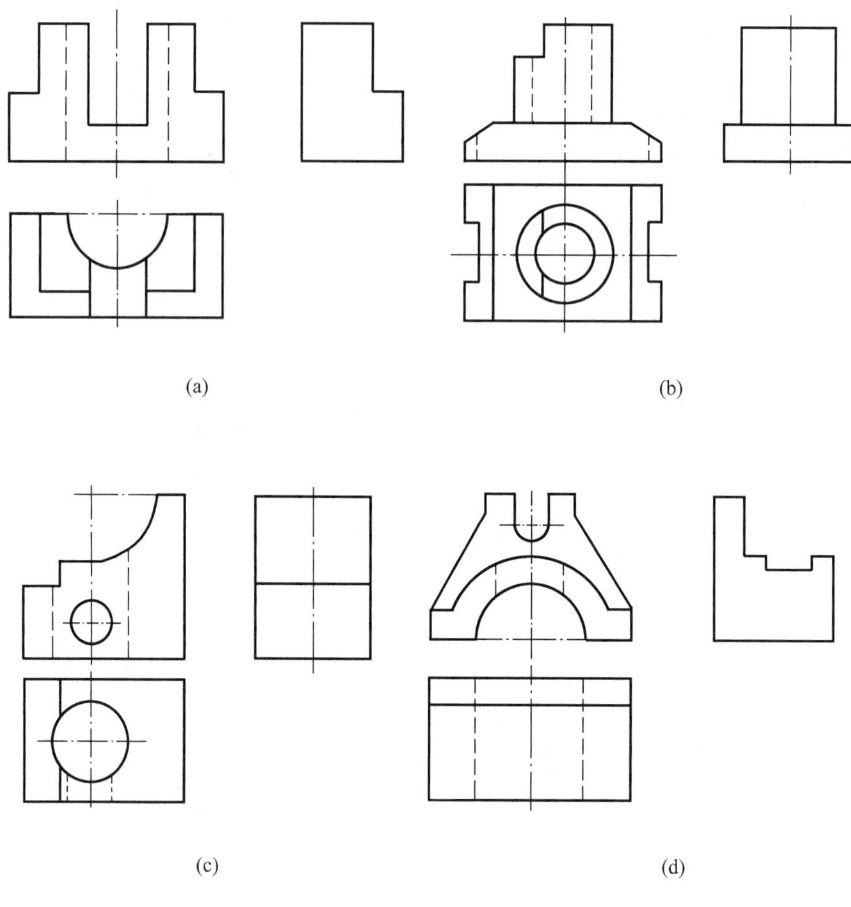

图 1-102 题 1-31 图

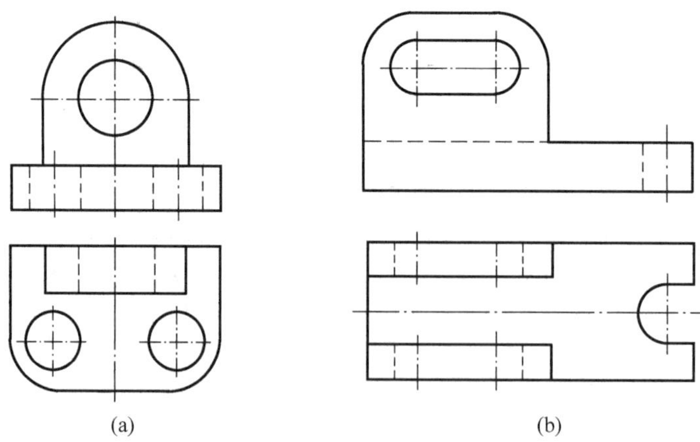

图 1-103 题 1-32 图（一）

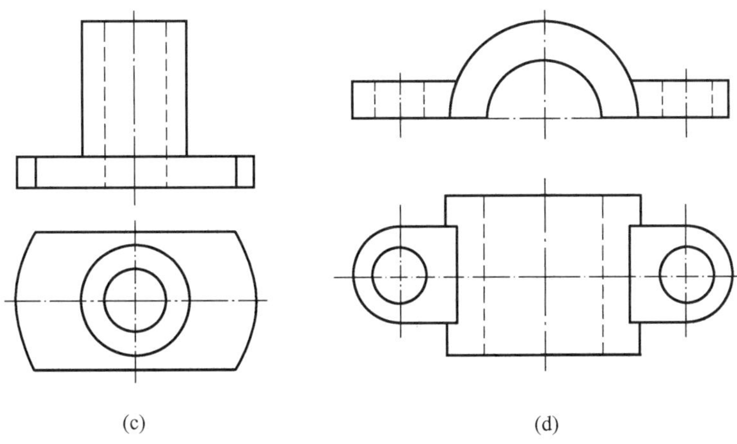

图 1-103　题 1-32 图（二）

第二章　机件的表达方法

在生产实际中，当机件的形状和结构比较复杂时，仅用前面所讲的两视图或三视图，就难于把它们的内外形状准确、完整、清晰地表达出来。为了满足这些要求国家标准规定了各种画法——视图、剖视图、剖面图、局部放大图、简化画法和其他规定画法等。本章着重介绍一些常用的表达方法。

第一节　视　　图

一、基本视图

对于形状比较复杂的机件，用两个或三个视图尚不能完整、清楚地表达它们的内外形状时，则加上更多的投影面，从而得到更多的视图。

国标规定，如图 2-1（a）所示，在原有三个投影面的基础上，再增设三个投影面，即前立面、顶面、左侧面组成一个正六面体，这六个投影面称为基本投影面。机件向基本投影面投射得到六个基本视图，其名称规定为主视图、俯视图、左视图、右视图（由右向左投影）、仰视图（由下向上投影）、后视图（由后向前投影）。它们的展开方法是正立投影面不动，其余按图 2-1（b）箭头所指的方向旋转，使其与正立投影面共面。

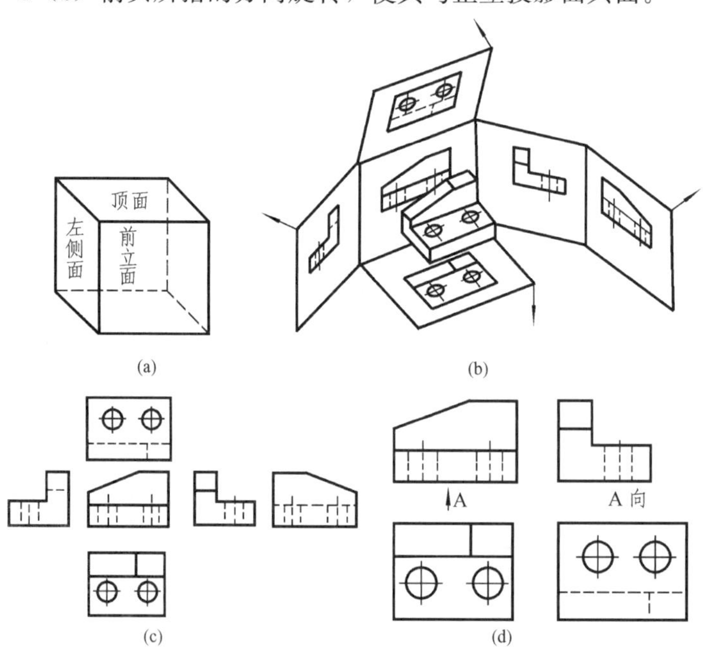

图 2-1　基本视图

（a）基本投影面；（b）基本视图的形成；（c）基本视图的规定配置；（d）不按规定位置配置的基本视图

在同一张图纸内按图 2-1（c）配置视图时，一律不标注视图的名称。有时为了合理利用图纸不按基本视图规定配置，或不能画在同一张图纸上时，应在视图上方中间位置标注视图的名称“×向”（×用大写字母表示），并在相应的视图附近用箭头指明投影方向，注写相同的字母，如图 2-1（d）所示。

除后视图外，其他各基本视图距主视图愈远的一边，仍然是愈在前面。实际画图时，不必六个基本视图都画，应根据机件的结构形状，选用必要的基本视图。在明确表示机件的前提下，应使视图的数量为最少。

二、斜视图

机件向不平行于基本投影面的平面投影所得的视图称为斜视图。当机件上某部分的结构形状是倾斜的，且不平行于任何基本投影面时，无法在基本投影面上表达该部分的实形，如图 2-2（a）所示。此时可设置一个与机件倾斜结构平行且垂直于正面的辅助投影面，将该部分的结构形状向辅助投影面投影，然后将此投影面按投影方向旋转到正面上，如图 2-2（b）所示。

斜视图通常按投影关系配置并标注，表明投影方向的箭头必须垂直于要表达的倾斜结构，斜视图的名称“×向”写在视图正上方。有时为了合理地利用图纸或画图方便，允许将斜视图旋转配置，并在图形上方标注“×向旋转”，如图 2-2（c）所示。斜视图只要求表达机件倾斜结构的真实形状，其余部分在斜视图上不必全部画出，可用波浪线表示断裂边界。注意波浪线不能超出机件轮廓。

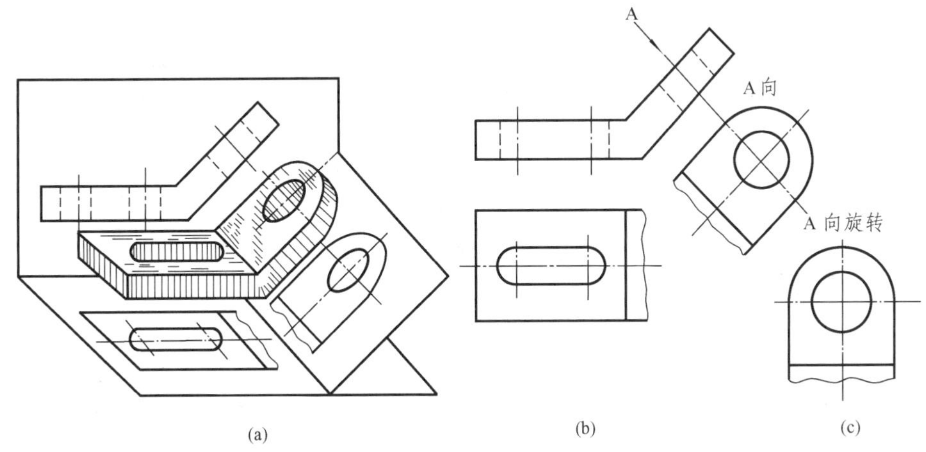

图 2-2　斜视图

（a）立体图；（b）视图和未旋转的斜视图；（c）旋转后的斜视图

三、局部视图

局部视图是将物体的某一部分向基本投影面投影所得的视图。局部视图用波浪线或双折线表示断裂边界，如图 2-3 所示的“A”向视图，注意波浪线不能超出机件轮廓线。当局部视图表示的局部结构是完整的，且外轮廓线又成封闭时，波浪线可省略不画，如图 2-3 所示的“B”向视图。

为了看图方便，局部视图应尽量配置在箭头所指的方向，并与原视图保持投影关系。如因布置图的需要，也可把局部视图放在其他适当位置。画局部视图时，一般在局部视图的上方标出视图的名称“×向”，在相应的视图附近用箭头指明投影方向，并注上相同的字母。当局部视图按投影关系配置中间又没有其他图形隔开时，可省略标注，如图 2-3 中的“A”

向视图（图中已标注，实际上是可以省略的）。用局部视图表达机件可使图形重点突出、清晰简便。

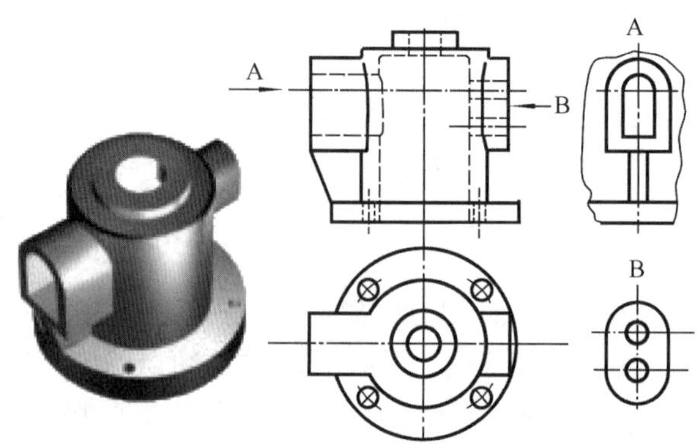

图 2-3　局部视图

四、旋转视图

当机件上某一部分的结构是倾斜的并且该部分具有回转轴时，可假想将机件的倾斜部分先旋转到与某一选定的基本投影面平行后，再进行投影，所得的视图称为旋转视图。

旋转视图一般不加任何标注，如图 2-4 所示。

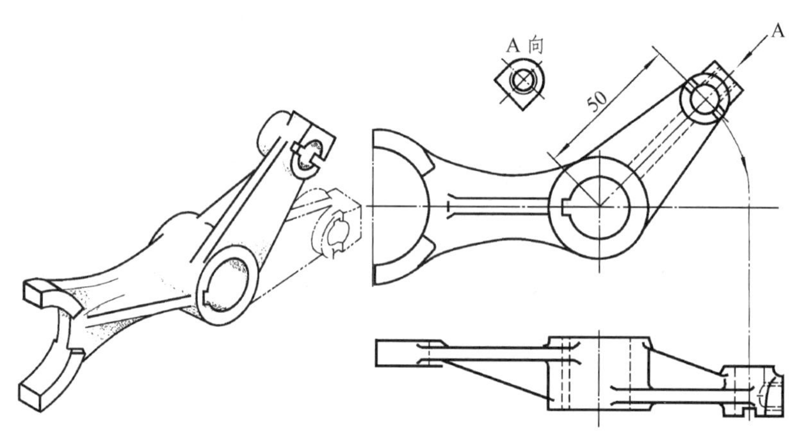

图 2-4　旋转视图

第二节　剖　视　图

一、剖视图的概念和基本画法

机件上不可见的结构形状（如孔腔、槽等）在视图中是用虚线表示的。不可见的结构形状愈复杂，虚线就愈多，影响视图的清晰，给识图、绘图、尺寸标注带来困难。为此，对机件不可见的内部结构形状常采用剖视图来表达。

如图 2-5（a）和图 2-5（b）所示，假想用剖切平面剖开物体，将处在观察者和剖切平面之间的部分移去，而将其余部分向投影面投影所得的图形，称为剖视图，可简称剖视。

因为剖切是假想的，当机件的某个图形画成剖视图时，机件仍是完整的，所以其他图形的表达方案应按完整的机件考虑，如图 2-5（c）所示俯视图画出完整的机件。

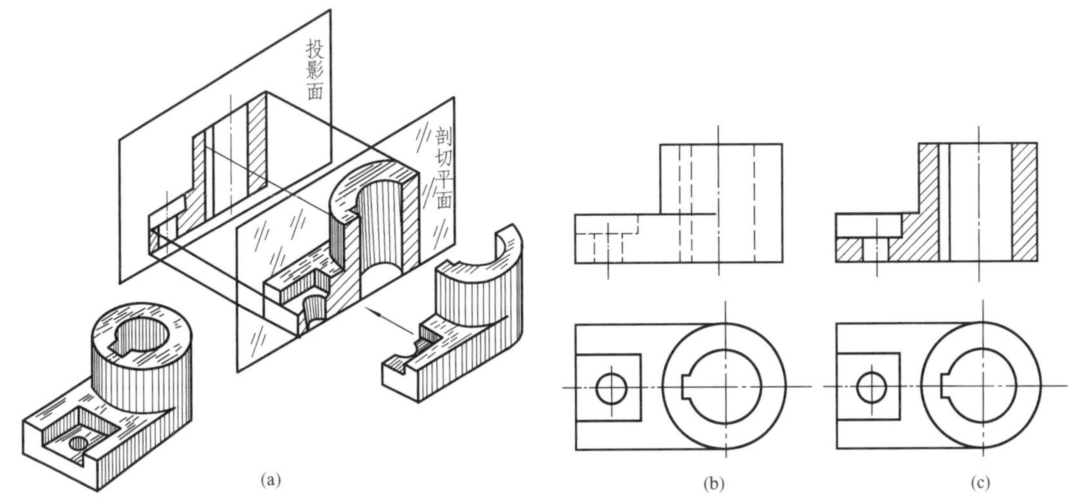

图 2-5　剖视图的概念

（a）剖视图的形成；（b）两个基本视图表达机件；（c）将主视图换成剖视图表达机件

画剖视图应注意以下事项：

（1）假想用剖切平面剖开机件，剖切平面与机件的接触部分称剖面区域，国标中规定剖面区域上要画出剖面符号。不同的材料采用不同的剖面符号，见图 2-6。金属材料的剖面符号用与水平方向成 45°且间隔均匀的细实线画出，通常称为剖面线，向左或向右倾斜均可，但在同一零件的零件图中，剖面线的方向和间隔必须一致。使用剖面线命令可直接绘制剖面符号。应用“格式”下拉菜单下的“剖面图案”可选取所需的剖面符号样式。

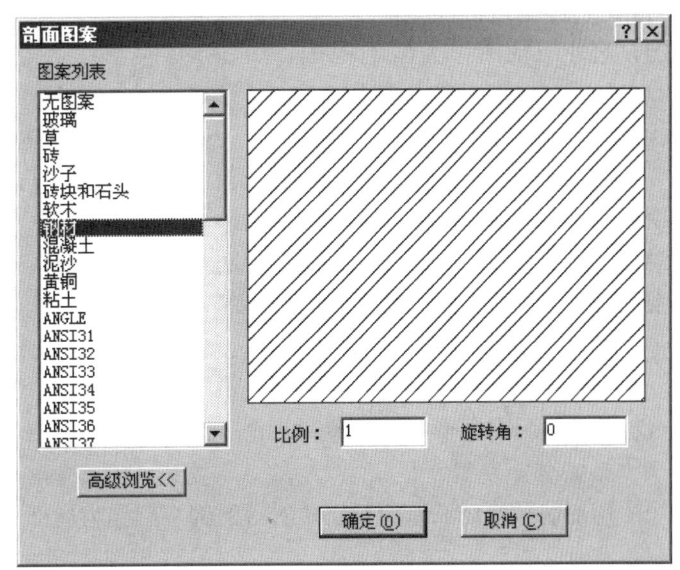

图 2-6　剖面图案

（2）一般应在剖视图的上方标注剖视图的名称“×—×”（×用大写字母表示）；用剖切符号（宽 1～1.5b，长 5～10mm 断开的粗实线）表示剖切面的起、讫和转折位置，在剖切符号的外侧画出与其垂直的箭头表示投影方向，并注上同样的字母，如图 2-12 所示。在电子图板里可使用“工程标注”下的“剖切符号”命令直接绘制出剖切符号、箭头和字母。

（3）当剖视图按投影关系配置、中间又没有其他图形隔开时，可省略表示投影方向的箭头，如图 2-8 所示。

当单一剖切平面通过机件的对称平面或基本对称平面、且剖视图按投影关系配置、中间又没有其他图形隔开时，可省略标注，如图 2-5 所示省略了标注。

当单一剖切平面剖切位置明显时，局部剖视图的标注可省略。

二、剖视图的种类

由于剖切平面数量以及剖切平面剖开物体的程度不同，剖视图分为全剖视图、半剖视图和局部剖视图等类型。

1. 全剖视图

用剖切平面完全地剖开物体所得到的剖视图，称为全剖视图，如图 2-7 所示。从图中可以看出机件外形比较简单，内形比较复杂，仅前后对称。假想用一个剖切平面沿机件的前后对称平面将它完全剖开，移去前半部分，将后半部分向正立投影面投射，便得出机件的全剖视图。

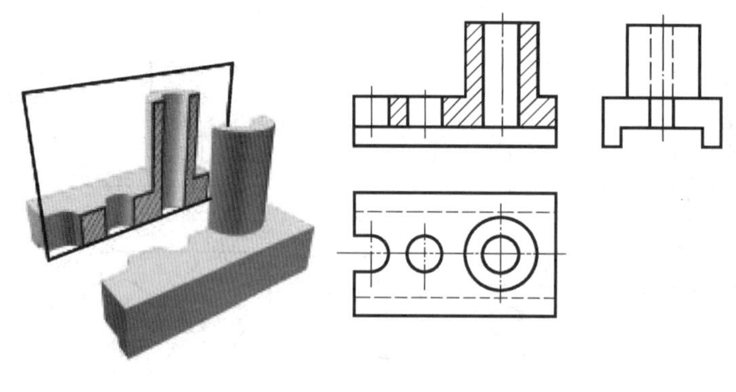

图 2-7　全剖视图

2. 半剖视图

当物体具有对称平面时，向垂直于对称平面的投影面上投影所得的图形，可以对称中心线为界，一半画成剖视图，另一半画成视图，这种剖视图称为半剖视图，如图 2-8 所示。半剖视图主要适用于内外形状都需要表达的对称机件。

在半剖视图中，半个视图和半个剖视图的分界线应画成点划线。由于图形对称，如果零件的内部形状已在半个剖视图中表示清楚，则在表达外部形状的半个视图中，虚线应省略不画。

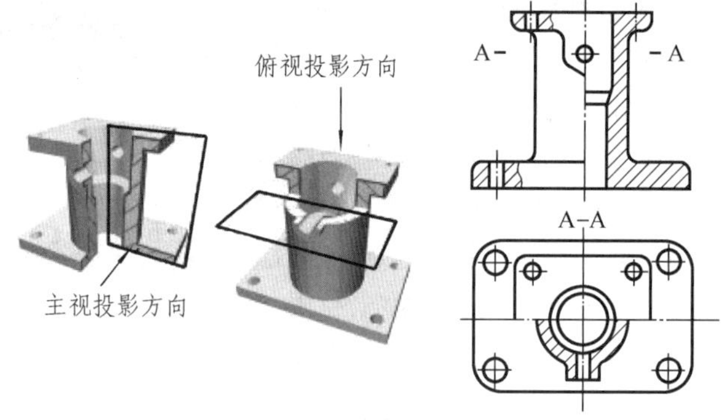

图 2-8　半剖视图

当机件的形状接近于对称，且不对称部分已另有图形表达清楚时，也可以画成半剖视图，如图 2-9 所示。

3. 局部剖视图

用剖切平面局部地剖开物体所得的剖视图称为局部剖视图，如图 2-10 所示。

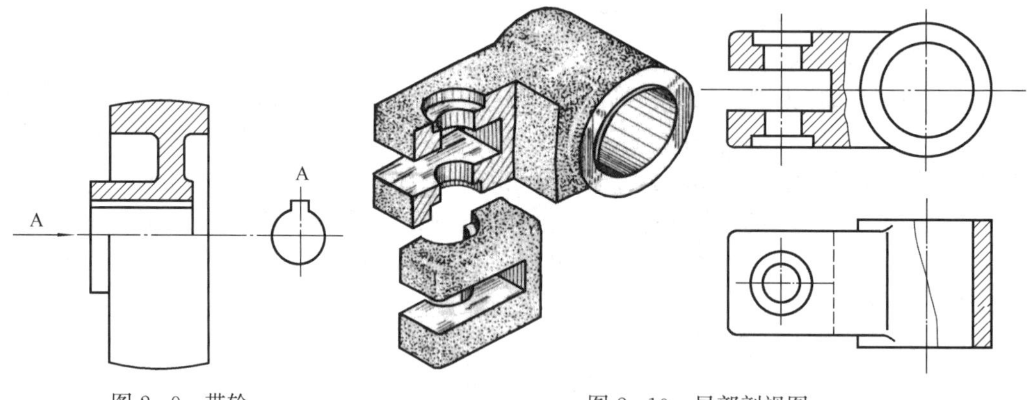

图 2-9　带轮

图 2-10　局部剖视图

局部剖视是一种很灵活的表达方法。当在剖视图中既不宜采用全剖视图也不宜采用半剖视图时，则可采用局部剖视图表达，如图 2-11 所示。手柄由于两侧都是实心杆并想保留主视图中的过渡线，因而就不宜采用全剖视图；同时中间的方孔虽然左右对称，但由于在主视图的对称中心线与孔壁交线的投影相重合，也不宜采用半剖视，因而在主视图中采用局部剖视，就既能保留左侧的过渡线，又能将这条孔壁交线表达出来，显得清晰明了。

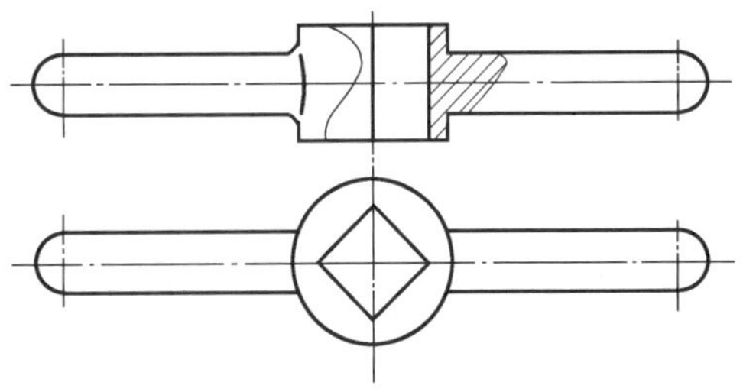

图 2-11 用局部剖视图表达手柄结构

局部剖视图的断裂分界线一般用波浪线绘制，波浪线不应与图样上其他图线重合。局部剖视图一般适用于机件内、外形状均需表达的不对称机件。在一个视图中局部剖切的数量不宜过多，否则会使图形过于零碎。局部剖视图的剖切位置明显时，可省略标注；如剖切位置不明显时应该标注。

4. 斜剖视图

用不平行于任何基本投影面的单一平面剖开机件的方法习惯上称为斜剖。

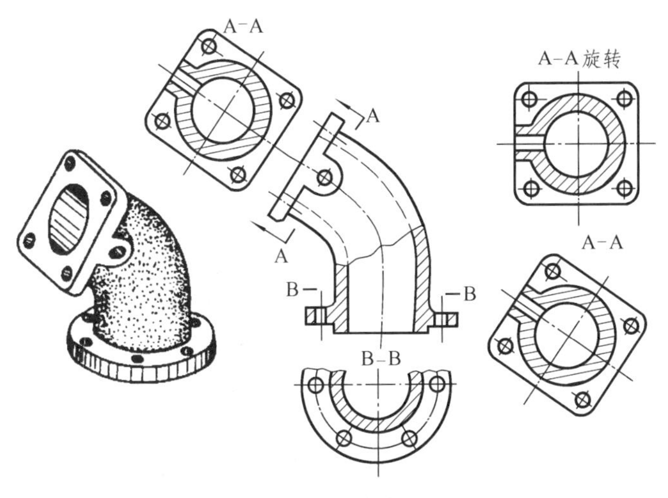

图 2-12 斜剖

当机件具有倾斜结构的内部形状，而这些结构又不适宜旋转时可采用斜剖，如图 2-12 所示。斜剖视图最好按投影关系配置在与剖切符号相对应的位置；也可将剖视图平移至图纸的适当位置；在不致引起误解的情况下还允许将剖视图形旋转，并标注名称“×-×旋转”如图 2-12 所示。

5. 旋转剖视图

当机件具有回转轴（包括轮盘类及适宜于旋转的非轮盘类机件），可用两个相交的剖切平面剖开，这种剖切方法习惯上称为旋转剖。

用两个相交的剖切平面剖切机件后，应将其倾斜部分旋转到与选定的基本投影面平行后再进行投影，使剖视图既反映实形又便于画图，如图 2-13 所示。旋转剖必须标注。在剖切面的起、讫和转折位置画上剖切符号，在剖切符号的外侧画出与其垂直的箭头表示投影方向，并注上同样的字母。在旋转剖视图的上方用同一字母标注剖视图的名称“×-×”。

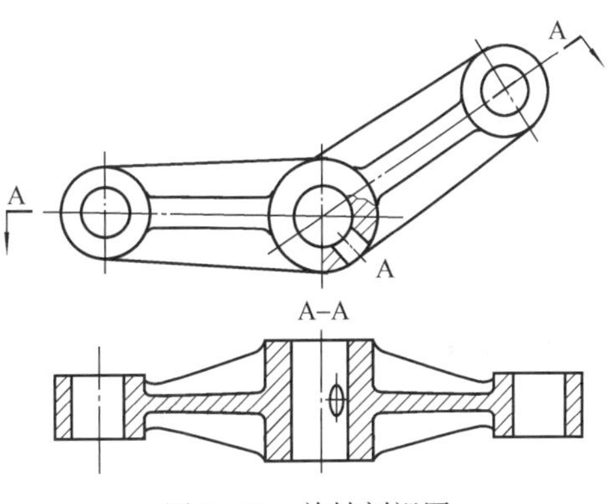

图 2-13 旋转剖视图

6. 阶梯剖视图

用几个平行的剖切平面剖开机件的方法习

惯上称为阶梯剖。如图 2-14 所示，用两个平行的平面以阶梯剖的方法剖开机件，将处在观察者和与剖切平面之间的部分移去，再向正面作投影，就能清楚地表达出内部的孔结构。在阶梯剖视图中，不应画出各剖切平面转折处的界线。

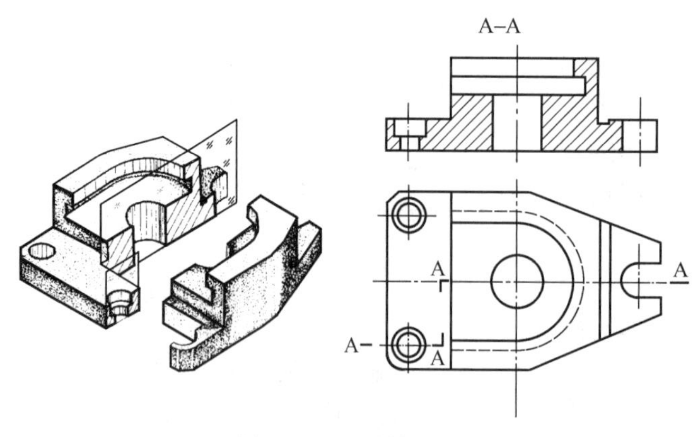

图 2-14　阶梯剖视图

剖切平面的转折处不应与图中的轮廓线重合，在图形内也不应出现不完整的结构要素，仅当两个要素在图形上具有公共对称轴线或中心线时，可以对称轴线或中心线为界，各画一半，如图 2-15 所示。

阶梯剖的标注与旋转剖的标注要求相同。

7. 复合剖视图

当机件的内部结构形状较多，用旋转剖或阶梯剖仍不能完整表达时，可采用组合的剖切平面剖开机件，这种剖切方法称为复合剖，如图 2-16 所示。复合剖的标注与上述标注要求相同。

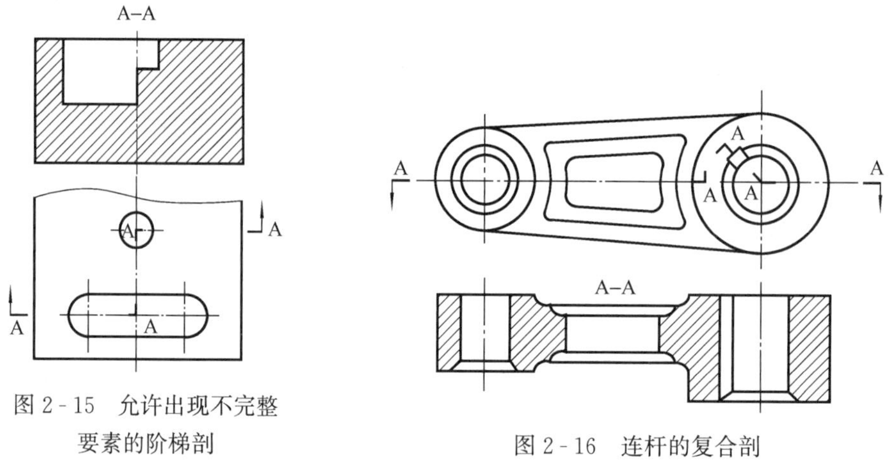

图 2-15　允许出现不完整要素的阶梯剖

图 2-16　连杆的复合剖

第三节　断　面　图

一、基本概念

假想用剖切平面将机件的某处切断，仅画出该剖切平面与机件接触部分的图形，这个图形称为断面图（简称断面），如图 2-17 所示。

二、断面的种类

断面图分为移出断面和重合断面。

1. 移出断面

如图 2-18 所示，画在视图外的断面，称为移出断面。

布置图形时尽量将移出断面配置在剖切平面迹线的延长线上，如图 2-17（b）和图 2-18（a）所示。

当断面为对称形时，可将断面画在视图的中断处如图 2-18（b）所示。

当剖切平面通过回转面形成的孔或凹坑的轴线时，这些结构按剖视绘制，如图 2-18（c）所示。

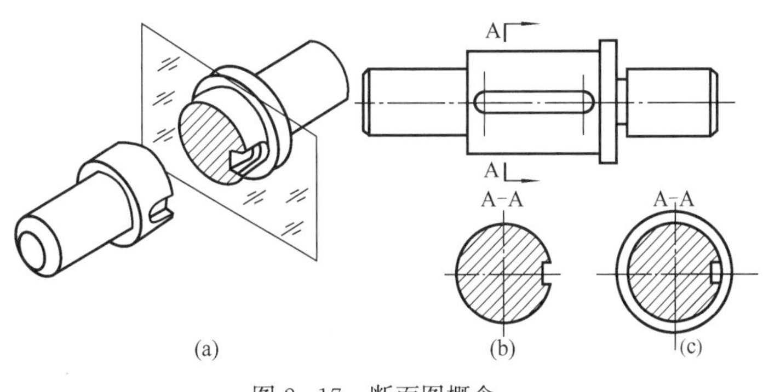

图 2-17 断面图概念

（a）立体图；（b）断面图；（c）剖视图

当剖切平面通过非圆孔会导致出现完全分离的两个断面时，这些结构按剖视绘制，如图 2-18（d）所示。

由两个或多个相交平面剖切所得的移出断面，中间一般应断开，如图 2-18（e）所示。

为了正确表达断面实形，剖切平面要垂直于要表达机件结构的主要轮廓线或轴线。

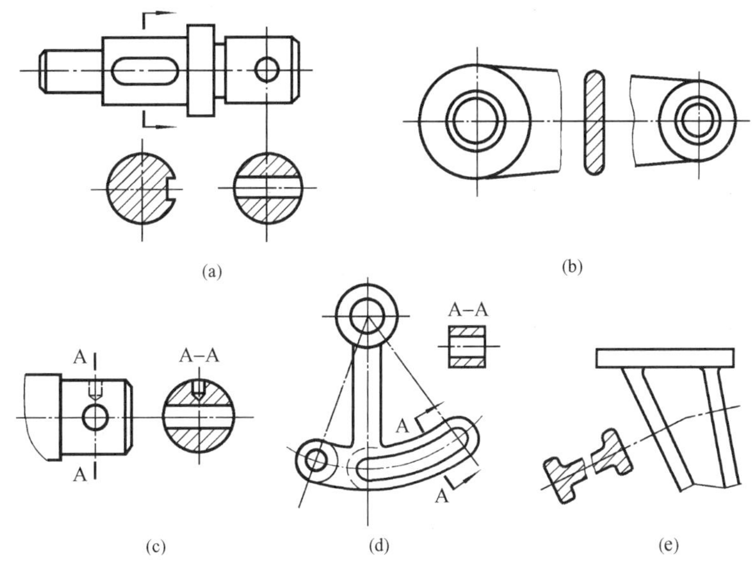

图 2-18 移出断面

（a）断面布置在剖切迹线的延长线上画法；（b）断面画在中断处画法；（c）剖切面通过孔或凹坑轴线时的断面画法；（d）剖切面使同一构件切面分离时画法；（e）相交平面剖切时的移出断面画法

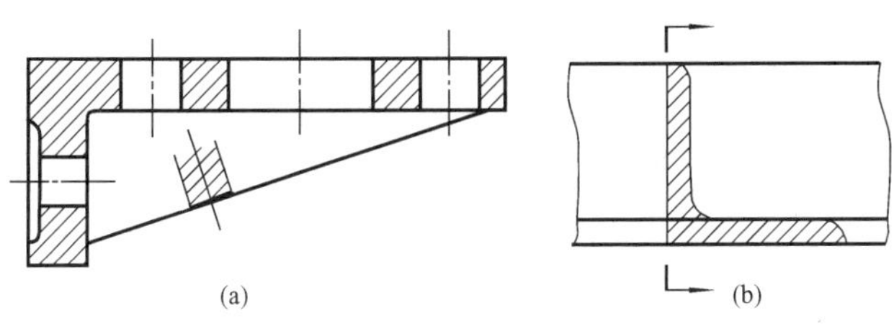

图 2-19 重合断面

（a）支架；（b）角钢

2. 重合断面

画在图形里的断面称为重合断面，如图 2-19 所示。重合断面的轮廓线用细实线画出。当视图的轮廓线与重合断面的图形重合时，视图中的轮廓线仍完整地画出，不可间断。

三、断面图的标注

(1) 移出断面一般用剖切符号表示剖切位置，用箭头表示投影方向并注上字母，在断面图的上方中间位置用同样的字母标出相应的名称“×-×”，如图 2-17 (a) 所示。

(2) 配置在剖切符号延长线上的不对称移出断剖面及不对称的重合断面，可以省略字母，如图 2-18 (a) 左图和 2-19 (b) 所示。

(3) 不对称的移出断面按投影关系配置，以及对称的移出断面不配置在剖切符号延长线上时，可以省略箭头，如图 2-20 (a)、(b) 所示。

(4) 对称的重合断面或配置在剖切符号延长线上的对称移出断面，以及配置在视图中断处的对称移出断面，可不标注，如图 2-19 (a)、图 2-18 (a) 右图、图 2-18 (b) 所示。

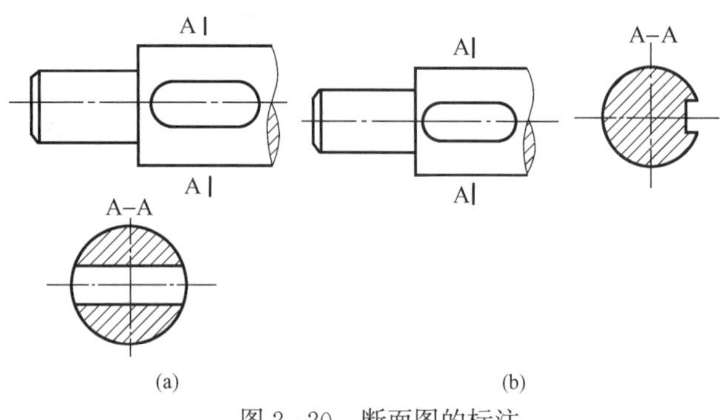

图 2-20 断面图的标注

(a) 对称断面省略箭头；(b) 不对称断面省略箭头

第四节 识读剖视图

剖视图是机件最常用的表达方法。掌握识读剖视图的正确思维方法和分析方法，是提高识图能力的重要基础。读剖视图是根据机件已有的视图、剖视图和断面图等，通过分析它们之间的关系及其示意图，从而想象出机件的内外结构形状。

一、识读剖视图的基本思维和分析方法

1. 判断机件各结构的空与实、远与近的方法

在剖视图中带有剖面线的封闭线框表示物体被剖切的剖面区域（实体部分）；不带剖面线的空白封闭线框，表示机件的空腔或远离剖切面后的结构形状。例如，图 2-21 (a) 中，4′线框在对称平面位置，3′亦在同一位置肋板纵向剖切时，按不剖绘制，1′线框为剖切面后的孔腔，2′为剖切面后的机件方孔结构。

具体区别远、近的方法是：首先明确剖视图的种类及剖切方法，其次找到剖切位置，最后利用投影关系才能完全确定。例如，图 2-21 (b) 中，实形线框从剖视图看为同一平面，而明确剖切方法和剖切位置后，就能知道不是同一平面，而是左边部分在后、右边部分在中。

2. 确定机件内形的方法

一般来说，剖视图的空白封闭线框表示机件的孔腔的投影，但具体确定内形光看剖视图一般是不好想象的，必须从空白封闭线框出发，在其他视图中找投影关系和其相关投影，然后利用其投影特征，想象出内形。例如图 2-21 中，1′的相关投影为一圆形，即可想象为一圆柱孔。

3. 确定机件外形的方法

剖视图是将机件移去一部分后画出的，其外形轮廓不完整。根据剖视图的画法确定机件外形的方法如下：

(1) 从其他视图出发，划分线框，按投影关系找出其相关投影，然后想象机件外形。

（2）如必须从剖视图中找其相关投影，则可将剖视图中的局部线段延伸，确定其相关投影，如图 2-21 所示，俯视图的矩形线框，可与剖视图长对正，再将局部线段延伸而成为矩形线框。

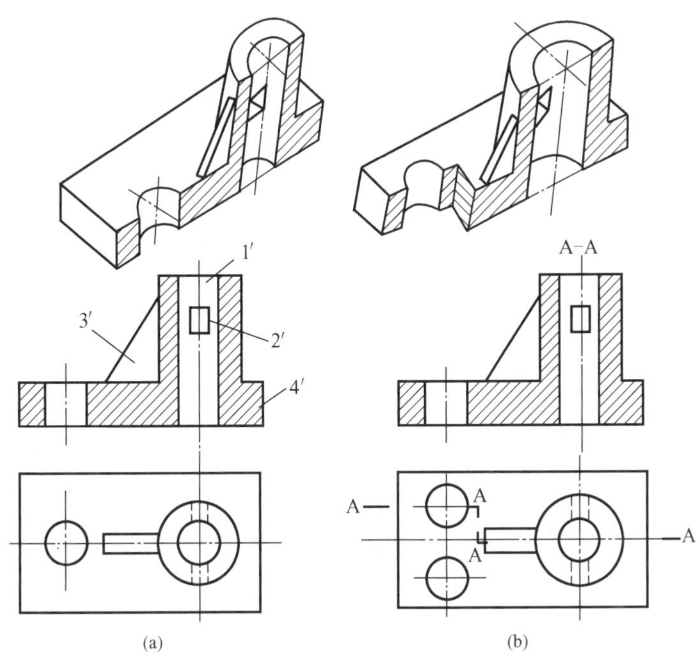

图 2-21 识读剖视图图例

（a）单一剖的全剖视图；（b）阶梯剖的全剖视图

4. 半剖视图的识读

识读半剖视图时，可用对称联想法，即想象一半的外形，联想另一半外形而成整体。又从一半的剖视图想象出一半的内形，并联想另一半内形。图 2-22 为半剖视图的识读。

5. 局部剖视图的识读

可以波浪线为界，在局部剖视范围内想象内形，从视图范围内想象外形。

二、剖视图的识读方法与步骤

以图 2-23 为例，说明如下：

1. 概括了解

了解机件选用了几个视图、剖视图、断面图，从视图、剖视图、断面图的数量、位置、图形内外轮廓，初步了解机件的复杂程度。

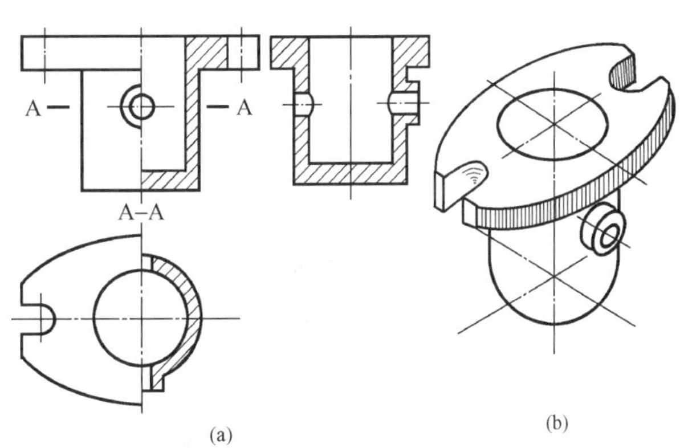

图 2-22 半剖视图的识读

（a）一组剖视图；（b）立体图

如图 2-23 所示四通管，主视图采用两个相交的剖切平面剖切而得的 A-A 全剖视图，俯视图是由两个平行的剖切平面剖切而得的 B-B 全剖视图，右视图是由 C-C 单一剖切平面剖切而得的全剖视图。此外还采用了一个 D 向局部视图和一个 E 向斜视图。

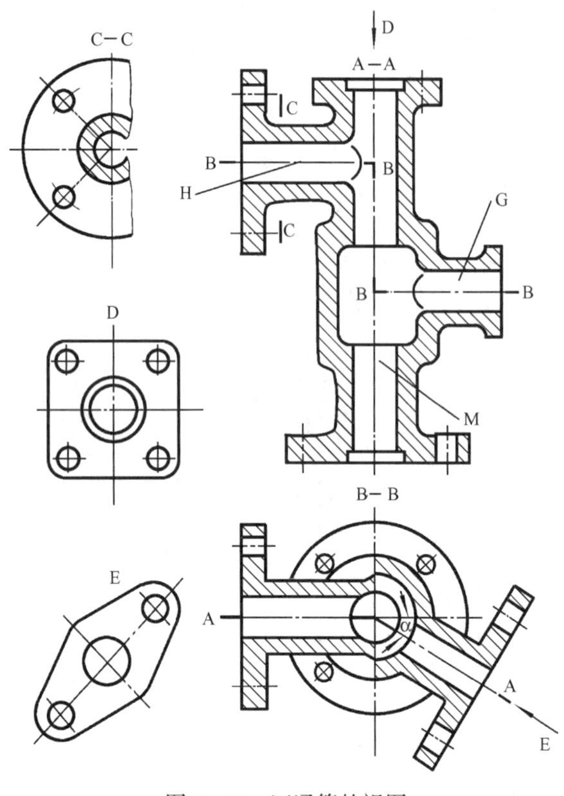

图 2-23 四通管的视图

2. 想象机件各部分的形状

想象各部分的内、外形状，具体方法是从某个视图划分几个线框、找出各线框的相关投影（相关视图），再一一想象各部分的内外形状。

图 2-23 中主视图的 M、G、H 的空白线框表示四通管内腔。为了确定内腔的形状和空间位置，必须借助其他相关视图来确定其真实形状和位置。主视图中的 M、G、H 线框通过 B-B 全剖视图、C-C 全剖视图、E 向斜视图，可看出 M、G、H 线框是圆形三通管。H 管与 M 管相交在上，G 管与 M 管相交在下（M 管与 G 管相交部分，M 管变粗），同时与正面有 α 的倾角。

C-C 全剖视图反映出凸缘为圆形及四个均布的光孔，E 向斜视图反映出凸缘为卵圆形及两个光孔。D 向局部视图表示 M 管上部为方形法兰，并分布有四个光孔，从 B-B 全剖视图可知 M 管下部为圆形法兰，并均布四个光孔。

3. 综合想象整体形状

以主、俯视图为主，确定四通管主体形状，然后再把各部分综合起来想象整体形状，如图 2-24 所示。

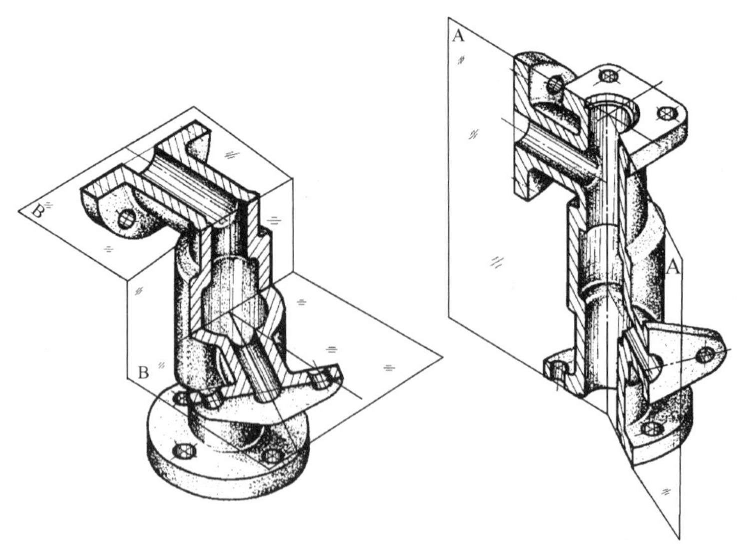

图 2-24 四通管轴测图

第五节　局部放大图和简化画法

一、局部放大图

将机件的部分结构，用大于原图形所采用的比例画出的图形，称为局部放大图。

局部放大图可画成视图、剖视图和剖面图，它与被放大的部分的表达方法无关。局部放大图应尽量配置在被放大部位的附近。画局部放大图时，应用细实线圈出被放大部分的部位，并用罗马数字按顺序标记，同时标明所采用的比例，如图 2-25 所示。当同一机件上仅有一个被放大的部分时，在局部放大图的上方只需标明所采用的比例即可。必要时可用几个放大图来表达一个被放大部分的结构，如图 2-26 所示。

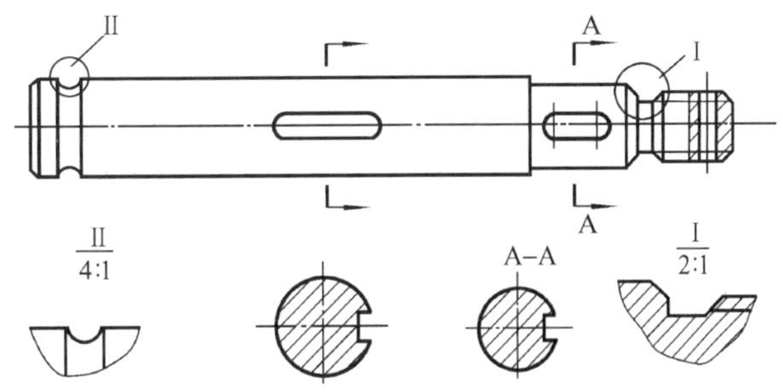

图 2-25　局部放大图

使用“曲线编辑”下的“局部放大”命令可直接绘制局部放大图。

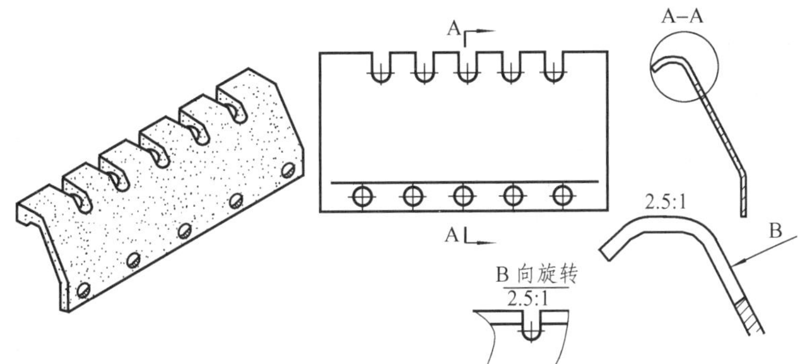

图 2-26　用几个图形表达一个放大结构

二、简化画法

1. 相同结构的简化画法

当机件具有若干相同结构（齿、槽、孔等）并按一定规律分布时，只需画出几个完整的结构，其余重复结构如果是对称结构则用点划线表示各对称结构要素的位置，如图 2-27（c）所示；如果是不对称的结构则用相连的细实线代替，如图 2-27（a）、（b）所示。在零件图中必须注明重复结构的总数。

2. 滚花画法

网状物、编织物或机件上的滚花部分，可在轮廓线附近用细实线示意画出，并在零件图上或技术要求中注明这些结构的具体要求，见图 2-28。

3. 剖视图中肋、轮辐、薄壁的画法

对于机件的肋、轮辐及薄壁等，如按纵向剖切，这些结构都不画剖面符号，而用粗实线将它与其邻接部分分开，如图 2-29（a）所示。当零件回转体上均匀分布的肋、轮辐、孔等结构不处于剖切平面上时，可将这些结构旋转到剖切平面上画出，见图 2-29（b）。

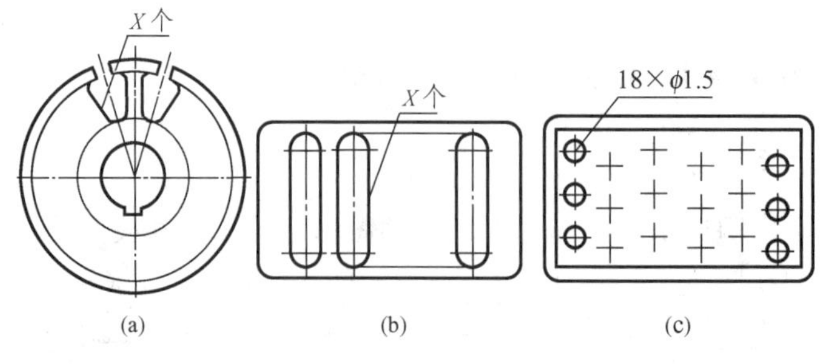

图 2-27 相同结构的简化画法

(a) 圆盘上均布的相同槽孔；(b) 长方板上均布的相同槽孔；(c) 均布孔画法

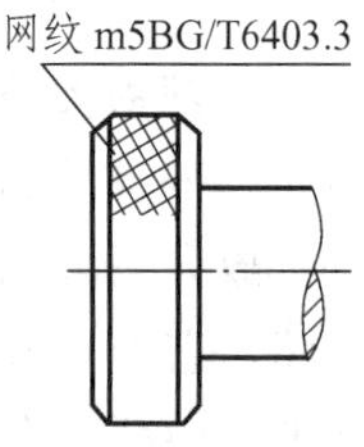

图 2-28 滚花画法

4. 平面表示法

当图形不能充分表达平面时，可用平面符号（相交的两细实线）表示，见图 2-30。

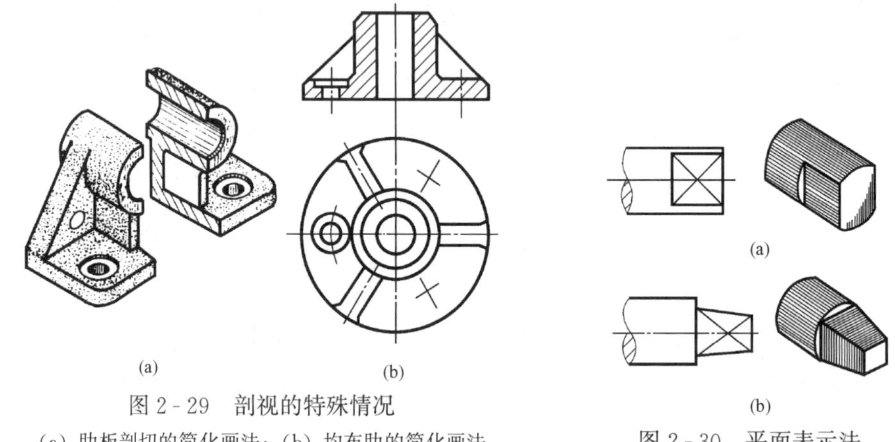

图 2-29 剖视的特殊情况

(a) 肋板剖切的简化画法；(b) 均布肋的简化画法

图 2-30 平面表示法

5. 交线的简化画法

机件上的过渡线与交线在不致引起误会时，允许简化，以圆弧或直线代替非圆曲线，见图 2-31。

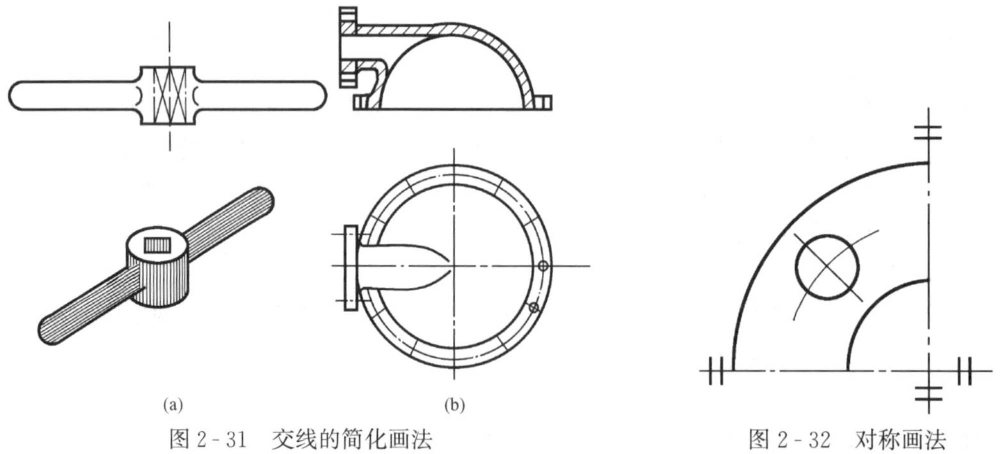

图 2-31 交线的简化画法

图 2-32 对称画法

6. 对称机件的简化画法

在不致引起误解时，对于对称机件的视图可只画 1/2 或 1/4，并在对称中心线的两端画出两条与其垂直的平行细实线，见图 2-32。

7. 折断画法

较长的机件（如轴、杆、型材等）沿长度方向的形状一致或按一定规律变化时，可断开后缩短绘制，但尺寸标注仍为实际长度，见图 2-33。

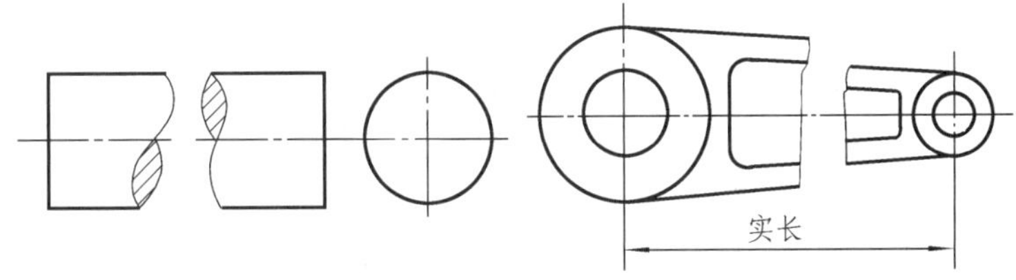

图 2-33 折断画法

8. 倾斜角度小于或等于 30°的圆或圆弧的画法

与投影面倾斜角度小于或等于 30°的圆或圆弧，其投影可用圆或圆弧代替，见图 2-34。

9. 小斜度结构的画法

机件上小斜度的结构，如在一个图形中已表达清楚时，其他图形可按小端画出，见图 2-35。

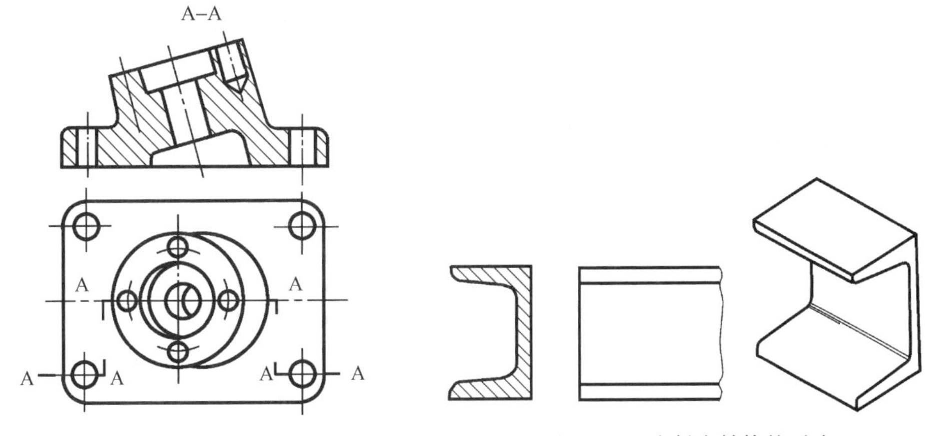

图 2-34 倾斜角度小于 30°的圆的画法

图 2-35 小斜度结构的画法

10. 圆盘机件上均布孔的画法

圆柱形法兰和类似零件上均匀分布的孔，可按图 2-36 所示的方法表示（由机件外向该法兰端面方向投影）。

11. 较小结构的简化、省略画法

类似图 2-37（a）所示机件上的较小结构，若在一个图形中已表达清楚时，其他图形可简化或省略。

对机件上的小圆角，锐边的小倒圆或 45°小倒角，在不致引起误解时可省略不画，但必须标明尺寸或在技术要求中加以说明，如图 2-37（b）所示。

12. 对称结构的局部视图画法

机件上对称结构的局部视图，如键槽、方孔等可按图 2-38 所示方法表示。

13. 连接画法

当图形较长时，可将其分成几部分绘制，在连接处应标注连接符号，并应采用大写字母编号，如图 2-39 所示。

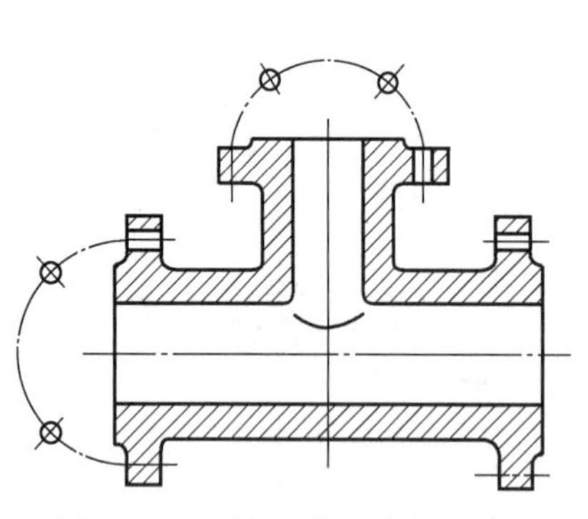

图 2-36　圆盘机件上均布孔画法

R1.5
R1.5
(a)
(b)

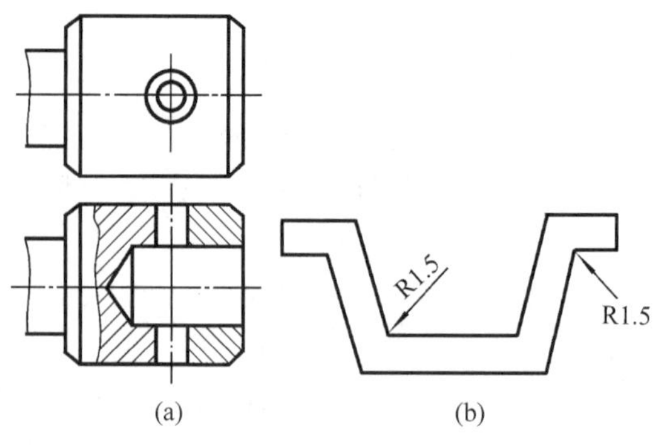

图 2-37　较小结构的简化、省略画法

(a) 较小孔交线；(b) 小圆角

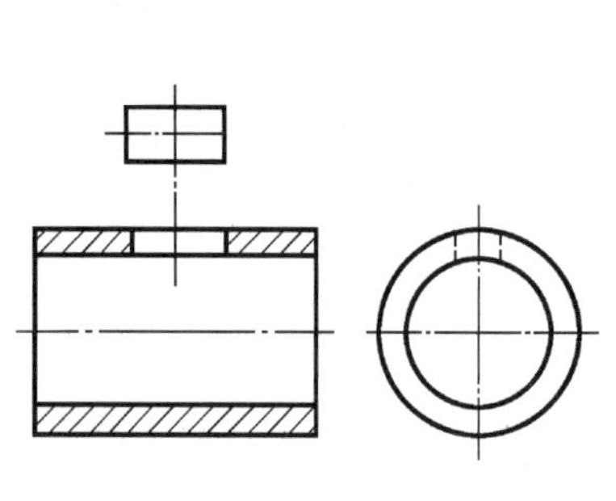

图 2-38　对称结构长方孔的局部视图画法

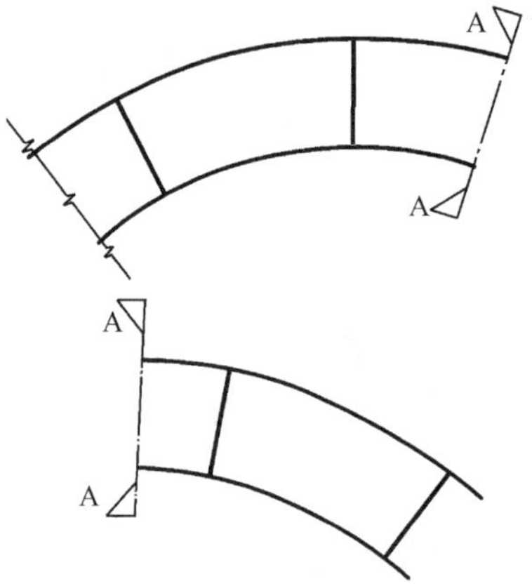

A
A
A
A

图 2-39　连接画法

14. 调转画法

调转 180°后与另一侧一致的图形，可用调转画法绘出一半图形，并在结构中心线上标注调转符号，如图 2-40 所示。

15. 分层画法

物体具有多层结构时，可在一个图形内按层次绘出各层的一部分，相邻层用波浪线分界，如图 2-41 所示。

45°

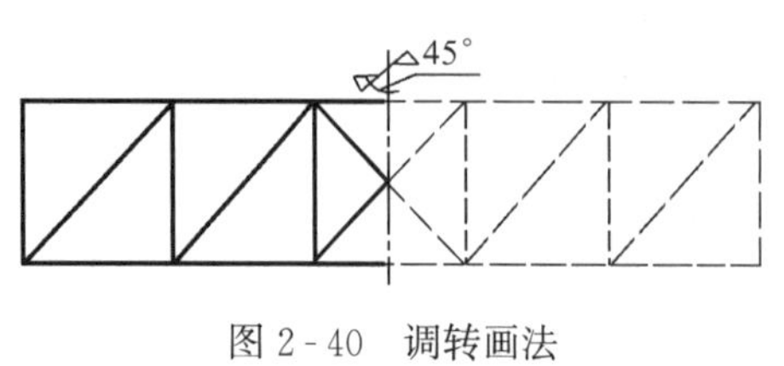

图 2-40　调转画法

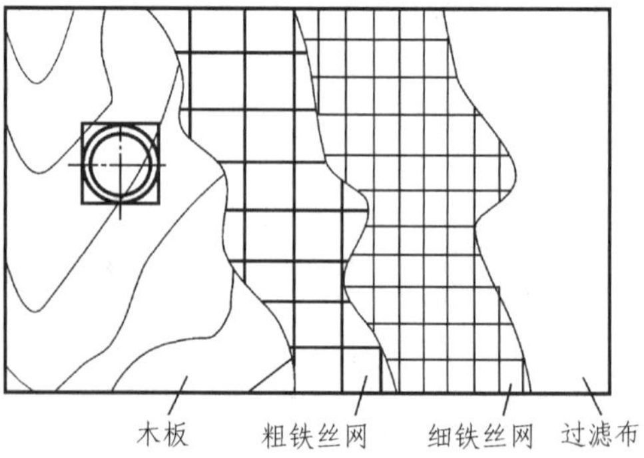

木板
粗铁丝网
细铁丝网
过滤布

图 2-41　分层画法

第六节 标准件和常用件

在各种机械设备的装配与安装中，广泛使用螺纹紧固件（螺栓、螺母、螺钉、螺柱），在机械的传动、支承、减震等方面，广泛使用键、销、齿轮、滚动轴承等零部件。国家标准中将结构与尺寸全部标准化的零部件称为标准件，将结构与尺寸实行部分标准化的零部件称为常用件。设计、安装和维修机器、设备时，可方便地按标准和规格选用。

为提高绘图效率，制图标准规定，对于上述零部件的某些结构和形状，不必按真实投影画出，可根据标准规定的画法、代号和标记进行绘图和标注。

本节以螺纹紧固件为例介绍标准件和常用件的画法和标注方法。

电子图板设置了图库，即将多种标准件和常用件预先绘制好，并存放于图库中，需要时，用户可直接从中提取，还可以根据需要将提取的图符进行修改以满足不同要求的图形绘制。

一、螺纹画法

螺纹各部分名称如图 2-42 所示。

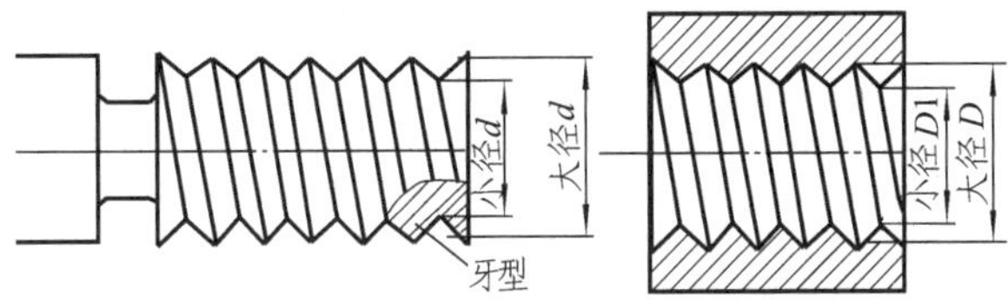

图 2-42 螺纹的大径、小径

（1）外螺纹：在圆柱或圆锥等外表面形成的螺纹，如图 2-43 所示。

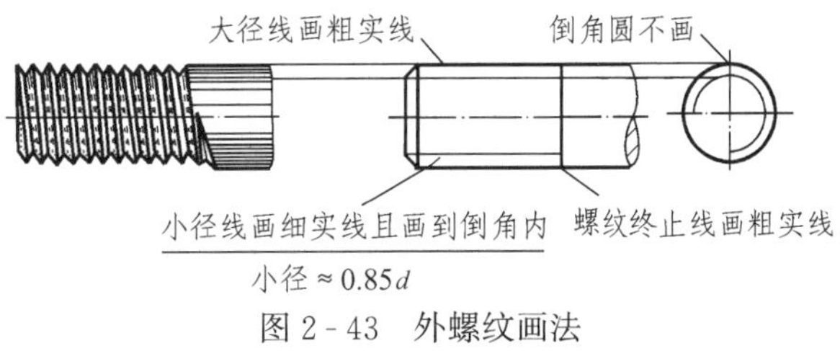

图 2-43 外螺纹画法

【例 2-1】 用提取图符的方法绘制图 2-44 中的外螺纹。

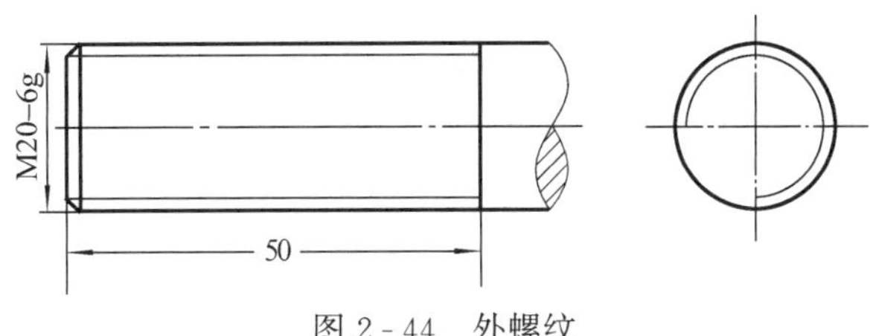

图 2-44 外螺纹

具体操作步骤如下：

1）“库操作”→“提取图符”。

2）在弹出的对话框中选取相应的图符大类和小类，并在列表中选择与题目对应的图符（螺栓螺纹部分与题目要求一致即可，可有多种满足条件的图符），如图 2-45 所示，按“下一步”按钮。

3）在弹出的新对话框中选择合适的尺寸，如图 2-46 所示，按“下一步”按钮。

4）移动鼠标将螺栓定位，如图 2 - 47 所示。

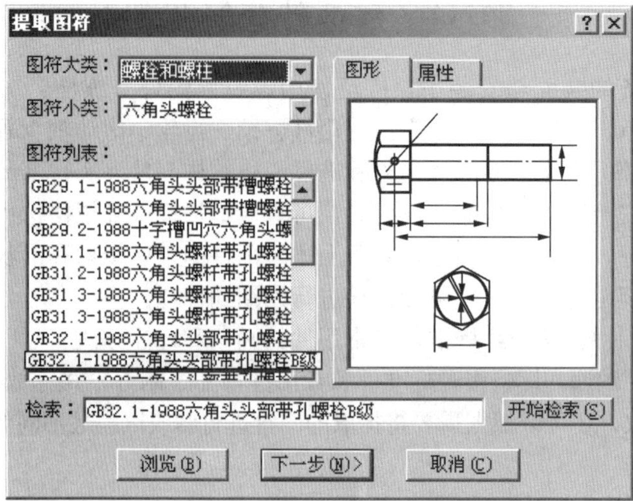

图 2 - 45 提取图符

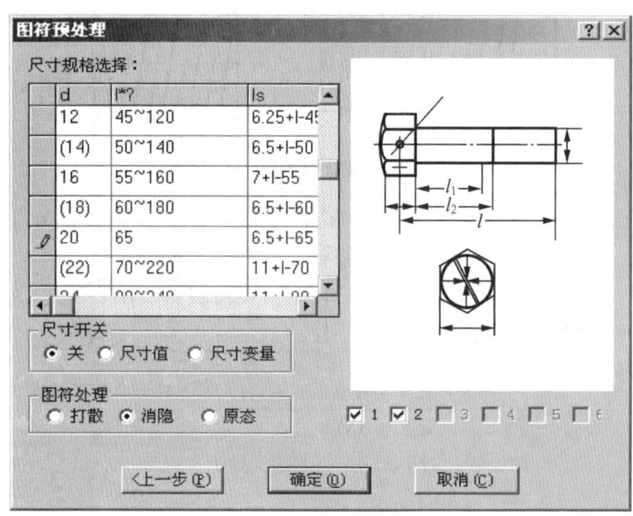

图 2 - 46 图符尺寸规格选择

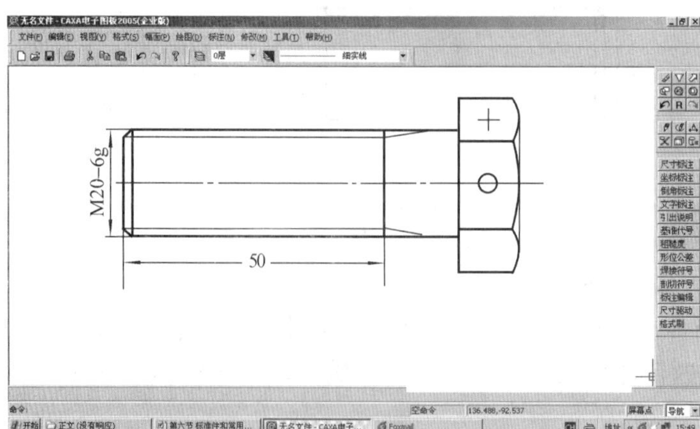

图 2 - 47 图符定位

5）“块操作”→应用“块打散”将提取的图符打散，对照题目将多余线条裁剪或删除，并画上所需的线条（左视图细线圆只画约 3/4 圈），即可完成图 2-44。

（2）内螺纹：在圆柱或圆锥等内表面形成的螺纹，如图 2-48 所示。

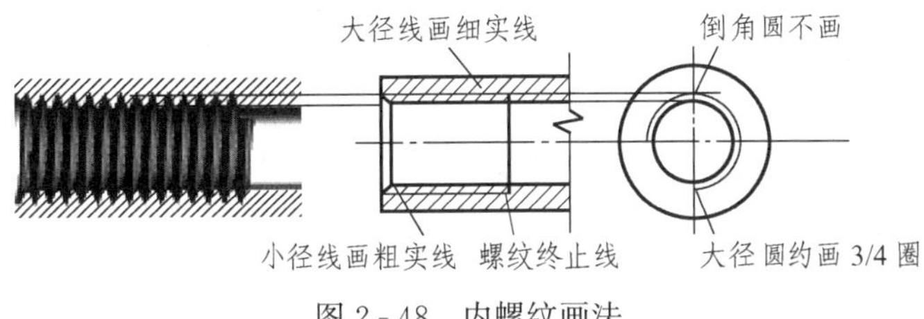

图 2-48 内螺纹画法

【例 2-2】 用提取图符的方法绘制图 2-49 中的内螺纹。

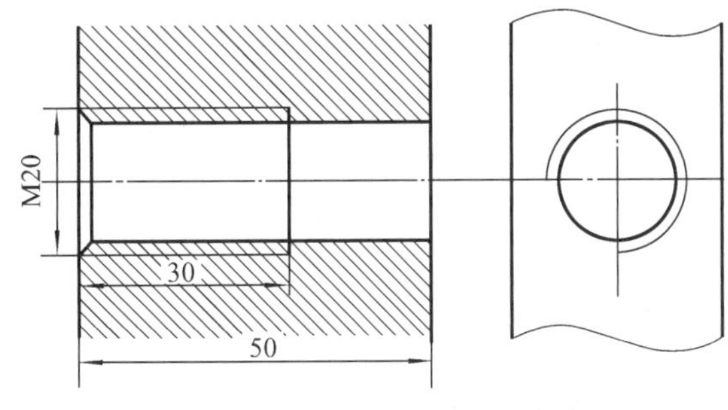

图 2-49 内螺纹

具体操作步骤如下：

1）完成图 2-50 所示的左视图外轮廓。

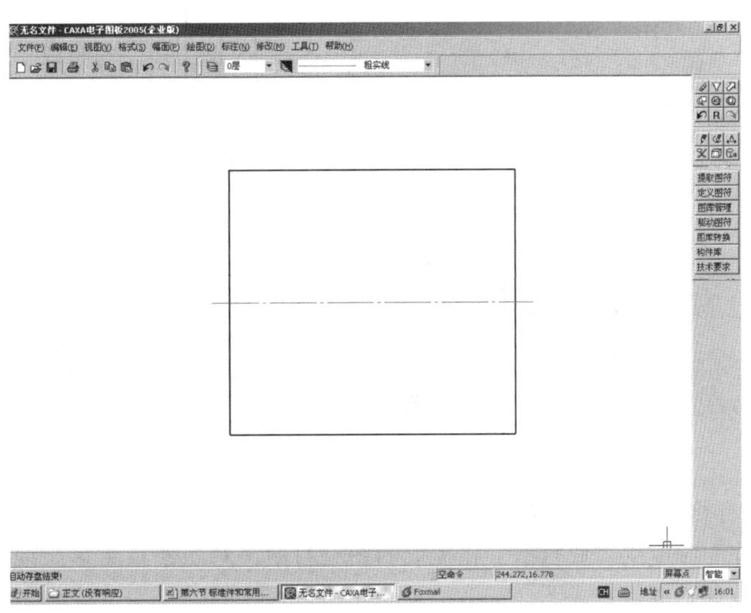

图 2-50 左视图外轮廓

2）“库操作”→“提取图符”。

3）在弹出的对话框中选取相应的图符大类和小类，并在列表中选择与题目对应的图符

(可有多种满足条件的图符)，如图 2-51 所示，按“下一步”按钮。

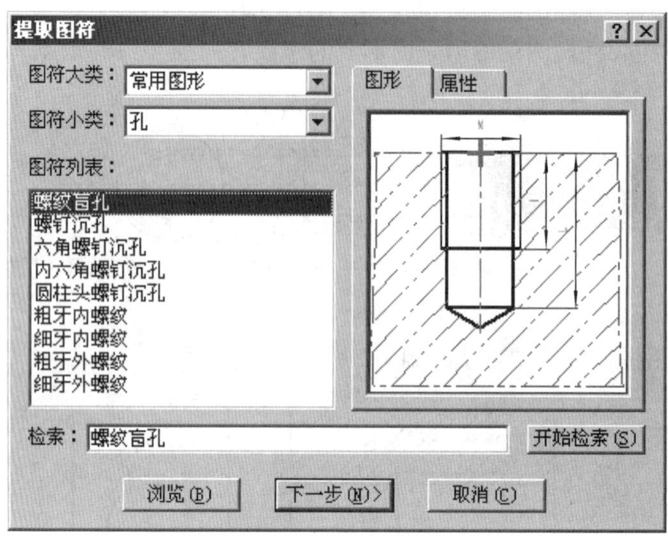

图 2-51 提取图符

4）在弹出的新对话框中选择合适的尺寸，如图 2-52 所示，按“下一步”按钮。

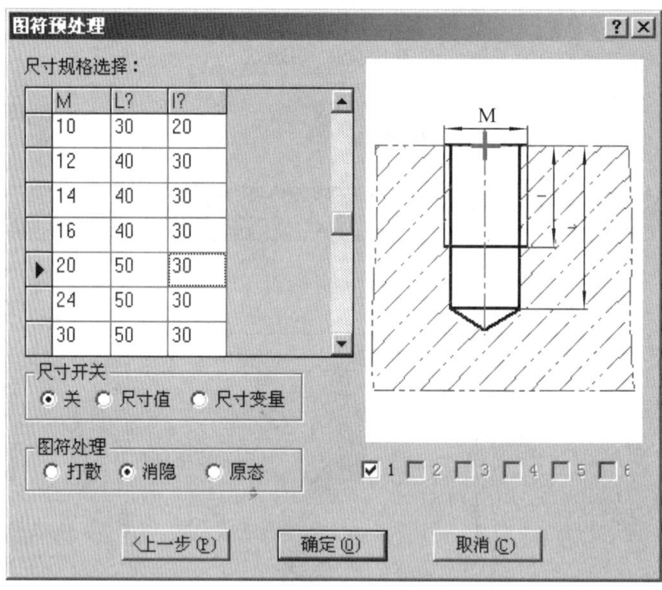

图 2-52 图符尺寸规格选择

5）移动鼠标将图符定位，如图 2-53 所示。

6）“块操作”→应用“块打散”将提取的图符打散，对照题目将多余线条裁剪或删除，并画上所需的线条，即可完成图 2-49。

(3) 内外螺纹连接：用剖视图表示一对内外螺纹连接时，连接部分按外螺纹绘制，其余部分仍按各自的规定画法绘制，如图 2-54。

【例 2-3】 完成图 2-54 内外螺纹连接图。

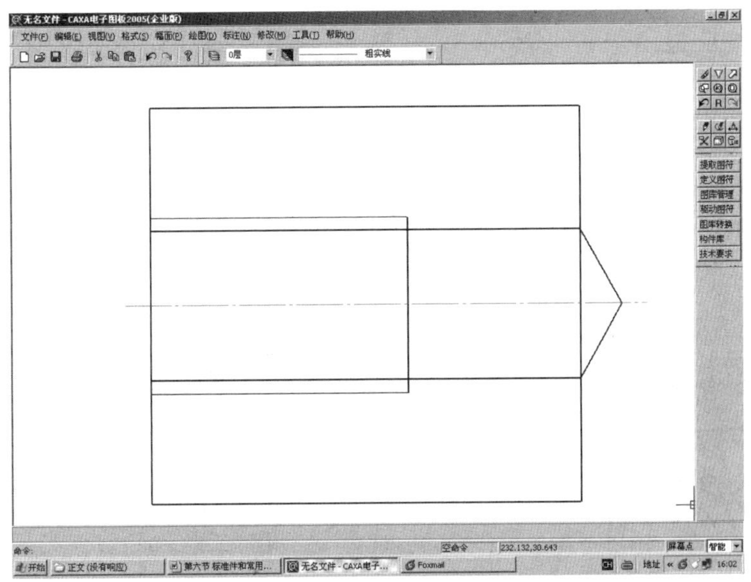

图 2-53　图符定位

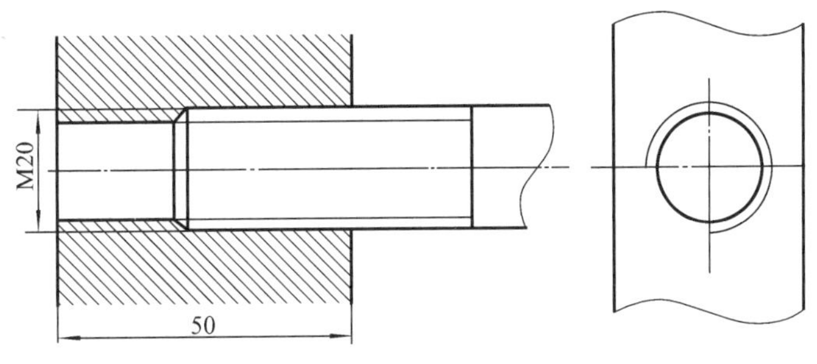

图 2-54　内外螺纹连接

本例题可应用电子图板将线条逐条绘制，或者应用提取图符的方式完成，具体操作步骤参照［例 2-1］和［例 2-2］。

【例 2-4】　用提取图符的方式完成图 2-55 螺栓连接图。

具体操作步骤如下：

1）完成图 2-56 所示的两机件剖视图。

2）“库操作”→“提取图符”，在弹出的对话框中选取相应的图符大类和小类（螺栓和螺柱大类，六角头螺栓小类），并在列表中选择与题目对应的图符（六角头螺杆带孔螺栓—A 和 B 级），按“下一步”按钮。

3）在弹出的新对话框中选择合适的尺寸（M30，L 为 120），按“下一步”按钮。

4）移动鼠标将螺栓定位（注意光标所在的定位点），输入旋转角度，并确定。

5）按照提取螺栓的步骤，依次提取垫圈和螺母至相应的位置（主视图、俯视图都要完成），并绘制所缺线条，即可完成图 2-55。

二、螺纹标注

由于螺纹规定画法不能表示出螺纹的种类和要素，因此在图中对标准螺纹需用标准规定的格式和相应代号进行标注。常用螺纹的种类和标注见表 2-1。

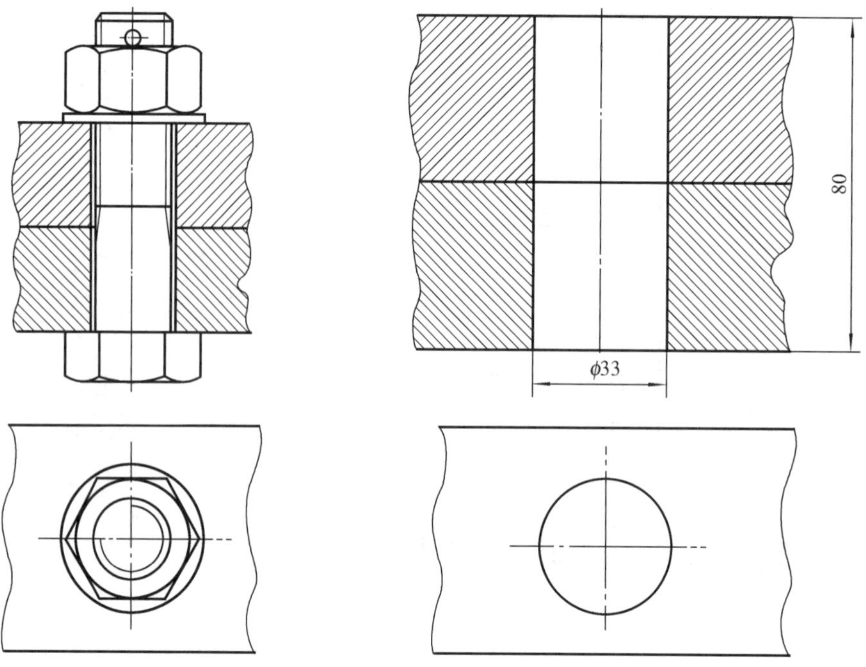

图 2-55　螺栓连接　　　　图 2-56　两机件剖视图

表 2-1　　常用螺纹的种类和标注

类型		牙型放大图	代号	标注示例		用途及说明
连接螺纹	普通螺纹	60°	M	粗牙	M20-6g	粗牙普通螺纹，公称直径 20mm，右旋。螺纹公差带：中径、大径均为 6g
				细牙	M20×1.5-7H	细牙普通螺纹，公称直径 20mm，螺距 1.5mm，右旋。螺纹公差带：中径、大径均为 7H
	管螺纹	55°	G	非密封螺纹	G1	其尺寸代号以英寸为单位，近似地等于管子的孔径。螺纹的大径应从有关标准中查出，代号 R 表示圆锥外螺纹，R_c 表示圆锥内螺纹，R_p 表示圆柱内螺纹
			R_c R_p R	密封管螺纹	R_c1/2	

续表

类型		牙型放大图	代号	标注示例	用途及说明
传动螺纹	梯形螺纹	30°	Tr	Tr40×14-7H	梯形螺纹，公称直径 40mm，螺距 14mm，螺纹公差带：中径为 7H
	锯齿形螺纹	3°　30°	B	B32×6-7e	锯齿形螺纹，公称直径 32mm，螺距 6mm，螺纹公差带：中径为 7e

CAXA 电子图板还为用户提供了键、销、轴承、弹簧等零件的固定图形库，用户可参照螺纹件的绘制方法进行提取操作。

习题

2-1　机件的常用表达方法包括哪些？

2-2　根据图 2-57 中主、俯、左视图补画出右、仰、后视图。

2-3　剖视图有哪些类别？剖切平面位置怎样选择？

2-4　剖视图中剖面符号画在什么位置？画法中有哪些注意事项？

2-5　波浪线的画法要注意些什么？

2-6　在指定位置把图 2-58 中主视图画成全剖视图。

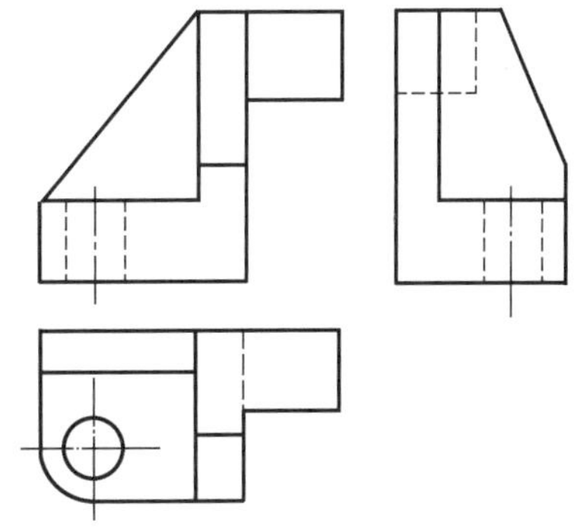

图 2-57　题 2-2 图

2-7　画出图 2-59 中全剖视的主视图。

2-8　画出图 2-60 中全剖视的左视图。

2-9　根据图 2-61 作 A-A 剖视图。

2-10　改正图 2-62 中剖视图错误的画法并画出正确的剖视图。

2-11　分析图 2-63 中视图中的错误画法，在指定位置作正确的剖视图。

2-12　补全图 2-64 中剖视图中所缺的图线。

2-13　补全图 2-65 中漏画的图线，在指定位置把左视图画成全剖视图。

2-14　将图 2-66 中主视图画成半剖视图。

2-15　画出图 2-67 中半剖的左视图。

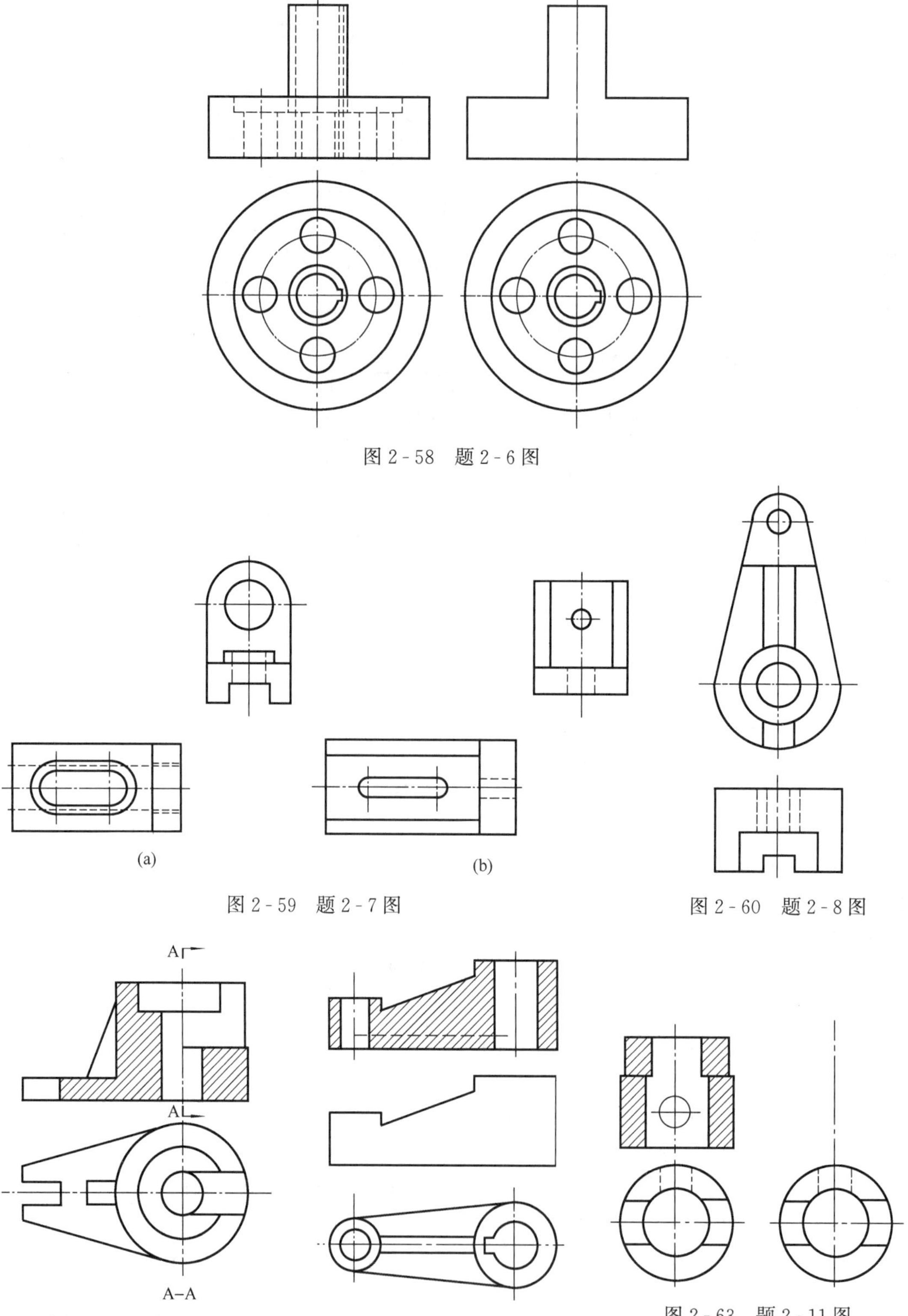

图 2-58 题 2-6 图

图 2-59 题 2-7 图

图 2-60 题 2-8 图

图 2-61 题 2-9 图

图 2-62 题 2-10 图

图 2-63 题 2-11 图

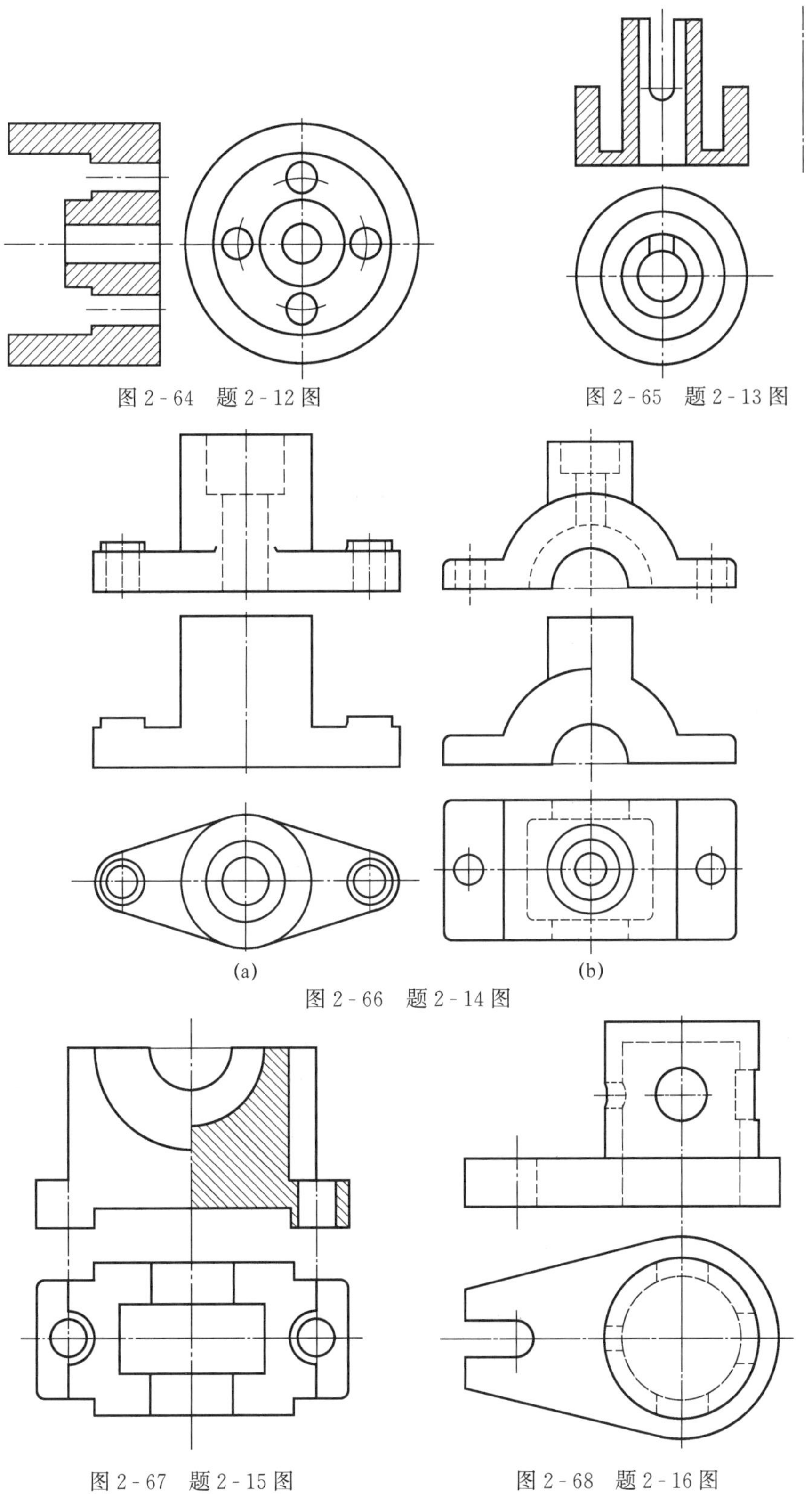

图 2-64 题 2-12 图

图 2-65 题 2-13 图

图 2-66 题 2-14 图

图 2-67 题 2-15 图

图 2-68 题 2-16 图

2-16　画出图 2-68 中全剖视的主视图和半剖视的左视图。

2-17　画出图 2-69 中半剖的主、左视图。

2-18　补画图 2-70 的剖视图中的漏线。

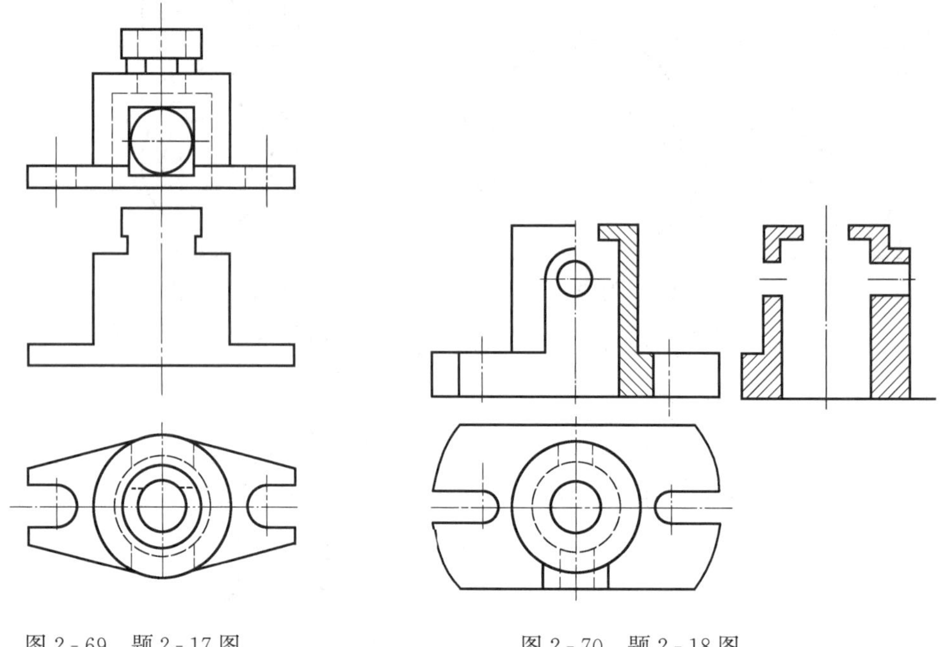

图 2-69　题 2-17 图　　　　图 2-70　题 2-18 图

2-19　分析图 2-71 的视图中的错误，作出正确的剖视图。

2-20　将图 2-72 的主视图画成局部剖视图。

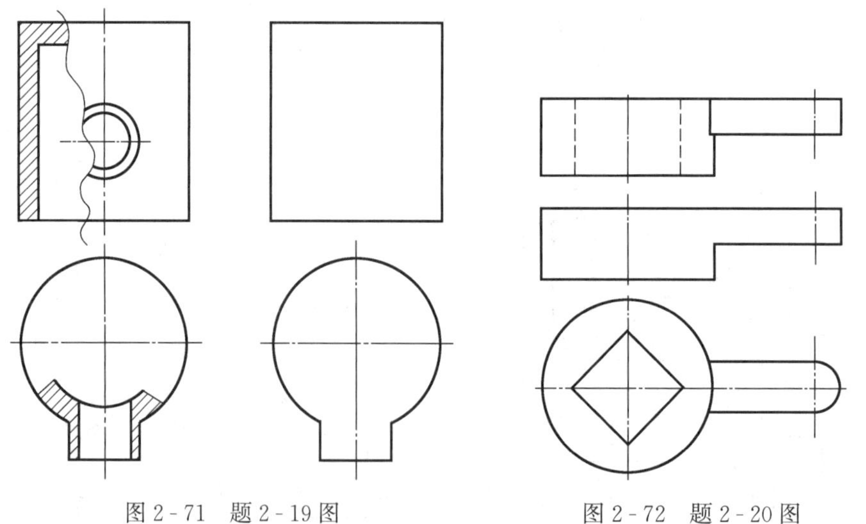

图 2-71　题 2-19 图　　　　图 2-72　题 2-20 图

2-21　将图 2-73 中主、俯视图画成局部剖视图。

2-22　用阶梯剖的方法将图 2-74 中的主视图画成全剖视图。

2-23　试说明剖视图和断面图的区别。

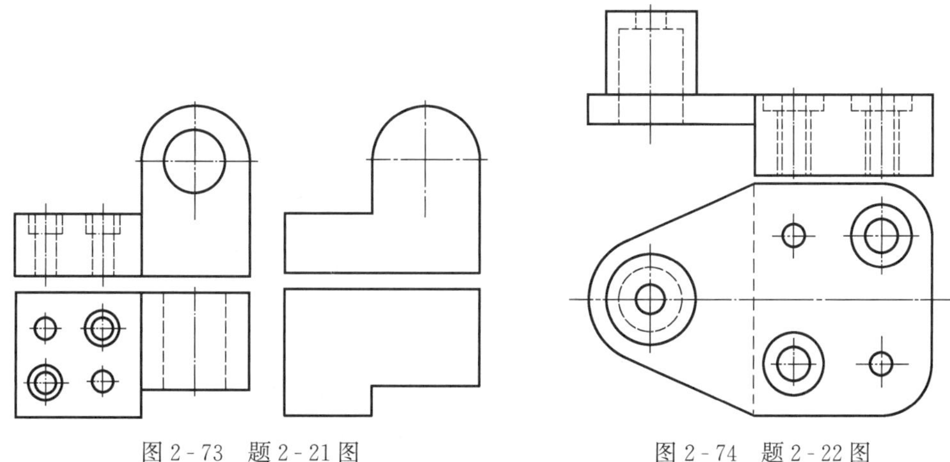

图 2-73 题 2-21 图　　图 2-74 题 2-22 图

2-24 为了表达轴上的通孔、中心孔和键槽，在图 2-75 中画三个移出断面。

2-25 画出图 2-76 中 A-A 的移出断面。

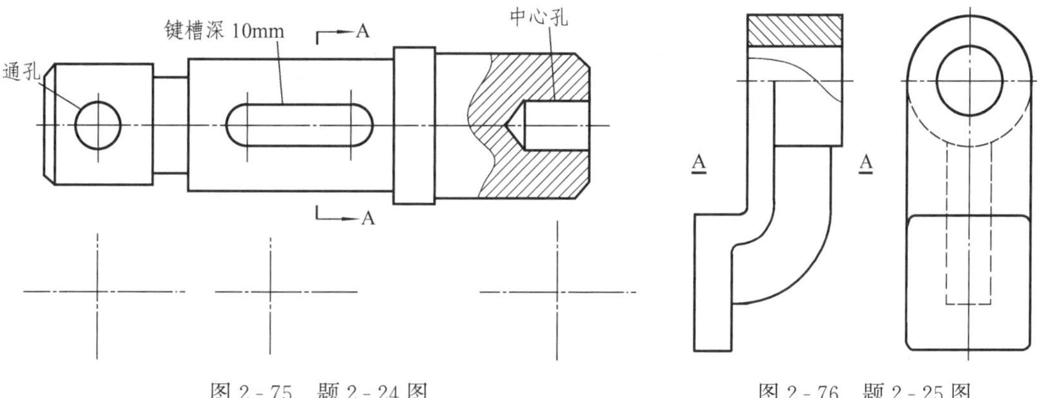

图 2-75 题 2-24 图　　图 2-76 题 2-25 图

2-26 在图 2-77 中的主视图中部给出的点划线处，画一重合断面。

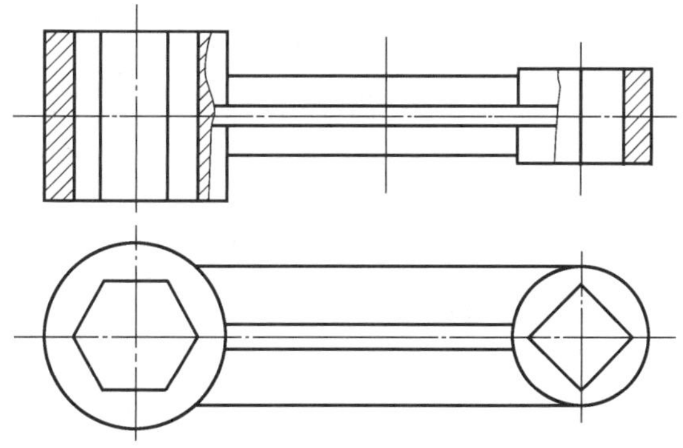

图 2-77 题 2-26 图

2-27 怎样识读剖视图？

2-28 看懂图 2-78 中的视图，补画主视图中的漏线，并回答以下问题。

(1) 是否可以不画左视图？为什么？

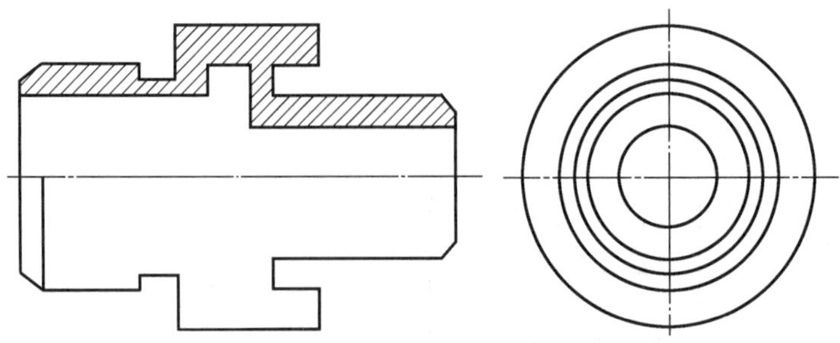

图 2-78 题 2-28 图

(2) 主视图是什么剖视图？其剖切位置在哪个地方？

2-29 看懂图 2-79 中的视图，说明各视图是什么剖视，并分析其剖切位置。

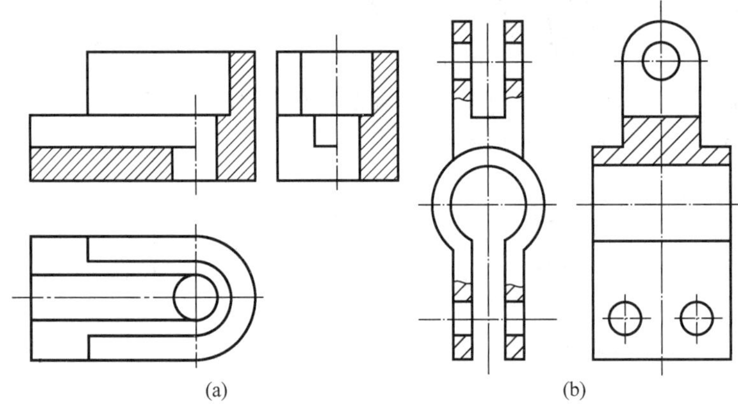

(a) (b)

图 2-79 题 2-29 图

2-30 什么是局部放大图？画图时应注意哪些事项？

2-31 画肋、轮辐、薄壁时应注意哪些问题？

2-32 在直径 30mm 的圆杆左端制出一段长 60mm 的粗牙普通螺纹，倒角为 2.5×45°。试补全图 2-80 中全螺杆的主、左视图（螺纹小径按 0.85d 绘制）。

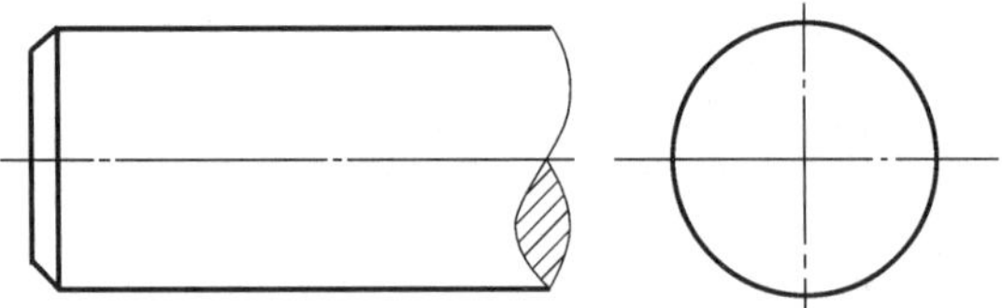

图 2-80 题 2-32 图

2-33 抄画图 2-55 所示螺栓连接。

第三章　零件图及装配图

第一节　零　件　图

一、零件图的作用和内容

任何机器或部件，均是由若干个零件组成的。如发电厂的汽轮机，由汽缸、隔板、叶片、主轴、密封环等成百上千个零件组成。要制造一部机器，首先要加工制造出组成它的所有零件。另外，机器在长期使用中，一些零件难免被损坏，也需加工制造新的零件予以替换。而所有零件的加工制造，都要依照零件图来进行。

表示零件结构、大小及技术要求的图样，称作零件工作图，简称零件图。

零件图是制造和检验零件的依据，是指导零件加工生产的重要技术文件。

分析归纳图 3-1，一般零件图应具备下列内容：

(1) 一组视图（包括剖视、断面等）：用以表达零件的内、外部结构形状，表达要完整、正确、清楚。

(2) 完善的尺寸：必须完整、正确、清晰、合理地标注出制造和检验零件时所需的全部尺寸。

(3) 必要的技术要求：用规定代号或文字，注明在制造、检验时所应达到的技术要求。

(4) 标题栏：标明零件的名称、材料、数量、图样比例、图号及制图、校核人签名等。

二、零件图的技术要求简介

零件图上应注写零件的有关质量要求，如表面粗糙度、公差与配合、形状和位置公差、零件材料与热处理等，这些称为技术要求。

1. 表面粗糙度

零件的各个表面，不管加工得多么光滑，放在放大镜（或显微镜）下面观察时，都可以看到峰谷高低不平的情况，如图 3-2 所示。这种表面上具有较小间距的峰谷所组成的微观几何形状特性，称为表面粗糙度。

表面粗糙度是衡量零件质量的标志之一，它对零件的配合、耐磨性、抗腐蚀性、接触刚度、抗疲劳强度、密封性和外观都有影响。

评定表面粗糙度的主要参数是表面轮廓算术平均偏差 R_a。R_a 值越大的表面越粗糙，反之越光滑。在满足零件使用性能要求的前提下，应合理选择表面粗糙度的数值。

R_a 指在取样长度 L 内，被测轮廓上各点至中线的距离的绝对值的算术平均值。如图 3-3 所示，即

$$R_a = \frac{|Y_1| + |Y_2| + |Y_3| + \cdots + |Y_n|}{n}$$

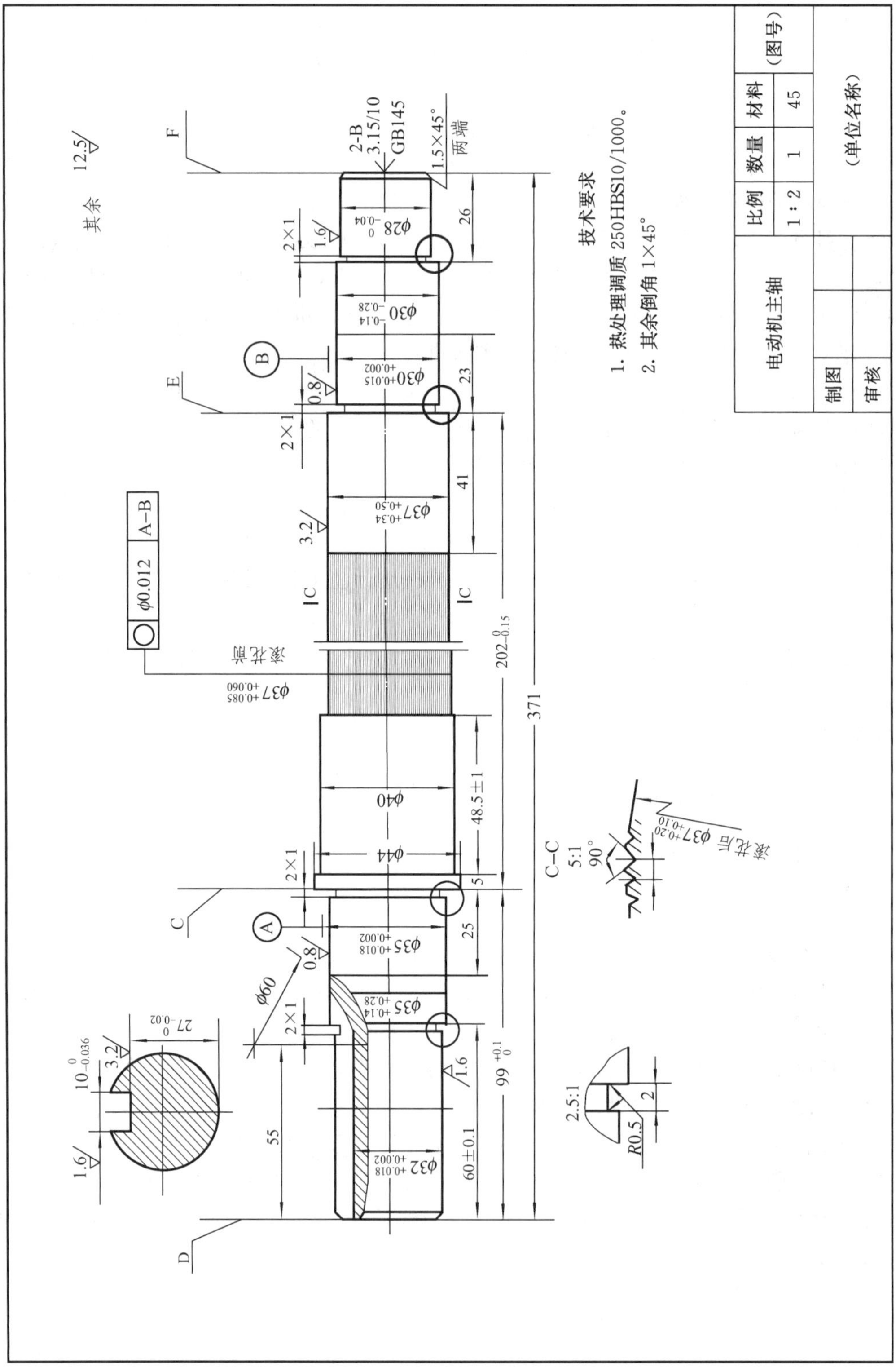

技术要求

1. 热处理调质250HBS10/1000。
2. 其余倒角1×45°

电动机主轴	比例	数量	材料	(图号)
	1:2	1	45	
制图				(单位名称)
审核				

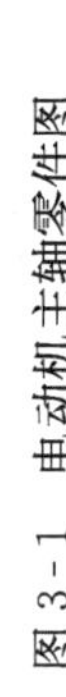

图3-1 电动机主轴零件图

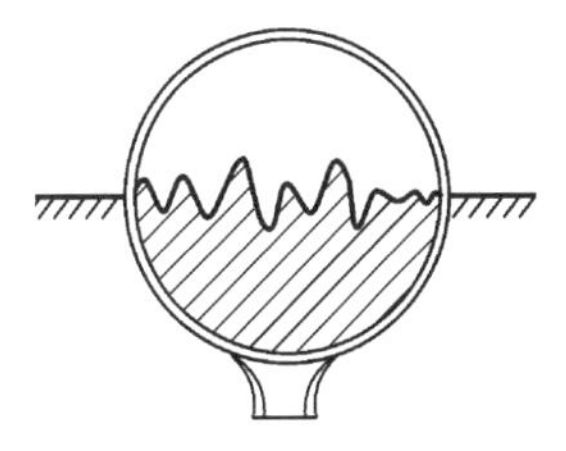

图 3-2　显微镜下的零件表面

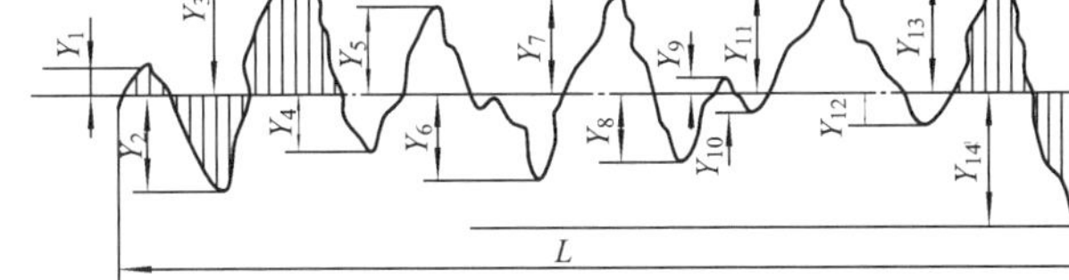

图 3-3　R_a 轮廓算术平均值

（1）表面粗糙度符号的意义及举例说明见表 3-1。

表 3-1　表面粗糙度符号的意义及举例说明

符　号	意　义	符　号	意　义
√（基本符号加短横）	表示表面特征是用去除材料的方法获得。如车、铣、钻、磨、抛光、腐蚀、电火花加工等	√（基本符号加圆圈）	表示表面特征是用不去除材料的方法获得。如铸、锻、冲压、热轧、冷轧、粉末冶金等，或是用保持原供应状况的表面
3.2	用任何方法获得的表面，R_a 的最大允许值为 3.2μm	3.2	用不去除材料的方法获得的表面，R_a 的最大允许值为 3.2μm
3.2	用去除材料的方法获得的表面，R_a 的最大允许值为 3.2μm	3.2 1.6	用去除材料的方法获得的表面，R_a 的最大允许值为 3.2μm，最小允许值为 1.6μm

（2）表面粗糙度代号的标注。表面粗糙度代号画法及有关规定，以及在图样上的标注方法，见表 3-2。应用“工程标注”下的“粗糙度”命令可方便绘制。

表 3-2　表面粗糙度代号画法

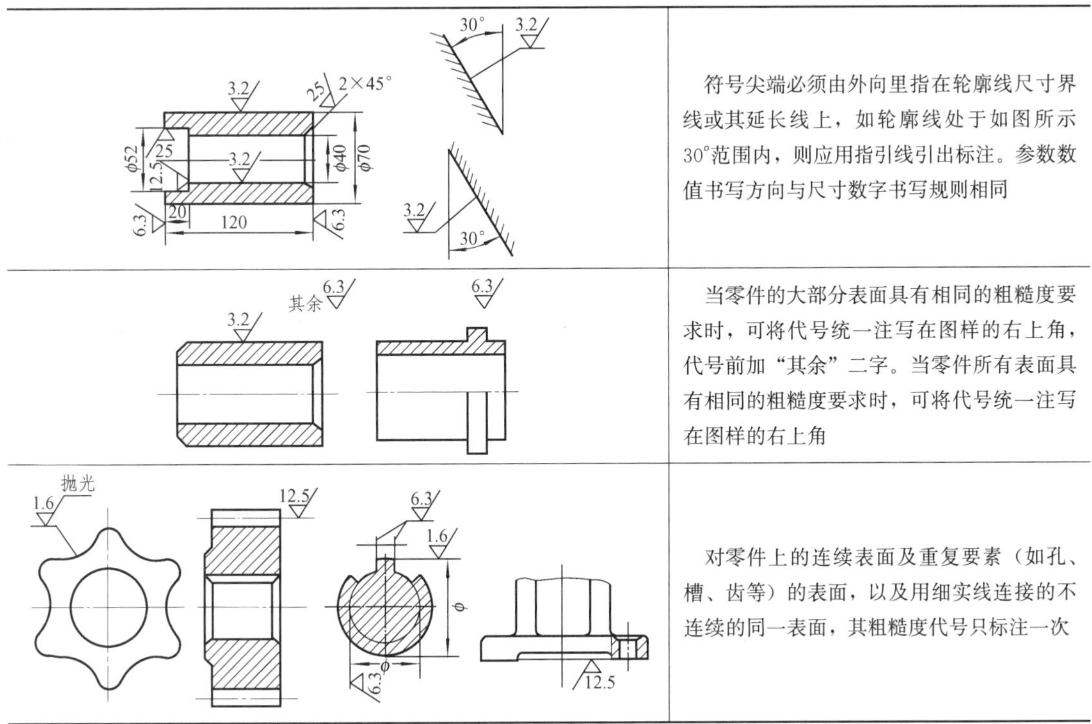

图例	说明
（见上图）	符号尖端必须由外向里指在轮廓线尺寸界线或其延长线上，如轮廓线处于如图所示30°范围内，则应用指引线引出标注。参数数值书写方向与尺寸数字书写规则相同
（见上图）	当零件的大部分表面具有相同的粗糙度要求时，可将代号统一注写在图样的右上角，代号前加“其余”二字。当零件所有表面具有相同的粗糙度要求时，可将代号统一注写在图样的右上角
（见上图）	对零件上的连续表面及重复要素（如孔、槽、齿等）的表面，以及用细实线连接的不连续的同一表面，其粗糙度代号只标注一次

2. 公差与配合

(1) 互换性。在相同规格的一批零件里，不经任何挑选和修配，任取一件装配到机器上，就能满足机器的性能和使用要求，这种性质称零件的互换性。它有利于专业化生产，便于装配和维修，可以降低生产成本。

(2) 尺寸公差。零件加工过程中，零件的尺寸不可能绝对准确。在满足零件的工作要求的条件下允许零件的尺寸在一定范围内变动，这个允许尺寸变动的范围称为尺寸公差，简称公差。

关于尺寸公差的一些名词说明见图 3-4 和表 3-3。

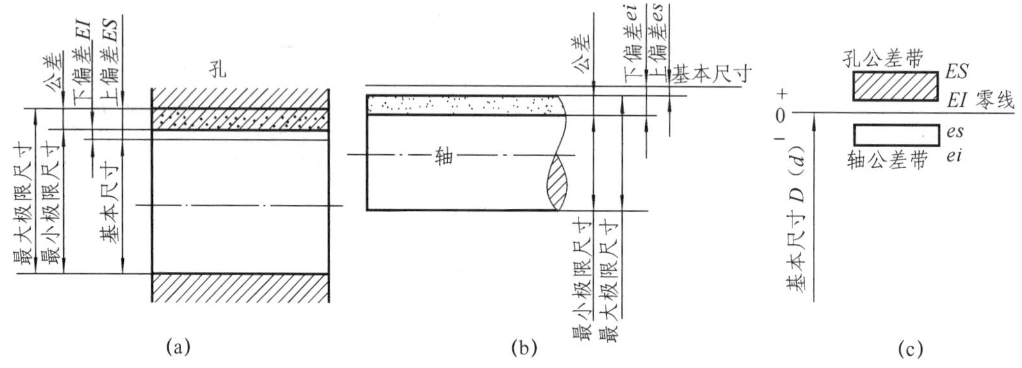

图 3-4 尺寸公差与偏差、公差带图

(a) 孔；(b) 轴；(c) 公差带图

表 3-3 尺寸公差基本术语的含义

名　词	说　明
基本尺寸	设计时给定的尺寸
实际尺寸	零件加工后经测量所得到的尺寸，称为实际尺寸
极限尺寸	实际尺寸允许变化的两个界限值称为极限尺寸。它以基本尺寸确定。两个极限值中较大的一个称为最大极限尺寸 D_{max}（或 d_{max}）；较小的一个称为最小极限尺寸 D_{min}（或 d_{min}）
尺寸偏差 简称偏差	某一尺寸减其基本尺寸所得的代数差。偏差值可以为正、负或零值。 实际偏差＝实际尺寸－基本尺寸
上偏差	最大极限尺寸减其基本尺寸所得的代数差。国家标准规定，孔的上偏差代号为 ES，轴的上偏差代号为 es，则有 ES＝孔的最大极限尺寸－孔的基本尺寸 es＝轴的最大极限尺寸－轴的基本尺寸
下偏差	最小极限尺寸减其基本尺寸所得的代数差。上偏差和下偏差统称为极限偏差。孔的下偏差代号为 EI，轴的下偏差代号为 ei，则有 EI＝孔的最小极限尺寸－孔的基本尺寸 ei＝轴的最小极限尺寸－轴的基本尺寸
尺寸公差 简称公差	尺寸允许的变动量称为尺寸公差。公差等于最大极限尺寸与最小极限尺寸的代数差的绝对值，或等于上偏差与下偏差代数差的绝对值

续表

名　　词	说　　明
零线	在公差带图中，确定偏差的一条基准线，即零偏差线。通常零线表示基本尺寸；正偏差位于零线之上，负偏差位于零线之下，如图 3-4 所示
尺寸公差带	在公差带图中，由代表上、下偏差的两条直线所限定的一个区域。在图 3-4 中 *ES* 和 *EI* 两条直线所限定的区域为孔的尺寸公差带；*es* 和 *ei* 两条直线所限定的区域则为轴的尺寸公差带。图中示意表明了基本尺寸相同、相互配合的孔与轴之间极限尺寸、尺寸偏差与尺寸公差之间的相互关系，为方便起见，在实际讨论的过程中，通常只画出放大了的孔和轴的公差带，称为公差与配合图解，简称公差带图，如图 3-4 所示

【例 3-1】　$\phi 32\text{mm}_{0}^{+0.039}$的含义（图 3-5）。

ϕ32 为基本尺寸，最大极限尺寸为 ϕ32+0.039=ϕ32.039，最小极限尺寸为 ϕ32−0=ϕ32，上偏差为 32.039−32=+0.039，下偏差为 32−32=0，尺寸公差为 32.039−32=0.039。

（3）标准公差与基本偏差。公差带是由标准公差和基本偏差两个基本要素确定的。标准公差确定公差带的大小，基本偏差确定公差带相对于零线的位置。

标准公差：标准公差是由国家标准规定的，用于确定公差带大小的任一公差。公差等级确定尺寸的精确程度，国家标准把公差等级分为 20 个等级，分别用 IT01、IT0、IT1～IT18 表示，称为标准公差，IT（International Tolerance）表示标准公差，如图 3-6 所示。当基本尺寸一定时，公差等级愈高，标准公差值愈小，尺寸的精确度就愈高。IT01 公差数值最小，精确度最高；IT18 公差数值最大，精确度最低。基本尺寸和公差等级相同的孔与轴，它们的标准公差相等。标准公差的具体数值见有关标准。

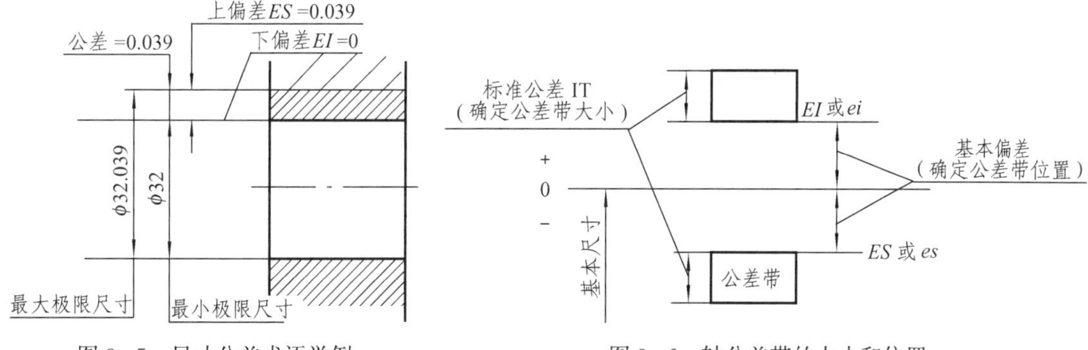

图 3-5　尺寸公差术语举例　　图 3-6　轴公差带的大小和位置

基本偏差：国家标准规定用来确定公差带相对于零线位置的上偏差或下偏差，一般为最靠近零线的那个偏差为基本偏差。当公差带位于零线的上方时，基本偏差为下偏差；当公差带位于零线的下方时，基本偏差为上偏差。根据实际需要国家标准分别对孔和轴各规定了 28 个不同的基本偏差（具体可查有关标准），用拉丁字母表示，大写字母代表孔，小写字母代表轴，如图 3-7 所示。各个公差带仅有基本偏差一端为封闭，另一端的位置取决于标准公差数值的大小。

在孔的基本偏差系列中，从 A～H 的基本偏差为下偏差 *EI*，从 J～ZC 的基本偏差为上偏差 *ES*，JS 的上、下偏差分别为+/−IT/2。

在轴的基本偏差系列中，从 a～h 的基本偏差为上偏差 *es*，从 j～zc 的基本偏差为下偏差 *ei*，js 的上、下偏差分别为+/−IT/2。

（4）配合种类。配合是指基本尺寸相同的、互相结合的孔和轴公差带之间的关系。根据

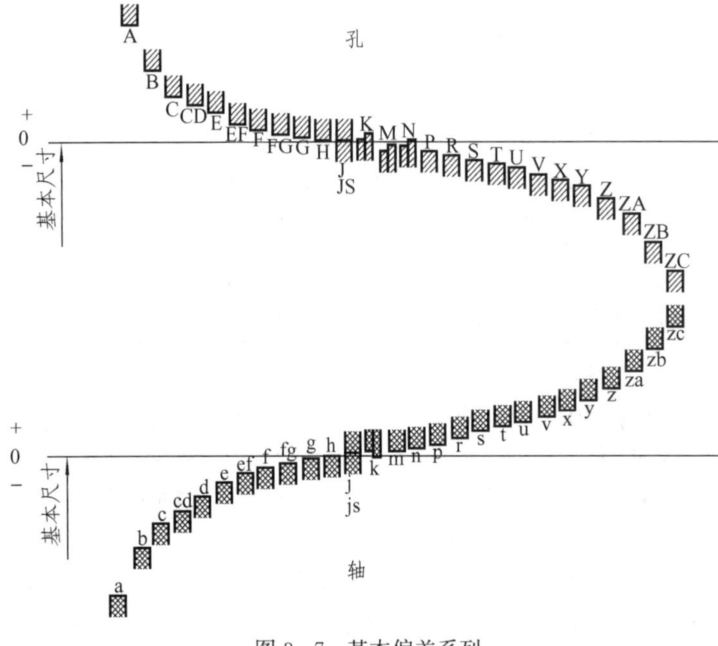

图 3-7 基本偏差系列

使用要求的不同，孔和轴之间的配合有松有紧，“松”则出现间隙，“紧”则出现过盈。配合共分为三类：

1）间隙配合：孔的公差带完全在轴的公差带之上，即具有间隙的配合（包括最小间隙等于零的配合），如图 3-8 所示。孔的实际尺寸总比轴的实际尺寸大，装配在一起后，即便轴的实际尺寸为最大极限尺寸，孔的实际尺寸为最小极限尺寸，轴与孔之间仍有间隙，轴在孔中能自由转动。

2）过盈配合：孔的公差带完全在轴的公差带之下，即具有过盈的配合（包括最小过盈等于零的配合），如图 3-9 所示。孔的实际尺寸总比轴的实际尺寸小，装配时需要一定的外力或使带孔零件加热膨胀后才能把轴装入孔中。所以孔与轴装配后不能做相对运动。

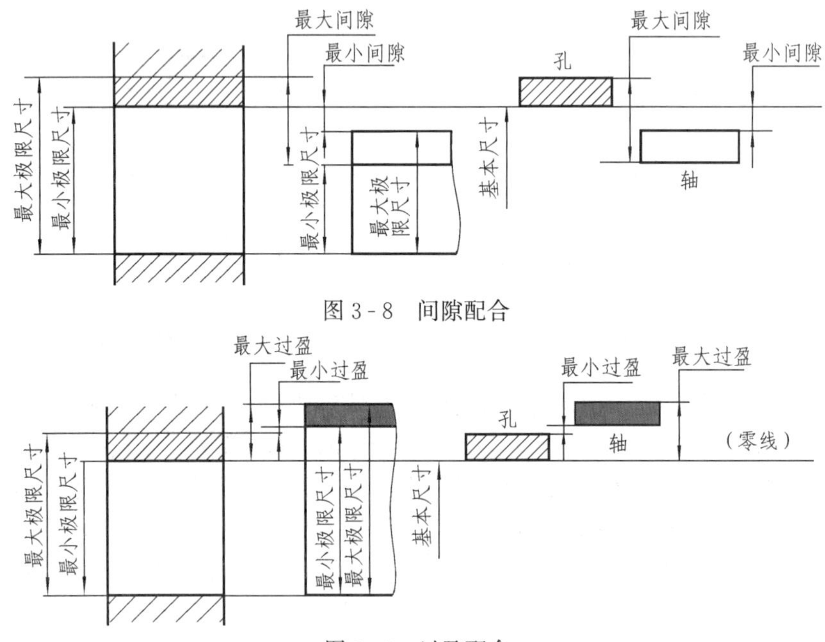

图 3-8 间隙配合

图 3-9 过盈配合

3）过渡配合：在孔与轴的配合中，孔与轴的公差带互相交叠，任取其中一对孔和轴相配，可能具有间隙，也可能具有过盈的配合，如图 3-10 所示。孔的实际尺寸有时比轴的实际尺寸小，而有时大。装配在一起后，轴比孔小时能活动，但比间隙配合稍紧；轴比孔大时不能活动，但比过盈配合稍松。

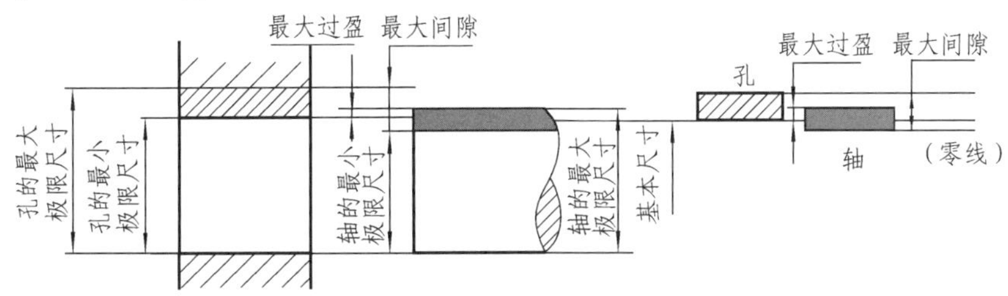

图 3-10 过渡配合

（5）配合制度。基孔制是基本偏差为一定的孔的公差带，与不同基本偏差的轴的公差带形成各种配合的一种制度，如图 3-11 所示。基孔制的孔称为基准孔，其基本偏差代号为 H，其下偏差为零。

例：$\phi 35\dfrac{H8}{f7}$，$\phi 35\dfrac{H8}{js7}$，$\phi 35\dfrac{H8}{s7}$

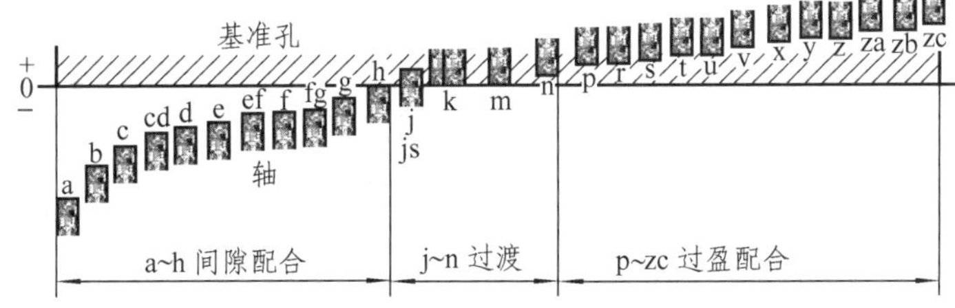

图 3-11 基孔制

基轴制是基本偏差为一定的轴的公差带，与不同基本偏差的孔的公差带形成各种配合的一种制度，如图 3-12 所示。基轴制的轴称为基准轴，其基本偏差代号为 h，其上偏差为零。

例：$\phi 35\dfrac{F8}{h7}$，$\phi 35\dfrac{JS8}{h7}$，$\phi 35\dfrac{S8}{h7}$

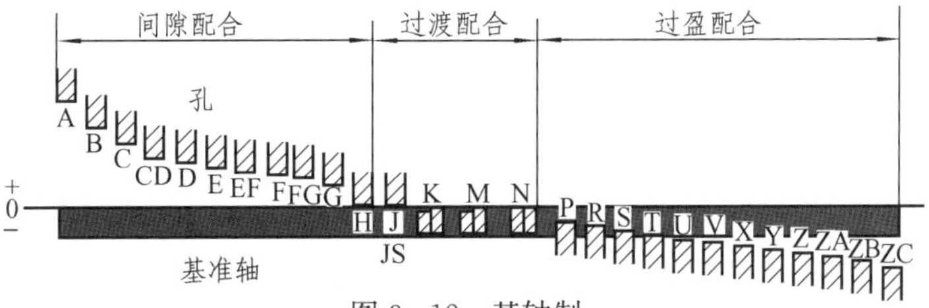

间隙配合 过渡配合 过盈配合

孔

基准轴

图 3-12 基轴制

（6）公差与配合的标注。

1）在装配图中的标注。国家标准规定，在装配图上标注公差与配合时，配合代号一般用相结合的孔与轴的公差带代号组合表示，即在基本尺寸的后面将代号写成分数的形式，分子为孔的公差带代号，分母为轴的公差带代号。孔和轴的公差带代号分别由基本偏差代号与公差等级两部分组成。

图 3-13 所示的两种装配图也可以注写成 ϕ50H7/K6 和 ϕ50F8/h7 的形式。

当配合代号的分子中出现基孔制代号 H，而分母中同时出现基轴制代号 h 时，则称为基准件相互配合，如 ϕ50H7/h6，它既可以视为基孔制，也可视为基轴制，是一种最小间隙为零的间隙配合。如分子分母均无基准件代号，则属于某一孔公差带与某一轴公差带组成的配合。在装配图中公差与配合的标注见表 3-4。

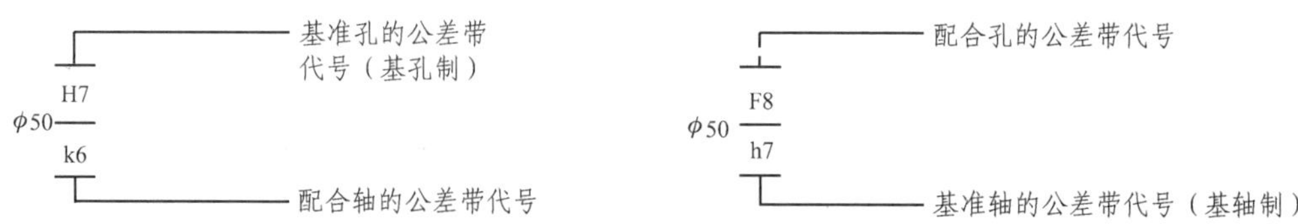

图 3-13　公差与配合的标注

2）零件图中尺寸公差的标注。在零件图中尺寸公差的标注形式有三种（如表 3-4 所示）：①在基本尺寸后面只标注公差带代号，如 $\phi45\text{p}6$。公差带代号应注写在基本尺寸的右边，这种标注形式适合于大批量生产的零件。②在基本尺寸后面标注极限偏差，如 $\phi45^{+0.042}_{+0.026}$。表示极限偏差的数字要比基本尺寸的数字小一号。偏差值一般要注写三位有效数字，上偏差注写在基本尺寸的右上角；下偏差应与基本尺寸注写在同一底线上。若其中有一个偏差值为零时，要与上偏差或下偏差小数点前的个位数字对齐。如果上下偏差数值相同，符号相反，则应首先在基本尺寸的右边注上“±”号，再填写偏差数字，其高度与基本尺寸数字相同。这种标注形式适合于单件或小批量生产的零件。③在基本尺寸的后面同时标注公差带代号和极限偏差数值，此时极限偏差数值应加括号，如 $\phi45\text{p}6(^{+0.042}_{+0.026})$。

表 3-4　　公差与配合的标注示例

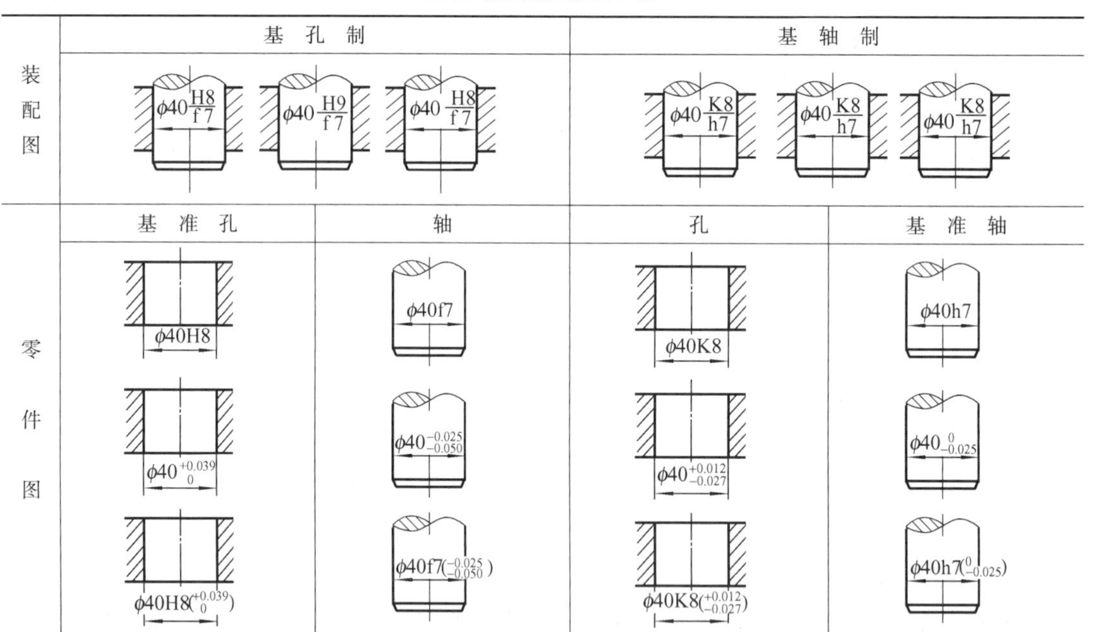

尺寸标注公差与配合查询（请注意各...
基本尺寸：122.3　使用风格：标准　标注风格...
尺寸前缀：　尺寸后缀：　高级...
输入形式：代号　输出形式：偏差　确定
公差代号：　上偏差：0　取消
下偏差：0

图 3-14　公差标注

应用“尺寸标注”命令时选中标注元素再按下右键可弹出公差标注对话框，如图 3-14 所示。输入偏差或代号即可实现公差标注和查询。

3. 形状公差和位置公差（简称形位公差）

对于精密程度较高的零件，不仅要在零件图上标出尺寸公差，而且还要注出形状和位置公差。

形状公差：零件表面的实际形状对理想形状所允许的变动量。

位置公差：零件实际位置对理想位置所允许的变动量。

形状公差有 6 种，位置公差有 8 种，共 14 种，其项目名称及代号见表 3-5。形位公差的代号由下列内容组成：形位公差各项目的符号、框格和指引线、形位公差数值和其他有关符号、基准，如图 3-15 所示。

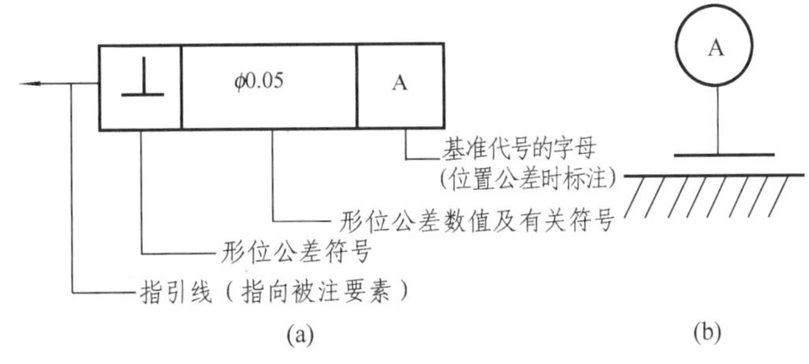

图 3-15　形位公差代号及基准代号的画法

(a) 框格及上面应注写的内容；(b) 基准代号

表 3-5　形位公差项目名称及代号

分类	项目	符号	简要描述
形状公差	直线度	—	直线度是表示零件上的直线要素实际形状保持理想直线的状况。也就是通常所说的平直程度； 直线度公差是实际线对理想直线所允许的最大变动量。也就是在图样上所给定的，用以限制实际线加工误差所允许的变动范围
	平面度	▱	平面度是表示零件的平面要素实际形状，保持理想平面的状况。也就是通常所说的平整程度； 平面度公差是实际表面对理想平面所允许的最大变动量。也就是在图样上给定的，用以限制实际表面加工误差所允许的变动范围
	圆度	○	圆度是表示零件上圆的要素实际形状，与其中心保持等距的情况，即通常所说的圆整程度； 圆度公差是在同一截面上，实际圆对理想圆所允许的最大变动量。也就是图样上给定的，用以限制实际圆的加工误差所允许的变动范围
	圆柱度	⌭	圆柱度是表示零件上圆柱面外形轮廓上的各点，对其轴线保持等距状况； 圆柱度公差是实际圆柱面对理想圆柱面所允许的最大变动量，也就是图样上给定的，用以限制实际圆柱面加工误差所允许的变动范围
	线轮廓度	⌒	线轮廓度是表示在零件的给定平面上，任意形状的曲线，保持其理想形状的状况； 线轮廓度公差是指非圆曲线的实际轮廓线的允许变动量。也就是图样上给定的，用以限制实际曲线加工误差所允许的变动范围
	面轮廓度	⌓	面轮廓度是表示零件上的任意形状的曲面，保持其理想形状的状况； 面轮廓度公差是指非圆曲面的实际轮廓线，对理想轮廓面的允许变动量，也就是图样上给定的，用以限制实际曲面加工误差的变动范围

续表

分类	项目		符号	简要描述
位置公差	定向	平行度	//	平行度是表示零件上被测实际要素相对于基准保持等距离的状况。也就是通常所说的保持平行的程度； 平行度公差是被测要素的实际方向，与基准相平行的理想方向之间所允许的最大变动量，也就是图样上所给出的，用以限制被测实际要素偏离平行方向所允许的变动范围
		垂直度	⊥	垂直度是表示零件上被测要素相对于基准要素，保持正确的90°夹角状况。也就是通常所说的两要素之间保持正交的程度； 垂直度公差是被测要素的实际方向，对于基准相垂直的理想方向之间，所允许的最大变动量。也就是图样上给出的，用以限制被测实际要素偏离垂直方向，所允许的最大变动范围
		倾斜度	∠	倾斜度是表示零件上两要素相对方向保持任意给定角度的正确状况； 倾斜度公差是被测要素的实际方向，对于基准成任意给定角度的理想方向之间所允许的最大变动量
	定位	对称度	⌯	对称度是表示零件上两对称中心要素保持在同一中心平面内的状态； 对称度公差是实际要素的对称中心面（或中心线、轴线）对理想对称平面所允许的变动量。该理想对称平面是指与基准对称平面（或中心线、轴线）共同的理想平面
		同轴度	◎	同轴度是表示零件上被测轴线相对于基准轴线，保持在同一直线上的状况。也就是通常所说的共轴程度； 同轴度公差是被测实际轴线相对于基准轴线所允许的变动量。也就是图样上给出的，用以限制被测实际轴线偏离由基准轴线所确定的理想位置所允许的变动范围
		位置度	⌖	位置度是表示零件上的点、线、面等要素，相对其理想位置的准确状况； 位置度公差是被测要素的实际位置相对于理想位置所允许的最大变动量
	跳动	圆跳动	↗	圆跳动是表示零件上的回转表面在限定的测量面内，相对于基准轴线保持固定位置的状况； 圆跳动公差是被测实际要素绕基准轴线，无轴向移动地旋转一整圈时，在限定的测量范围内，所允许的最大变动量
		全跳动	⌰	全跳动是指零件绕基准轴线作连续旋转时，沿整个被测表面上的跳动量； 全跳动公差是被测实际要素绕基准轴线连续的旋转，同时指示器沿其理想轮廓相对移动时，所允许的最大跳动量

应用“工程标注”下的“形位公差”命令可方便标注形位公差，可以在对话框里对需要标注的形位公差的各种选项进行详细的设置，如图 3-16 所示。应用“工程标注”下的“基准代号”命令可方便绘制基准代号。

4. 热处理和表面处理的标注

热处理和表面处理对金属材料的性能的改善和提高有显著作用，其注写方式一般是用文字写在“技术要求”项下。“库操作”下的“技术要求库”命令列出了常用的技术要求，通过对话框操作可方便注写热处理等各类技术要求，如图 3-17 所示。

5. 零件的常用材料

零件的常用材料一般是用文字写在“技术要求”项下。

图 3-16　形位公差

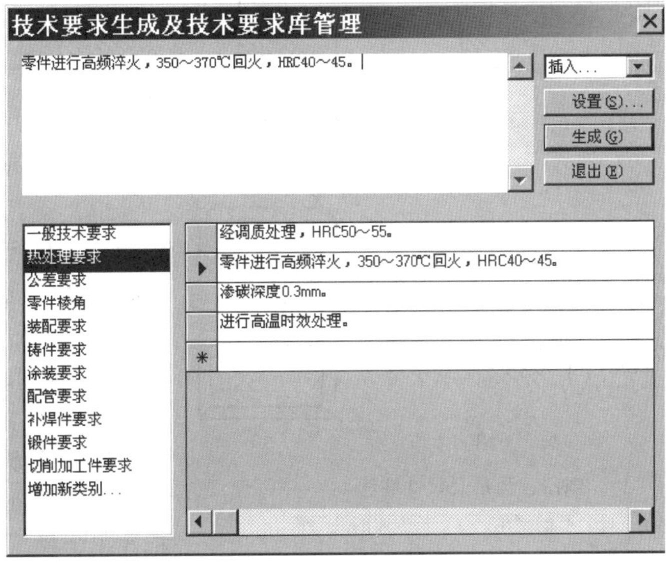

图 3-17　技术要求库

三、零件上常见的工艺结构简介

为加工制造方便和零件结构合理，零件上常带有一些工艺性的结构。

1. 铸造零件的工艺结构

（1）拔模斜度。拔模斜度也称铸造斜度，为便于将木模从砂型中取出，沿拔模方向将木模做出一定的斜度，见图 3-18，一般为 1∶20（约 3°）。拔模斜度小时可不加标注，在 3°及其以上时，可用文字在技术要求项下注写。

（2）铸造圆角。铸件表面的相交处应做成圆角，以防止起模和浇铸时掉砂，冷却时产生裂纹。该圆角称铸造圆角，见图 3-18。该圆角半径一般为 2～5mm，不标注在图上，而注

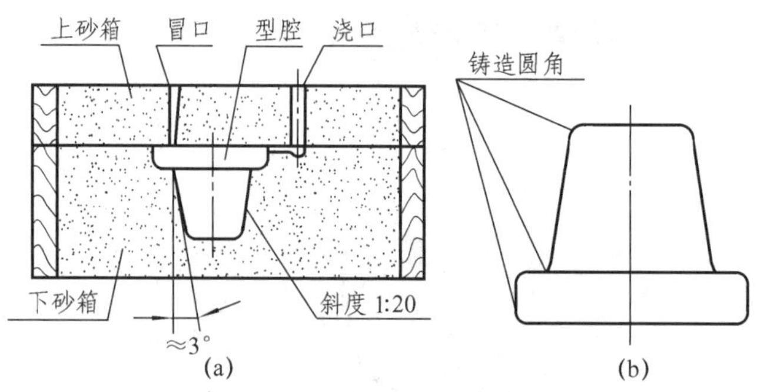

图 3-18 拔模斜度和铸造圆角

(a) 拔模斜度；(b) 铸造圆角

写在技术要求中。

(3) 铸件壁厚。铸件壁厚应该均匀，否则浇铸冷却时就会产生缩孔或裂纹。因此，设计或绘图时遇有由薄到厚或由厚到薄时要逐渐过渡，见图 3-19。

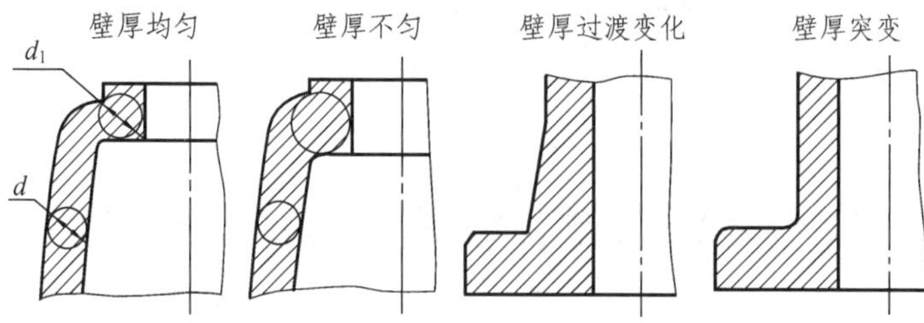

图 3-19 铸件壁厚应均匀

2. 零件加工面的工艺结构

(1) 倒角和圆角。为除去锐角毛刺和便于装配，常在轴和孔的端部加工成倒角。倒角有 45°、30°和 60°三种，标注时要注出角度和倒角宽度，45°倒角可采用“宽×45°”的形式。为了增加强度，防止产生裂纹，常在轴肩处加工成圆角，图上标注出半径，详见图 3-20。

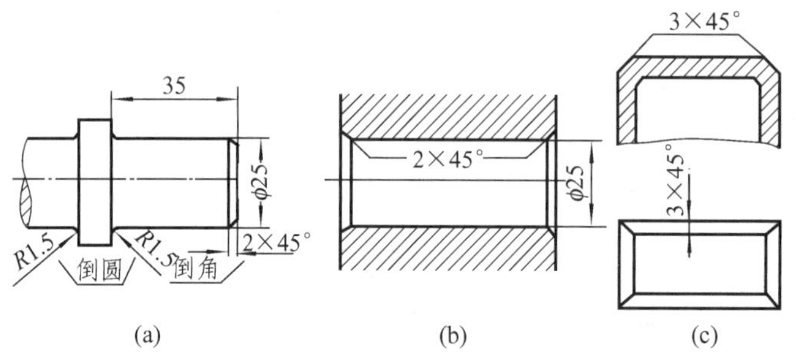

图 3-20 倒角、圆角及尺寸注法

(a) 轴的倒角；(b) 孔的倒角；(c) 长方体的外倒角

(2) 退刀槽与砂轮越程槽。在车削和磨削时，为便于退出刀具和避免砂轮碰撞机件其他部分，常在被加工面的末端预先车出退刀槽或砂轮越程槽，见图 3-21。

应用“库操作”下的“构件库”命令可方便绘制砂轮越程槽和退刀槽，相应对话框如图 3-22 所示。

(3) 凸台和凹坑。零件上与其他零件的接触面，一般都要加工。为了减少加工面积，并保证零件表面之间有良好的接触，常常在

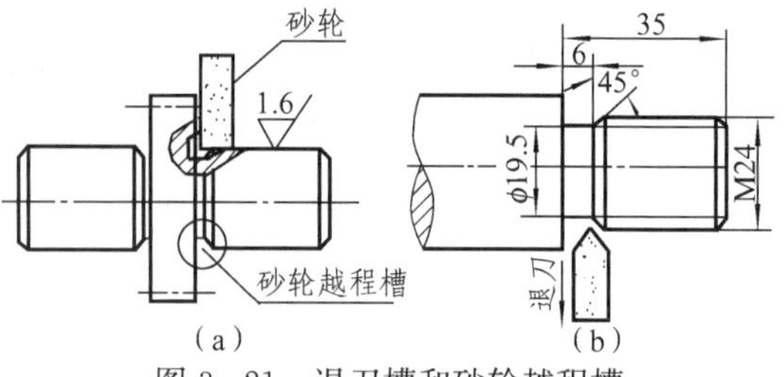

图 3-21 退刀槽和砂轮越程槽

(a) 车刀退刀槽；(b) 越程槽

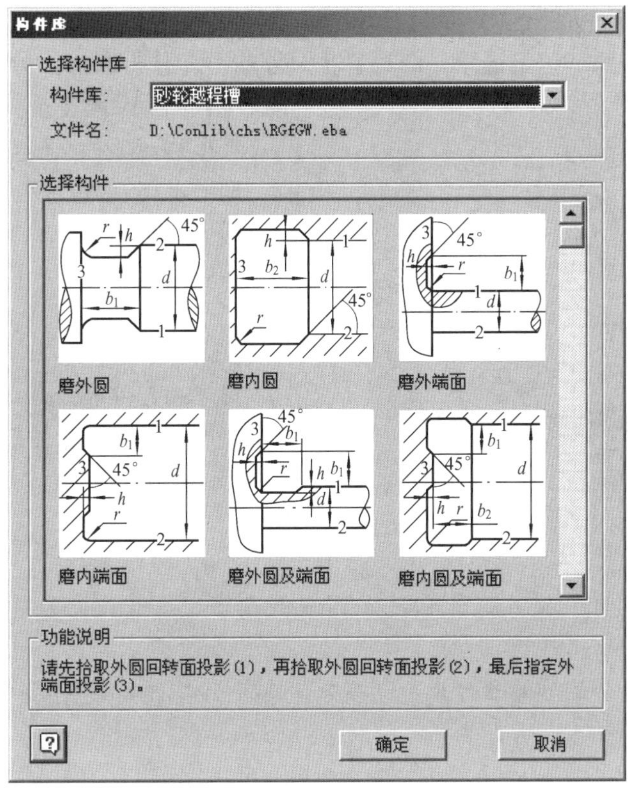

图 3-22 越程槽绘制

铸件上设计出凸台、凹坑，如图 3-23 所示。

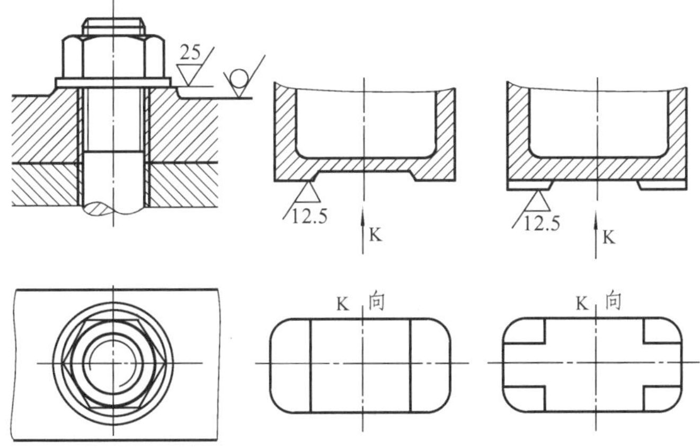

图 3-23 凸台和凹坑

(4) 钻孔结构。用钻头钻孔时应尽量使钻头轴线垂直于被钻孔的端面，以保证钻孔准确和避免钻头折断，如图 3-24 所示。

四、识读零件图的方法和步骤

1. 看标题栏

通过阅读标题栏中零件的名称、材料等，达到对零件有个初步了解的目的。

2. 分析视图和零件的结构形状

组合体的读图方法（包括视图、剖视、断面等的形体分析和线面分析），仍然适用于读零件图。从基本视图看出零件的大体内外形状；结合局部视图、斜视图以及断面等表达方法，读懂零件的局部或斜面的形状；同时也从设计和加工方面的要求，了解零件的一些结构和作用。

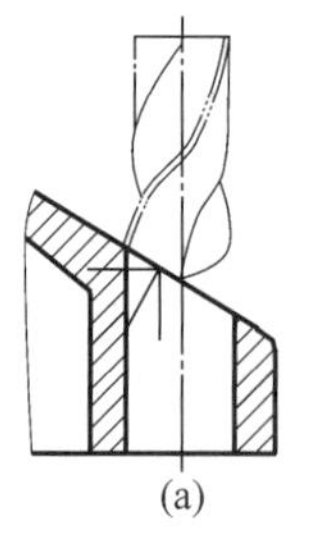
(a)

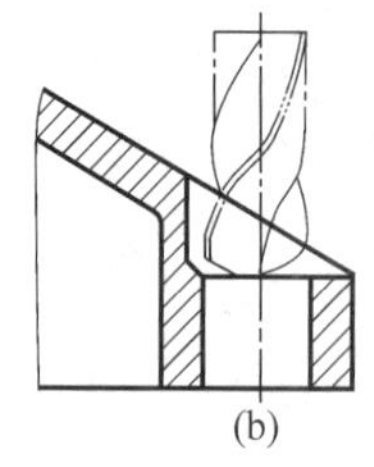
(b)

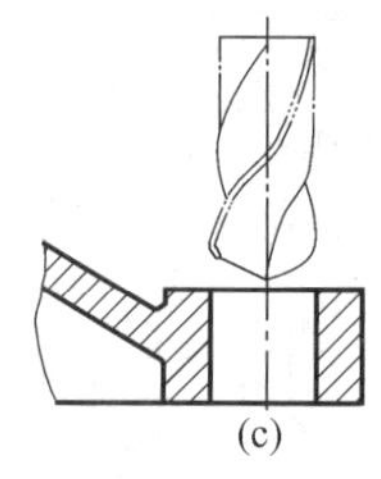
(c)

图 3-24 钻孔结构

(a) 错误；(b) 凹坑；(c) 凸台

3. 分析尺寸和技术要求

了解零件各部分的定形尺寸、定位尺寸和零件的总体尺寸，以及注写尺寸时所用的尺寸基准，才能有利于领会设计意图，便于加工和测量。还要读懂技术要求，如表面粗糙度、公差与配合等内容，分析这一部分内容有助于深入了解零件，发现问题。

4. 综合归纳

把读懂的结构形状、尺寸标注和技术要求等内容综合起来，就能比较全面地读懂零件图。

为了读懂比较复杂的零件图有时还可参考有关的技术资料，包括零件所在的装配图以及与它有关的零件图。

识读零件图举例：

以图 3-1 电动机主轴零件图为例说明零件图的识读：

（1）看标题栏。零件名称为电动机主轴，材料为 45 号优质碳素结构钢，要加工 1 件，比例 1∶2。

（2）分析视图和零件的结构形状。电动机主轴零件图采用了一个基本视图作为主视图，用局部剖表达键槽和越程槽，为节省图面采用折断画法；用移出断面表达键槽；用两个局部放大图分别表达中段滚花及各处越程槽结构。

线框及直径尺寸可知，轴的基本形状为由 7 个不同直径的同轴圆柱体组成，并有 4 处越程槽和两端倒角结构；左端一段有键槽；中间一段虽为同直径，但尺寸偏差不同，分为有滚花和无滚花两部分。

（3）分析尺寸和技术要求。该零件以中心轴线作为径向尺寸基准，也是高度和宽度方向的尺寸基准。由此注出径向各部分的尺寸 ϕ32、ϕ35、ϕ44、ϕ40、ϕ37、ϕ30、ϕ28，尺寸数字后面注写偏差值说明零件该部分与其他零件有配合关系。

选择 C、D、E、F 等四个端面作为长度方向的尺寸基准。总长为 371mm，同轴的 7 段直径不等的圆柱体从左至右长度依次为 60、39、5、48.5、148.5、34、26mm。另外有四处越程槽尺寸 2×1mm 及两端倒角尺寸 1.5×45°。轴的右端面有一组标记“〈$^{2-B3.\ 15/10}_{GB145}$”，这是表示轴的两端必须保留中心孔，中心孔的型式为 GB145 中规定的 B 型，其规格为 ϕ3.15/10。

对于表面粗糙度，多数表面要求较高。从形位公差框格可看出，有同轴度要求。此轴应经过热处理，调质后的硬度值为“250HBS10/1000”。零件中的小倒角为 1×45°。中段的滚花部分，这是为套装电动机铸铝转子设计的结构提出滚花前对尺寸公差有要求。

（4）综合归纳。除结构形状外，对其表达方案、设计意图、零件的功用、重要尺寸、加工方法有了全面的认识。

第二节　装　配　图

表达机器、设备及其部件的图样称为装配图。它表示出了各个零件的相互位置、零件间的连接方式、机器设备的传动路线和装配关系等情况。在进行设计、装配、安装、调整、检验、使用和维修机器、部件时都需要装配图。

一、装配图的作用与内容

1. 装配图的作用

装配图的作用主要体现为：在设计部门，为反映设计的意图、有关产品的结构性能，要先画出装配图，再根据装配图绘制零件工作图；在装配部门，根据装配图所示零件的相互关系和要求，装配成部件和完整的机器；在检验部门，根据装配图上标注的技术要求，逐条鉴定验收；在检修部门（如电厂的大修），要根据装配图及零件图进行拆装和修理；电力生产的工程技术人员也要根据装配图熟悉设备，掌握运行和检修技术。因此，装配图是一种非常重要的技术文件。

2. 装配图的内容

从图 3-25 中可以看出，在装配图上一般应有以下内容：

（1）一组视图：用来清楚地表达装配体的各零件的相互位置及装配关系、传动路线、连接方式、主要零件的基本结构和基本形状。

（2）必要的尺寸：在装配图中只注必要的尺寸，用以表示装配体的规格性能及装配、检验、安装时所需的尺寸。

（3）技术要求：用文字说明、符号标注等形式，说明机器或部件的质量、装配、检验、试验及使用规则等方面的要求。

（4）零件编号及明细栏：对装配体的每种零件按一定顺序和方法编号，应用“幅面”下拉菜单下的“生成序号”可方便生成零件编号。在标题栏上方列明细栏，对应序号填写名称、材料、数量、质量、备注等项内容，可由“幅面”下拉菜单中的“明细表”对话框修改明细表内容，如图 3-26 所示。

（5）标题栏：为了便于查阅管理，应说明装配体的名称、数量、比例、图号、单位以及对图样负责的有关人员的签名、日期等项目。

二、装配图的表达方法

零件图主要表达的是单个零件，而装配图所表达的则是由若干零件所组成的部件，以表达机器（或部件）的工作原理和装配关系为中心。因此，在装配图中除采用第二章介绍的机件的表达方法外，还采用以下一些特殊的表达方法和规定画法。

1. 沿结合面剖切

在装配图中可假想沿某些零件的结合面剖切，此时零件结合面上不画剖面符号，而被剖切的部分必须画出剖面符号，如图 3-27 中的俯视图。

2. 拆卸画法

当某个或几个零件在装配图中遮住了大部分装配关系或其他零件时，可假想拆去这个或

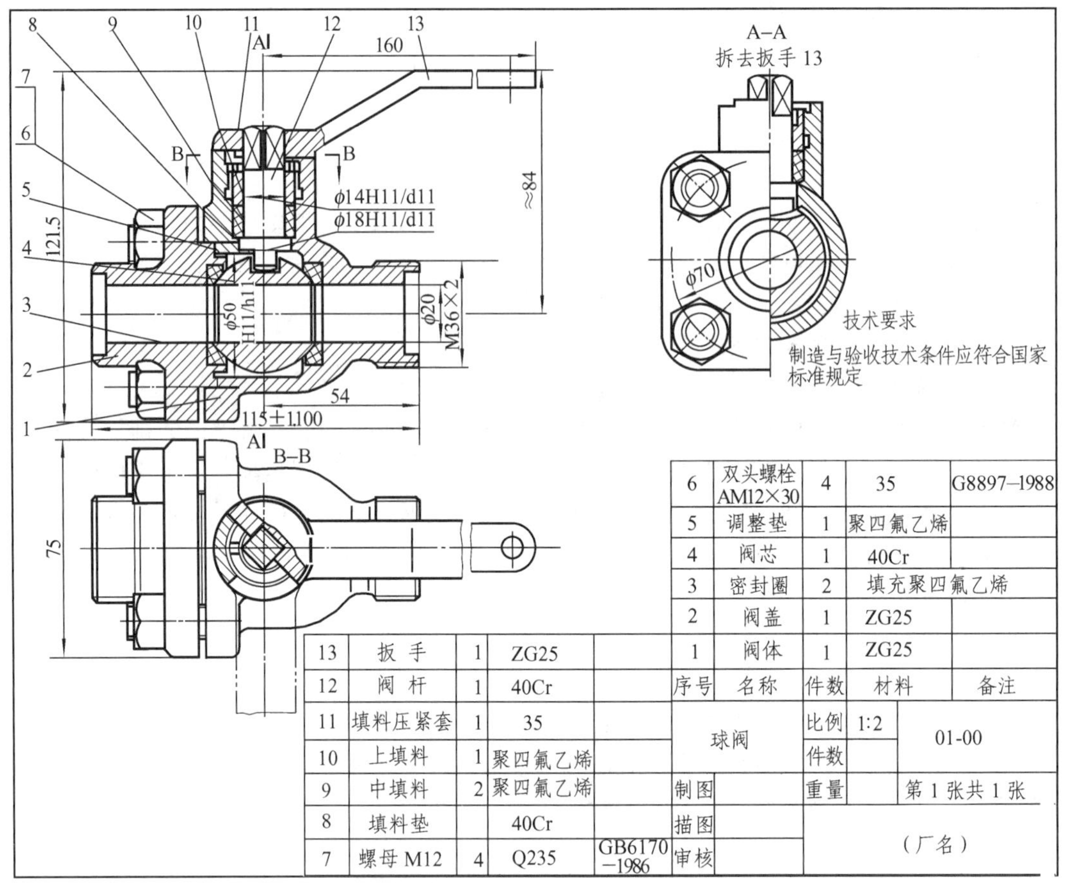

图 3-25　球阀装配图

这些零件，只画出剩下部分的视图，如图 3-25 中的左视图就是拆去扳手 13 后画出的。图 3-27 俯视图是拆去轴承盖等画出的。

3. 夸大画法

对于小的间隙、薄片零件或细丝弹簧等，为了清楚表达，可不按比例而适当加大尺寸画出。如图 3-25 中调整垫片 5 的厚度就是夸大画出的。

4. 假想画法

为了表示运动零件的极限位置或表示本部件与相邻零部件的装配关系时，可用双点划线画出运动零件的一个极限位置或相邻零部件的部分轮廓线，如图 3-25 中俯视图用双点划线画出了扳手的一个极限位置。

5. 规定画法和简化画法

对于若干相同的零件组，如螺栓连接等，可详细地画出一组或几组，其余只需用点划线表示其装配位置关系即可。对于标准件，如滚动轴承、螺母和螺栓头等，允许采用简化画法。零件的工艺结构，如倒角、圆角、退刀槽、凸台、滚花等其他细节可不画出，如图 3-28 所示。

两零件接触表面处应画成一条线。相邻零件的剖面线倾斜方向应相反或倾斜方向一致而间隔不等。对于实心零件（如轴、连杆等）和紧固件（如螺母、键、销等），若剖切平面通过其轴线（或对称面）时，这些零件均按不剖绘制。如图 3-28 中的螺栓是按不剖绘制的。

三、尺寸标注

装配图不是制造零件的直接依据，因此在装配图中不需像零件图中那样详细标注尺寸，只需标注下面一些必要尺寸：

（1）规格性能尺寸：表示部件的规格和性能的尺寸，在设计时就已确定。如图 3-25 中球阀通口的公称直径 ϕ20mm。

（2）装配尺寸：表示零件间相互配合性质的尺寸、确定零件间相对位置的尺寸以及装配时进行加工的有关尺寸。如图 3-25 中阀体与阀盖的配合尺寸 ϕ50H11/h11。

（3）安装尺寸：将装配体安装在基座或其他部件上所需确定的有关尺寸。如图 3-25 中 84mm 为与安装有关的尺寸。

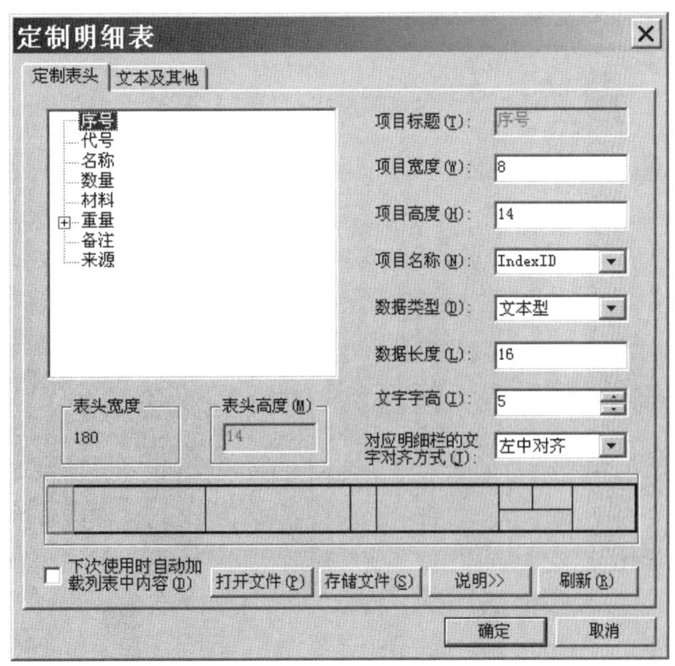

图 3-26　“明细表”对话框

（4）外形尺寸：表示部件的总长、总高和总宽的尺寸。它为包装、运输和安装过程所占有的空间提供了数据。如图 3-25 中球阀的总长、总高和总宽为 115±1.10mm、121.5mm 和 75mm。

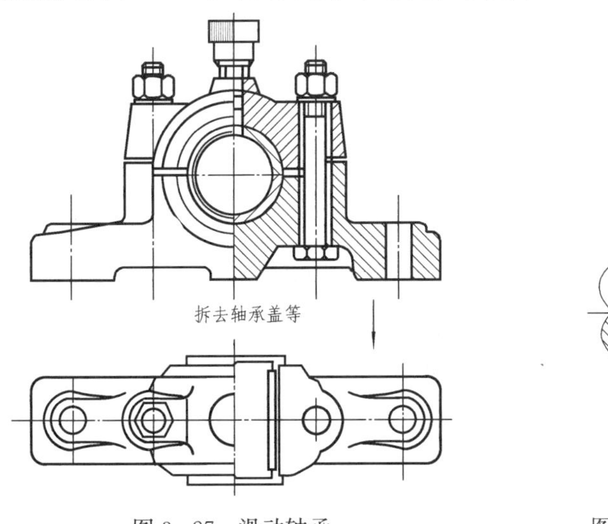

图 3-27　滑动轴承

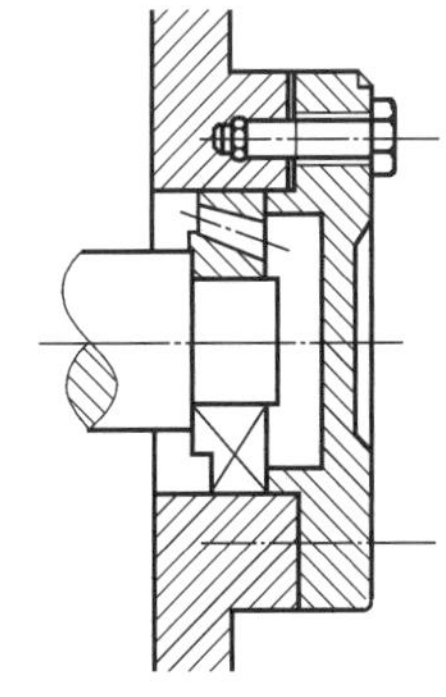
图 3-28　简化画法

（5）其他重要尺寸：设计过程中计算确定或选定的重要尺寸。如运动零件的极限位置尺寸、主体零件的重要尺寸等。

上述五类尺寸并不是每张装配图中都必须标注齐全的，有时一个尺寸还可能兼有几种作用。

四、装配图的识读

在设计、制造、检验、运行、检修、安装和技术交流等过程中，都会遇到装配图。看装配图的目的是了解装配图所表达的机器或部件的工作原理，部件中各零件的装配关系，以及零件的主要结构形状。

识读装配图的一般步骤如下：

1. 概括了解

首先看标题栏，了解装配体名称及一般用途；再看明细栏，了解零件的名称、种类，审视全图，做到概括了解；分析、了解各个视图的名称、位置及关系。

2. 了解装配关系和工作原理

在概括了解的基础上，对照视图仔细研究、分析各条装配干线，弄清零件间相互配合的要求，以及零件间的定位、连接方式、密封等问题。再进一步搞清运动零件与非运动零件的相对运动关系。

3. 分析、读懂零件的结构形状

分析零件，一般先从主要的零件开始分析，然后再分析其他较次要的零件。

对比较复杂的零件的形状，需经分解零件视图进行细致细读，分解方法是：一般要对照明细栏、零件序号先做了解，然后从指引线所指的视图确定该零件的一个视图的图形，再用投影关系规律找到其相关投影，从而分出零件的一组视图。由于装配图是各零件组装在一起的图形，因此分析与区别相邻零件的视图是正确分解出零件视图的关键。如为剖视图，可利用同一零件的剖面线方向和间隔一致的情况来区别零件的视图范围。

实际识读时不一定要完全画出零件视图，可对照投影关系进行联想、构思。

对于标准件和常用件主要分析其作用。

4. 分析尺寸及技术要求

分析尺寸及技术要求是理解装配体工作原理、性能，掌握装配和检修工艺的重要方法。

5. 综合归纳

通过上述了解和分析之后，对装配体的形状、结构、尺寸、技术要求等进行综合，就能对装配体的工作原理、装配连接关系、零件的结构形状，有一个比较完整的认识。

装配图的识读举例：

以图 3 - 25 的球阀装配图为例说明装配图的识读。

（1）概括了解。通过阅读标题栏、明细栏以及其他有关资料，知道这个部件的名称为球阀，它是在流体管路中用来开、关流体通道和控制流体流量的部件，它由 13 种零件组成。装配图中的基本视图有三个：主视图采用单一剖切面通过前后对称面剖切的全剖视图，主要表达部件的内形及主要零件的装配关系、相互位置；俯视图采用局部剖视图；左视图采用半剖视图，扳手采用拆卸画法。

（2）了解装配关系和工作原理。从图 3 - 25 的主视图可分析出该球阀有两条装配干线。一条是以阀体的垂直轴线为主的装配干线，如阀芯 4、阀杆 12、填料垫 8、中填料 9、上填料 10、填料压紧套 11 及扳手 13 是沿着这条轴线装配的，其中阀芯、阀杆和扳手是运动件。阀芯和阀杆是由阀杆端部插入阀芯顶上槽内联系起来的。阀杆上部方柱，套上扳手方孔装在一起。填料压紧套将填料压紧，以防止流体漏出。另一条是以阀体水平轴线为装配干线，如阀芯 4、密封圈 3、阀盖 2 是沿着这条轴线依次装配的。阀体与阀盖是用它结合处的凸、凹圆柱定位，并用四个螺柱 6 及螺母 7 连接。

球阀的工作原理如下：扳手的转动，带动阀杆转动，阀杆头部通过阀芯槽一起转动，达到畅通、关闭、控制流量的目的。如装配图所示状态为开启位置。

（3）分析、读懂零件的结构形状。先从主要的零件阀体开始分析，然后再分析其他较次要的零件。比如分解出的阀体零件三视图，见图 3-29，由此即可想象其形状。

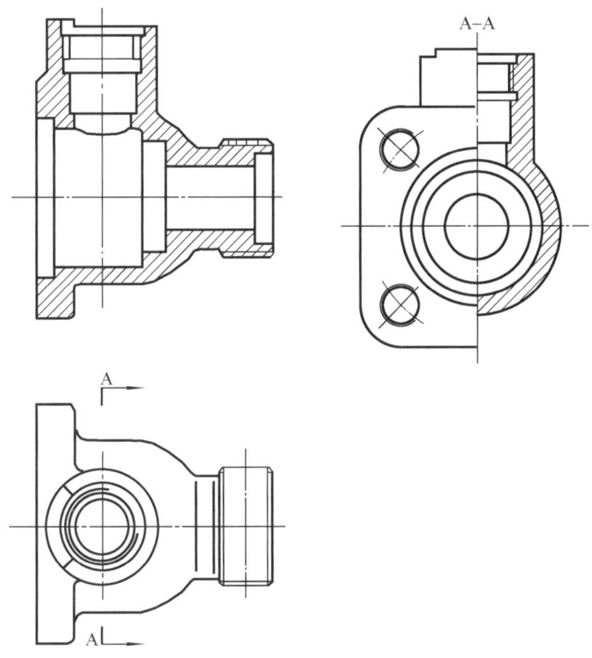

图 3-29 阀体零件图

（4）分析尺寸及技术要求。

1）分析尺寸。ϕ20mm 是通口大小尺寸，是它的规格尺寸；M36×2 为阀体尺寸；手柄长 160mm；（115±1.100）mm 为总长、121.5mm 为总高、75mm 为总宽；ϕ70mm，84mm 为安装尺寸；54mm 是垂直轴线装配干线的定位尺寸；ϕ14H11/d11 为阀杆与填料压紧套的装配尺寸；ϕ18H11/d11 为阀杆与阀体的装配尺寸；ϕ50H11/h11 为阀体与阀盖的装配尺寸。

2）分析技术要求。在技术要求栏下，提出了一条球阀的制造及验收条件。

（5）综合归纳。

从总体形状、工作原理、装配关系、拆装顺序等几方面进行归纳小结，这里不再重述。球形阀的总体形状，见图 3-30。

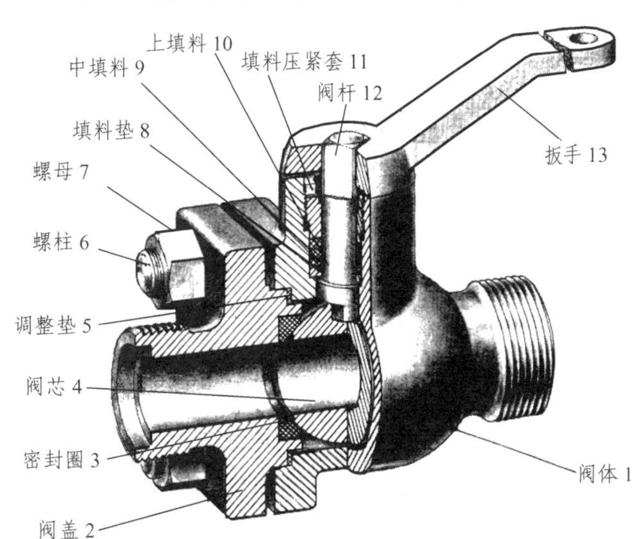

图 3-30 球形阀的总体形状（轴向装配图）

习　题

3-1　零件图在生产中起什么作用？它应该包括哪些内容？

3-2　什么是表面粗糙度？它有哪些符号？分别代表什么意义？

3-3　什么叫尺寸公差？什么叫标准公差？什么是形状和位置公差？

3-4　互相配合的孔与轴基本尺寸为 $\phi40$，基轴制配合，轴的公差等级为 IT6，孔的基本偏差代号为 N，公差等级为 IT7，则在装配图上标注的尺寸公差是什么？

3-5　怎样识读零件图？

3-6　读图 3-31 中的零件图，并回答问题。

(1) 说出零件的名称、材料。

(2) 零件图采用了几个图形？都采用了什么表达方法？

(3) 从工艺结构分析左、右两端结构和尺寸。说出轴上两处退刀槽的尺寸。

(4) 说出键槽的尺寸、两侧的表面粗糙度代号、底面的表面粗糙度。

(5) 尺寸值 $\phi20\pm0.065$ 的含义是什么？

(6) 说出主视图高度和宽度方向的尺寸基准及长度方向的尺寸基准。

(7) M10－6h 的含义是什么？

(8) 通过看零件图分析传动轴总体结构。

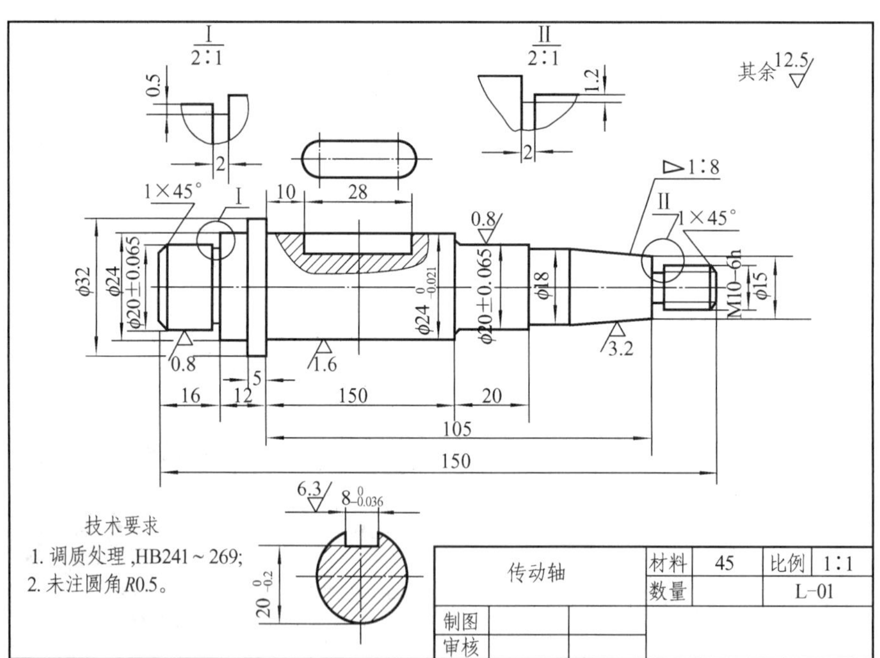

图 3-31　题 3-6 图

3-7　读图 3-32 中的零件图，回答问题。

(1) 说出零件的名称、材料。

(2) 零件图采用了几个图形？都采用了什么表达方法？

(3) 分析零件上、下两端结构，指出其尺寸。

(4) 尺寸值431±0.2的含义是什么？

(5) 说出零件长度方向的尺寸基准及高度方向的尺寸基准。

3-8 读图3-33中的零件图，回答问题。

(1) 该零件是由几个视图表达的？

(2) 主视图是什么剖视图？用粗短线指出剖切平面的位置。

(3) 说出零件图中的定形尺寸和定位尺寸。

(4) 2-M6-7H深8孔深10的含义是什么？

(5) ϕ20H7的含义是什么？

(6) 图3-33中有几种表面粗糙度等级？其中零件表面质量要求最高的粗糙度等级是哪个？

(7) 制造该零件的材料是什么？

(8) 补画主视图中漏画的相贯线。

3-9 装配图在生产中起什么作用？它应该包括哪些内容？

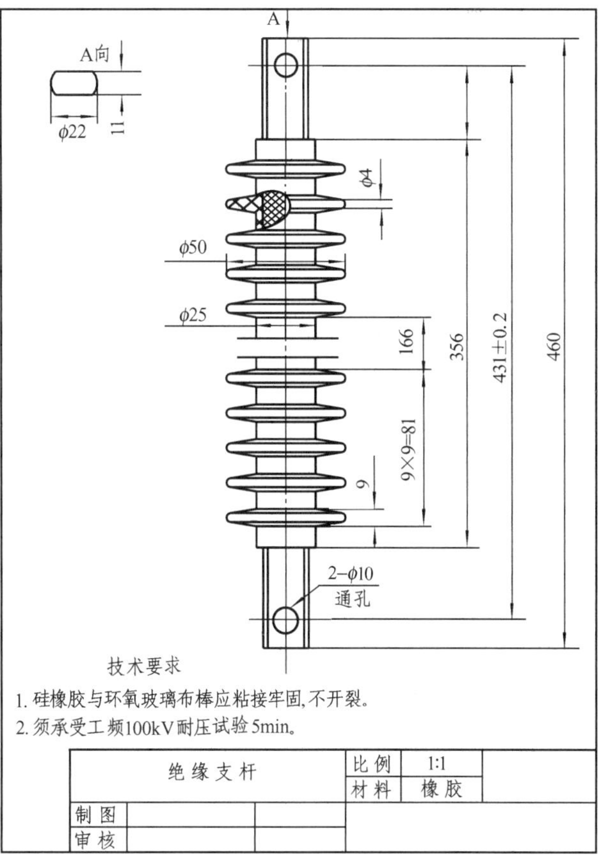

图3-32 题3-7图

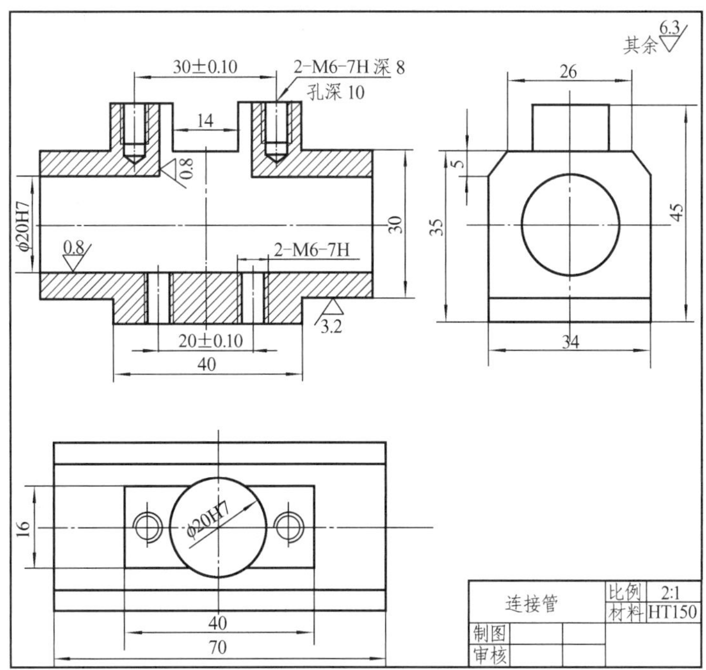

图3-33 题3-8图

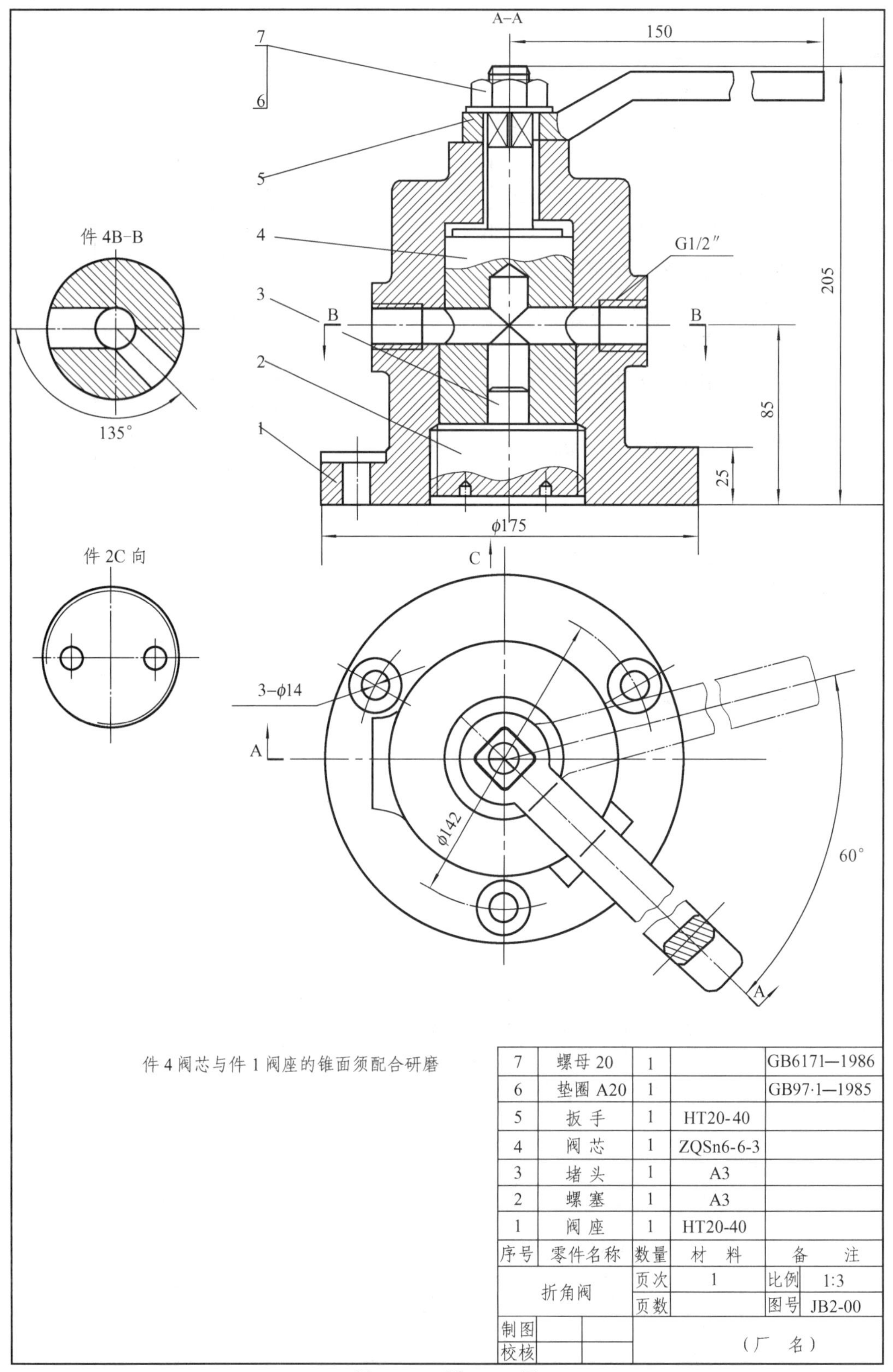

7	螺母 20	1		GB6171—1986
6	垫圈 A20	1		GB97·1—1985
5	扳 手	1	HT20-40	
4	阀 芯	1	ZQSn6-6-3	
3	堵 头	1	A3	
2	螺 塞	1	A3	
1	阀 座	1	HT20-40	
序号	零件名称	数量	材 料	备 注

折角阀	页次	1	比例	1:3
	页数		图号	JB2-00
制图			(厂 名)	
校核				

图 3-34 题 3-13 图

3-10　装配图中有哪些特殊的表达方法?

3-11　装配图中的尺寸一般分为哪几类?

3-12　怎样识读装配图?

3-13　读图 3-34 中的装配图，回答问题。

(1) 折角阀装配图用了几个图形，采用哪些表达方法?

(2) 按图 3-34 所示位置，该阀是处于开启状态还是关闭状态?

(3) 简述件 4 的拆卸顺序。

(4) 装配体共有几种零件组成?

(5) 装配图由几个视图组成，主视图采用什么表达方法?

第四章　表 面 展 开 图

将立体表面按其实际大小，依次摊平在同一平面上，称为立体表面的展开。展开后所得的图形，称为展开图。

在工业生产中，有一些零部件是由板材加工制成的，制造时需先画出展开图、制成样板，称为放样，然后按样板下料、成型，再用咬缝或焊缝连接。

展开图在电力工程的制造、安装和检修工作中用得较多。如在热力系统中蒸汽管道、给水管道保温层的包装皮层，煤、灰、烟、风、热水管道，蒸汽管路的弯头等零件，加工制造时都要先画出它们的表面展开图，制成样板，在选定的材料（钢板、白铁皮等）上按样板划线下料，弯卷后咬接或焊接制成。

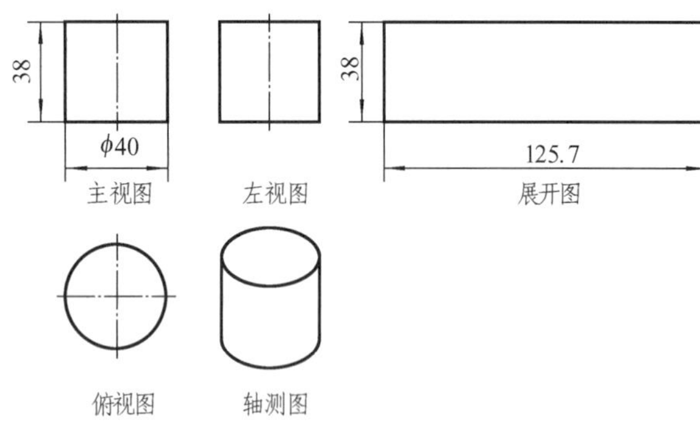

图 4-1　圆管的各个视图及展开图

图 4-1 所示为圆管的三视图、轴测图和展开图。把圆管看作圆柱面（不考虑管壁厚度），就是圆柱面的展开。容易看出，画立体表面的展开图，就是通过图解法或计算法（圆柱面展开为矩形，该矩形的长为 125.7，可通过查询俯视图上圆的周长或由圆柱直径计算得到，高为 38，可直接从图上量取），由立体的三视图画出立体表面摊平后的图形。

立体表面分为可展与不可展两种。平面立体的表面都是平面，是可展的；曲面立体的表面是否可展，要根据其曲面表面是否可展而定。常见的柱面、锥面是可展曲面，而球面是不可展曲面，一般的曲面大多是不可展曲面。不可展的立体表面常采用近似展开的方法画出其展开图。

第一节　表面展开图的基本作图方法

要想获得立体表面的实际大小和形状，画出其表面展开图，关键是获得构成立体表面的线段的实际长度，下面首先介绍线段实长的求法。

一、线段实长的求法

平行于基本投影面的线段，在所平行的基本投影面上的投影就等于其实际长度，因而不必单独作图求解；而不平行于任何基本投影面的线段，其投影不能直接反映实长。求这种线段的实长通常采用旋转法和直角三角形法。

（一）旋转法

1. 旋转法求线段实长的基本原理

如图 4-2 所示，直线段 AB 处于一般位置，因此它的投影 a′b′不反映实长，如使 AB 绕垂直于 H 面的轴 AC 旋转至平行于 V 面的位置（其运动轨迹恰好为圆锥面的一部分），则正

平线 AB_1 的正面投影 $a'b'_1$ 为 AB 实长。这种求实长的方法叫做旋转法。

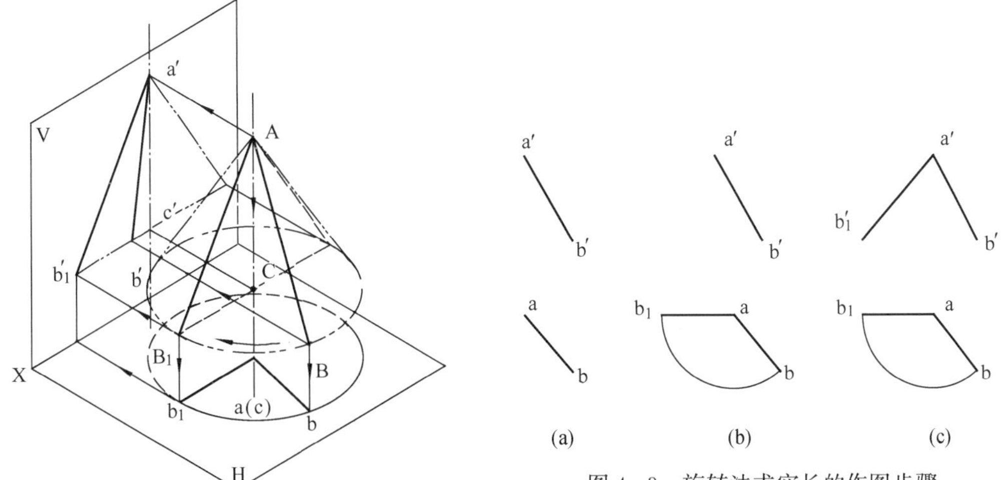

图 4-2 旋转法求实长的原理图

图 4-3 旋转法求实长的作图步骤

(a) AB 的两面投影；(b) 作水平投影 ab；(c) 作正面投影 $a'b'_1$

2. 旋转法求线段实长的作图步骤

如图 4-3（a）所示，已知空间直线 AB 的两面投影，求 AB 的长度。用旋转法求实长的作图步骤如下：

（1）点取画圆命令。以 a 为圆心，ab 为半径作圆，并在导航方式下画水平线，与圆交于 b_1 点，如图 4-3（b）及图 4-4 所示。

（2）点取直线命令。在导航方式下，画直线 $a'b'_1$，$a'b'_1$ 长度即为 AB 实长，如图 4-3（c）及图 4-5 所示。

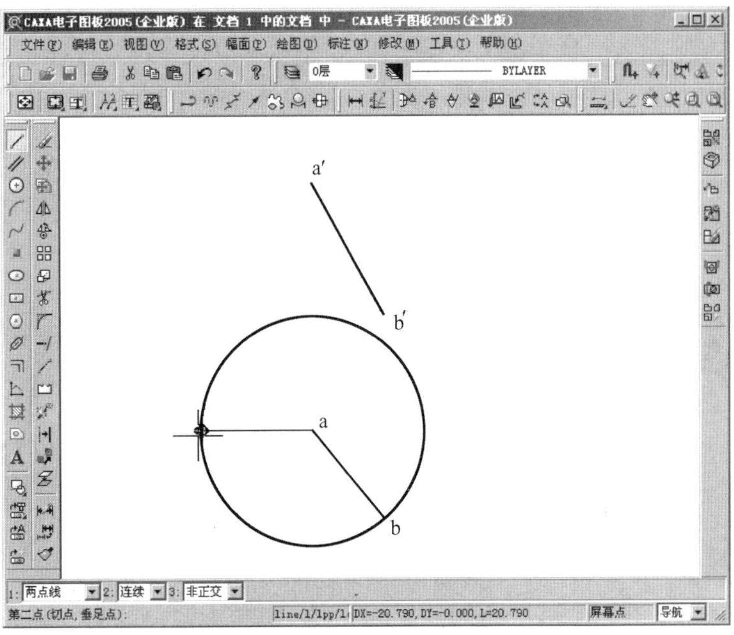

图 4-4 旋转法步骤 1 截图

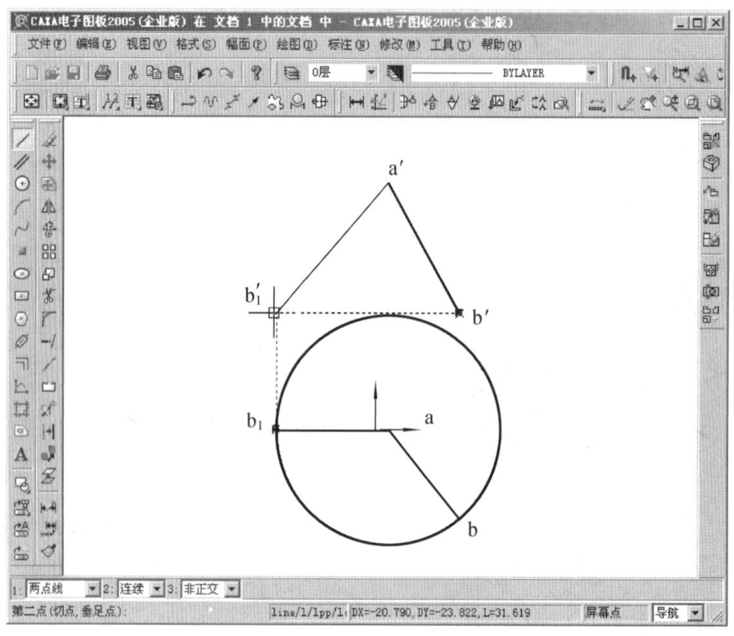

图 4-5　旋转法步骤 2 截图

3. 旋转法求线段实长的应用

用旋转法可求一般位置直线段的实长，应用最广的是求正圆锥表面的素线实长，此时作图非常简洁。如图 4-6 所示，已知正圆锥主、俯视图和轴测图，SAB 为圆锥任意一条素线，$s'a'b'$和 sab 为其正面投影和水平投影，求 SA 及 AB 实长。

按旋转法原理，只要过 a'作水平线 $a'a'_1$（唯一辅助线），与圆锥主视图转向线 $s'b'_1$ 交于 a'_1 点，则 $s'a'_1$ 即为 SA 的实长，$a'_1b'_1$ 为 AB 实长（由于圆锥已经存在，它本身就是旋转体，故形式上省去了旋转过程，作图非常简洁）。还可以这样理解旋转法求线段实长的过程：以空间直线段为素线用旋转法构造一圆锥，圆锥轴线垂直于一投影面，圆锥在另一投影面上的转向线反映空间直线段的实长。

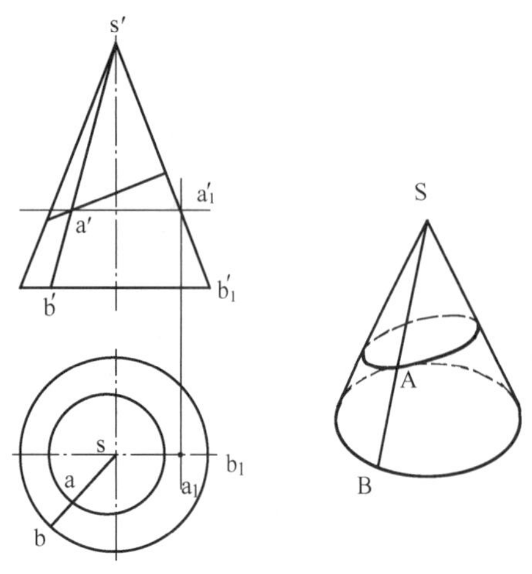

图 4-6　求圆锥表面素线实长

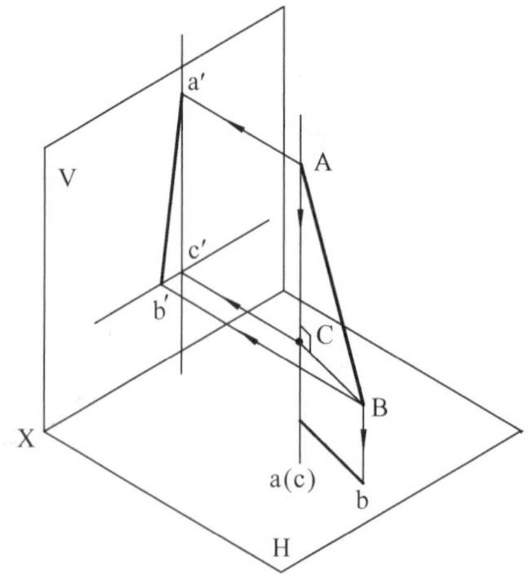

图 4-7　直角三角形法求线段实长原理

（二）直角三角形法

1. 直角三角形法求线段实长的基本原理

如图 4-7 所示，AB 为一般直线，它的两个投影都不反映实长，但在直角三角形 ABC 中，斜边 AB 为线段本身（实长），直角边 BC 等于水平投影 ab，直角边 AC 等于 a′c′。只要在平面上画出直角三角形 ABC，即由直角边 ab（空间直线 AB 的一个投影）和另一直角边（边长等于 a′c′，即等于 a′b′两端点投影到 X 轴的距离差）组成的直角三角形，其斜边即为直线段 AB 的实长。

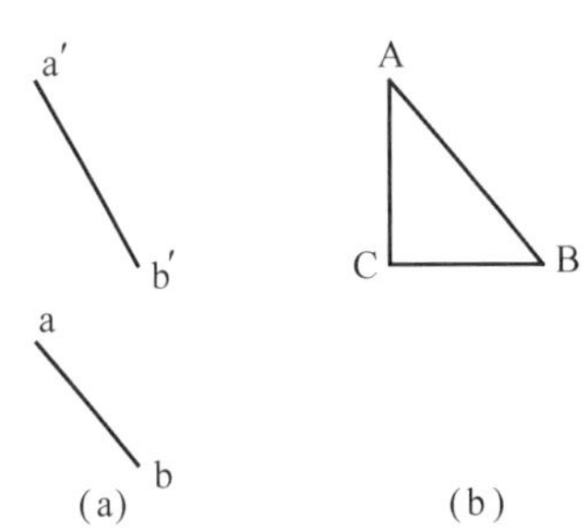

图 4-8　直角三角形法求线段实长作图
（a）两面投影；（b）直角三角形 ABC

2. 直角三角形法求线段实长的作图步骤

如图 4-8（a）所示，已知空间直线 AB 的两面投影，求 AB 的长度。用直角三角形法求实长的作图步骤如下：

（1）在导航方式下，拾取水平投影 ab，并选平移命令，将复制到点 C 处，如图 4-9 所示；再选旋转命令，将复制过来的线段绕 C 点旋转至水平位置 CB 处，如图 4-10 所示。

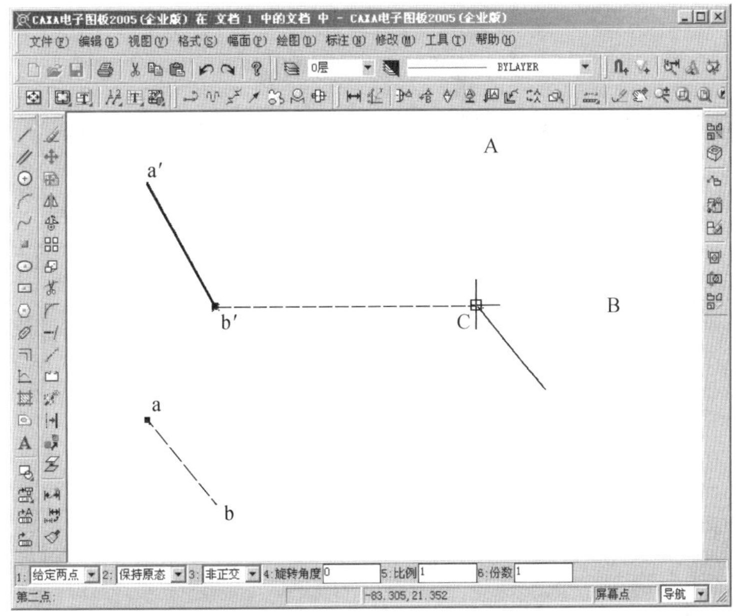

图 4-9　直角三角形法步骤 1 截图（1）

（2）点取直线命令，在导航方式下，画直线 CA、AB，CA 垂直于 CB，AB 即为所求实长，如图 4-11、图 4-12 及图 4-8（b）所示。

3. 直角三角形法求线段实长的应用

直角三角形法求线段实长时，所加辅助线也很少，可单独作图，求解复杂结构线段实长时，首选此法。

二、基本作图方法

表面展开图的基本作图原理是：把立体的表面分割成小块的平面，根据小块平面的两个投影求得其实形（由组成该平面的线段的实长确定），进而展画在同一平面上（一般根据结构特点连画在一起）。

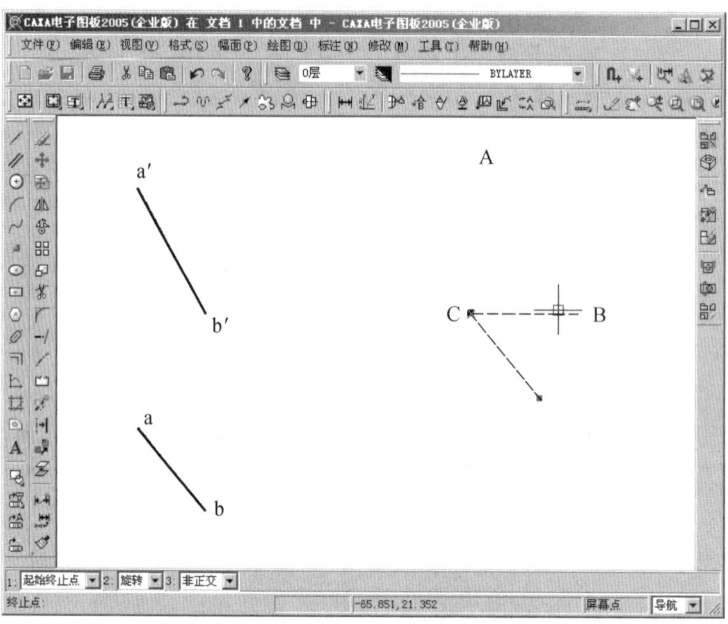

图 4-10　直角三角形法步骤 1 截图（2）

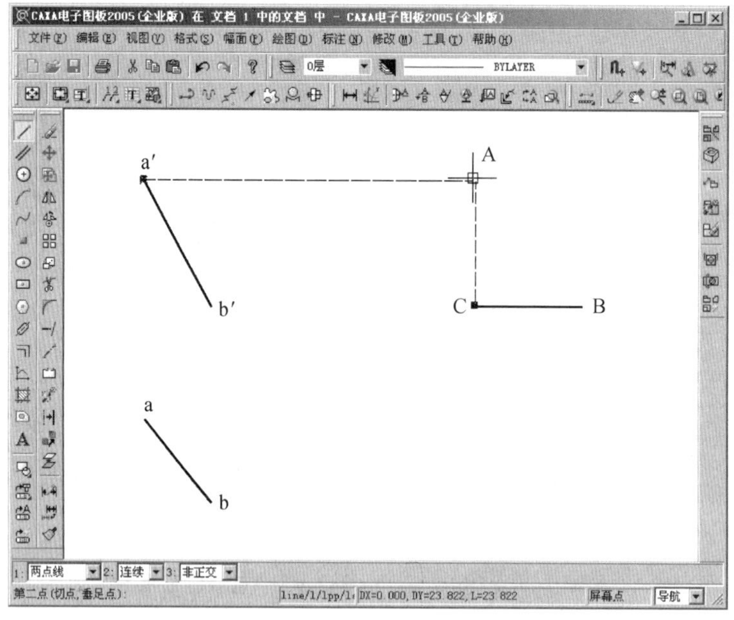

图 4-11　直角三角形法步骤 2 截图（1）

根据零件几何形状的不同，求作表面展开图的基本方法也不同，通常选用的方法有三种，即平行线法、放射线法和三角形法。

1. 平行线法

利用柱体棱（素）线相互平行（两平行线确定一个平面）的特性来进行展开的方法，称为平行线法。平行线法作图的关键在于求出各条棱（素）线的实长和它们之间的距离。

电力工程中常见的柱体表面展开是圆柱类管件的展开。像直角弯头、三通管等，尽管圆

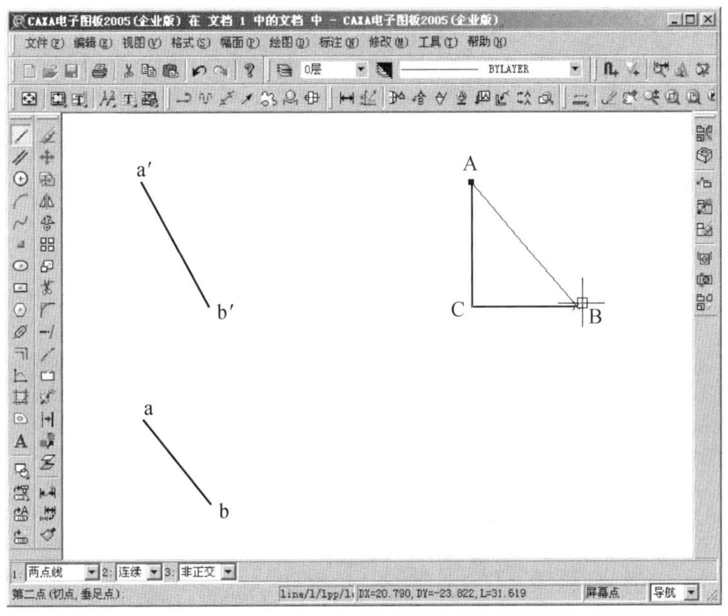

图 4-12　直角三角形法步骤 2 截图（2）

柱类管件多种多样，但求作它们展开图的道理是相同的。这里以斜口圆柱管的展开为例说明平行线法的作图过程。

如图 4-13 所示，已知斜口圆柱管件的主俯视图，求其展开图。

其作图步骤如下：

（1）如图 4-14（a）所示，在斜口圆柱表面选取 12 根等距的素线，并依次编号。主要操作有：点取高级曲线的等分点命令，12 等分俯视图圆周，即获得素线的水平投影，如图 4-15 所示；点取直线命令在导航方式下，在主视图上画出素线的正面投影，如图 4-16 所示。

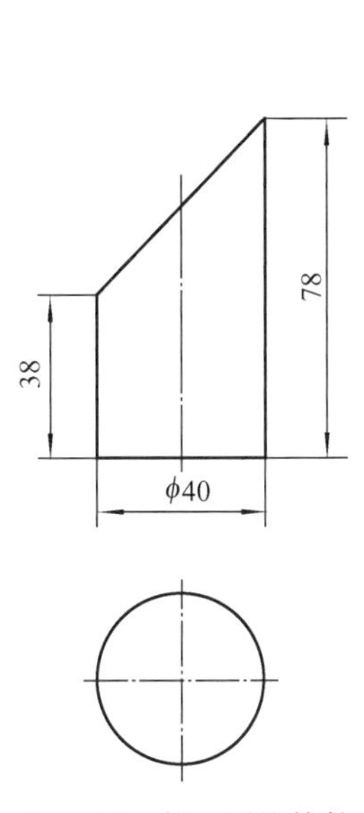

图 4-13　斜口圆柱管件

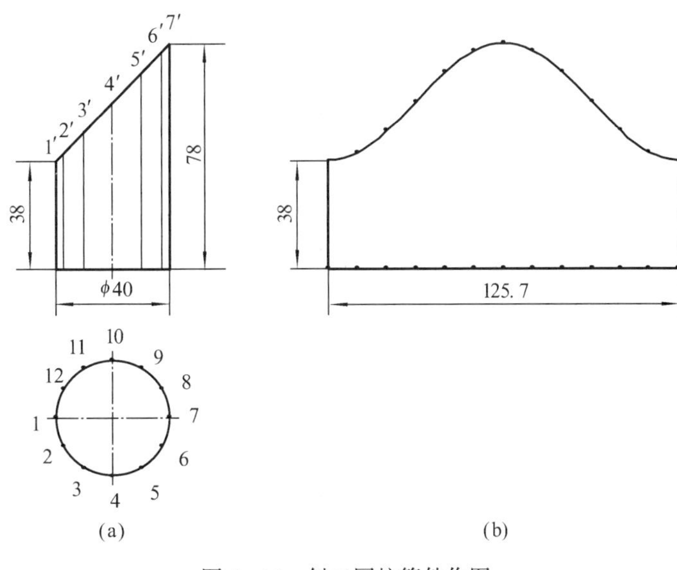

图 4-14　斜口圆柱管件作图

（a）等分斜口圆柱表面的 12 根素线；（b）斜口圆柱表面展开图

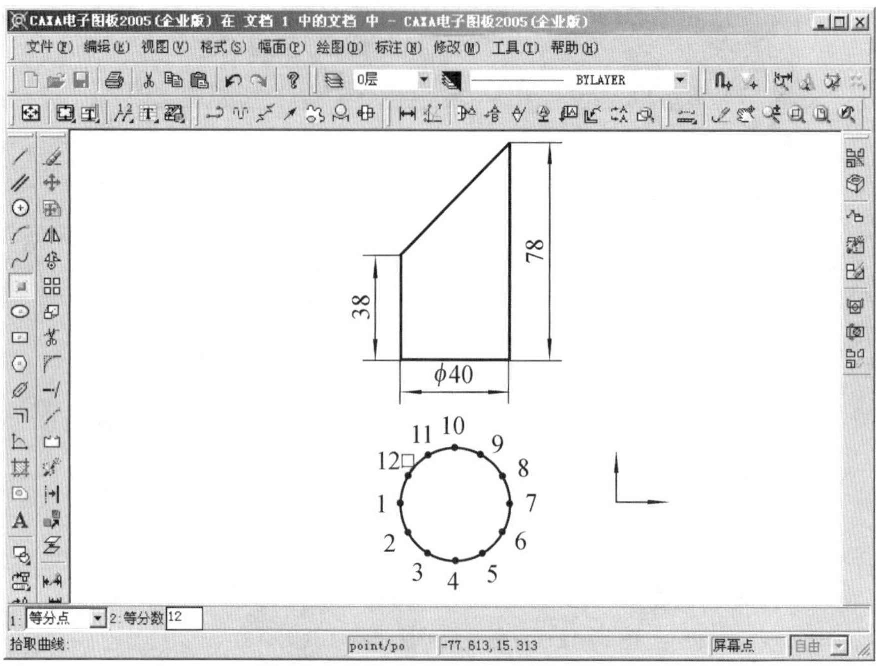

图 4-15 斜口圆柱管件表面展开作图步骤 1 截图(1)

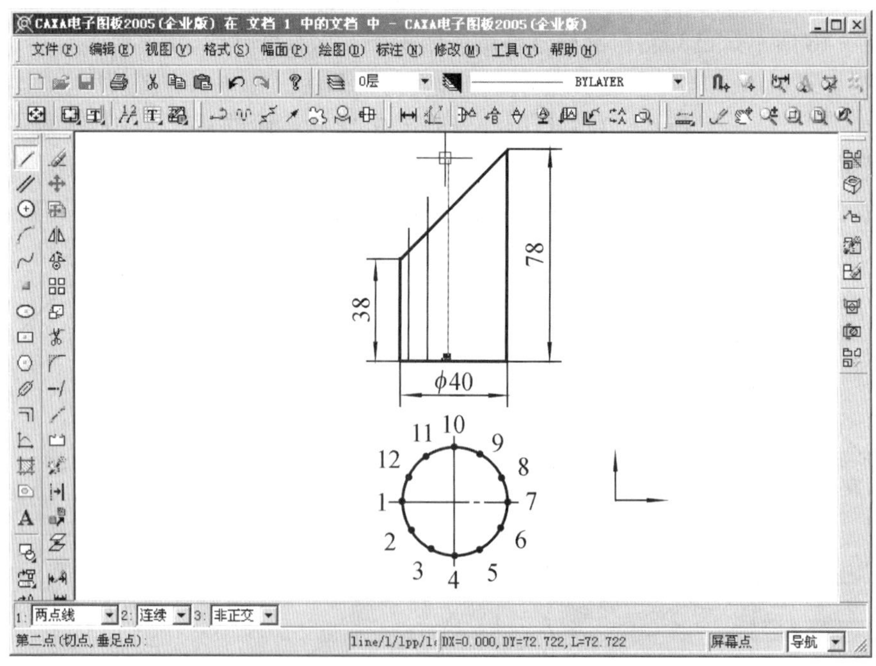

图 4-16 斜口圆柱管件表面展开作图步骤 1 截图(2)

(2)如图 4-14(b)所示,依次把 12 根等距的素线展画在平面上,并进一步画出展开图。主要操作有:查询俯视图上圆的周长,如图 4-17 所示,查得周长为 125.664;如图 4-18 所示,点取两点线直线命令(长度方式),在导航方式下点取直线起点,并通过输入长度 125.664 画出直线;点取高级曲线的等分点命令,12 等分该水平直线,得到 12 条素线的下端点，如图 4 - 19 所示；切换到孤立点命令，在导航方式下，依次点取 12 条素线的上端点（可自动捕捉到，也可直接使用样条曲线依次连接 12 条素线的上端点），如图 4 - 20 所示；用样条曲线光滑连接 12 条素线的上端点，并进一步围成所求展开图，如图 4 - 21 及图 4 - 14（b）所示。

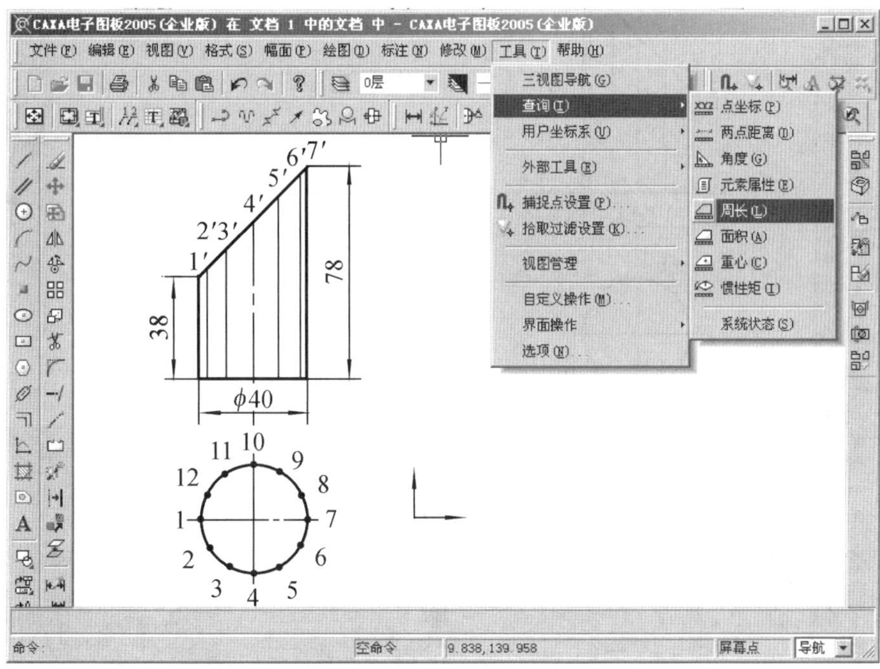

图 4 - 17　斜口圆柱管件表面展开作图步骤 2 截图（1）

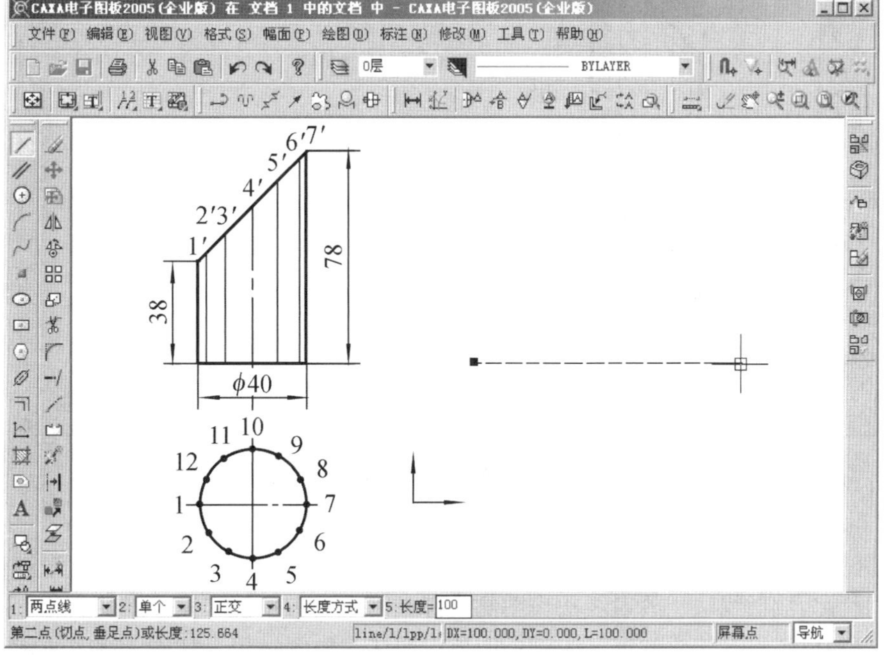

图 4 - 18　斜口圆柱管件表面展开作图步骤 2 截图（2）

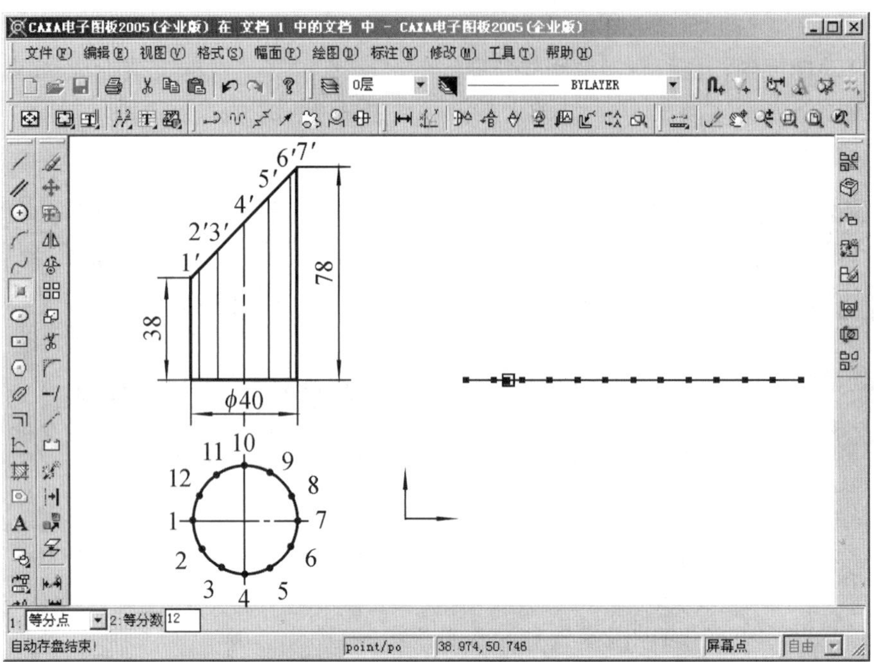

图 4-19 斜口圆柱管件表面展开作图步骤 2 截图 (3)

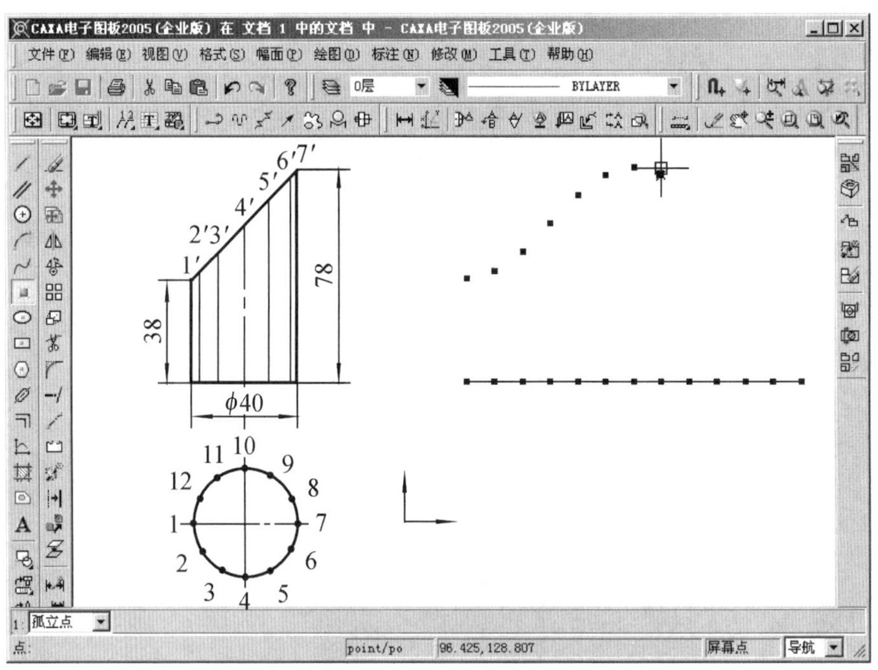

图 4-20 斜口圆柱管件表面展开作图步骤 2 截图 (4)

2. 放射线法

利用锥体表面棱(素)线汇交于一点(两相交直线确定一个平面)的特性来进行展开的方法，一般称为放射线法。放射线法作图的关键在于求出各条棱(素)线的实长。

这里以斜口圆锥管接头的展开为例说明放射线法的作图过程。如图 4-22 所示，已知斜

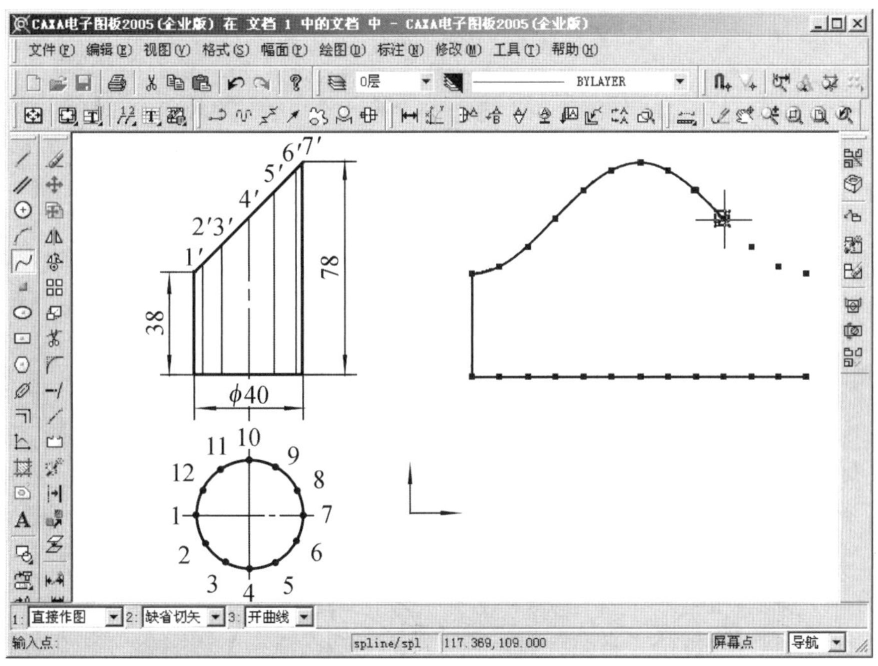

图 4-21 斜口圆柱管件表面展开作图步骤 2 截图 (5)

口圆锥管接头的主俯视图，求其展开图。

其作图步骤如下：

(1) 如图 4-23 所示，补全圆锥，在斜口圆锥表面均匀选取 12 根素线（放射线），并依次编号为 SⅠ、SⅡ、SⅢ、…。主要操作有：点取高级曲线的等分点命令，12 等分俯视图圆周，即获得各条素线下端点的水平投影，如图 4-24 所示；继而在导航方式下，画出各条素线的正面投影，如图 4-25 所示。

(2) 利用求圆锥表面素线实长的办法，在主视图上确定与素线实长相关的 a'_1、b'_1、c'_1、…各点。主要操作有：点取平行直线命令，在智能方式下拾取底边，点取 a′、b′、c′、…各点，画底边平行线，与 s′7′相交得与素线实长相关的 a'_1、b'_1、c'_1、…各点，并用孤立点命令标记各点，如图 4-26 所示。

(3) 将斜口圆锥管 12 条素线的下端点和上端点分别依次展开到平面上，进一步连接得到其表面展开图。主要操作有：查询俯视图上底圆的周长，查得周长 L 为 314.159，查得 s′与 1′距离 R 为 131.968，按公式 $\alpha=\frac{L}{R}\times\frac{180}{\pi}$ 计算得圆锥展开后扇形的圆心角 α 为 136.397°，点取圆心—起点—圆心角圆弧命令，以 s′为圆心、7′为起点、136.397°为圆心角画弧，如图 4-27 所示；点取等分点命令，将所画圆弧 12 等分，得 12 条素线展开后的下端点，如图 4-28 所示；依次分别拾取与素线实长相关的 b'_1、c'_1、…各点，用起始终止点旋转命令，将各点绕 s′旋转得到各条素线的上端点，如图 4-29 所示，其中后 7 个上端点可用镜像命令画出，如图 4-30 所示；用样条曲线命令和直线命令将各点适当连接得到所求展开图，如图 4-31 及图 4-23 所示。

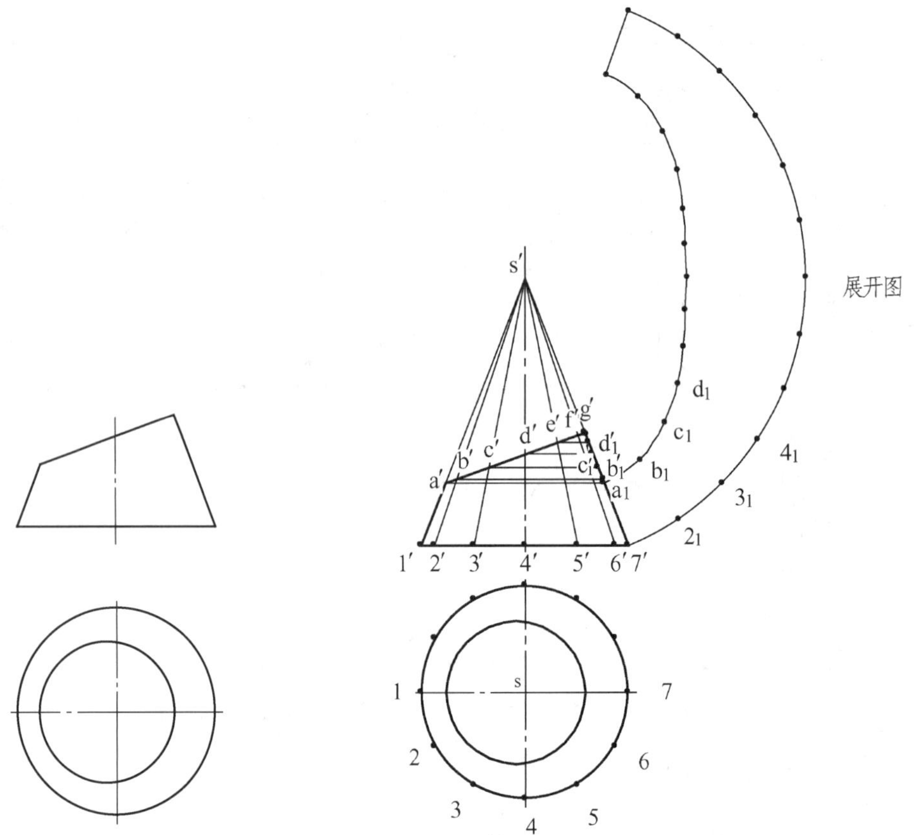

图 4-22　斜口圆锥管接头

图 4-23　斜口圆锥管件作图

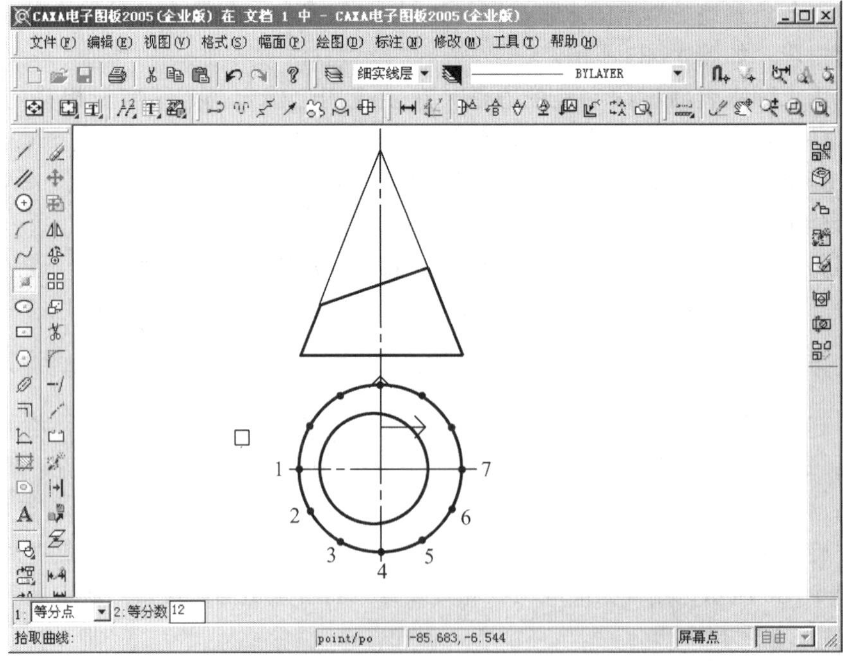

图 4-24　斜口圆锥管件表面展开作图步骤 1 截图 (1)

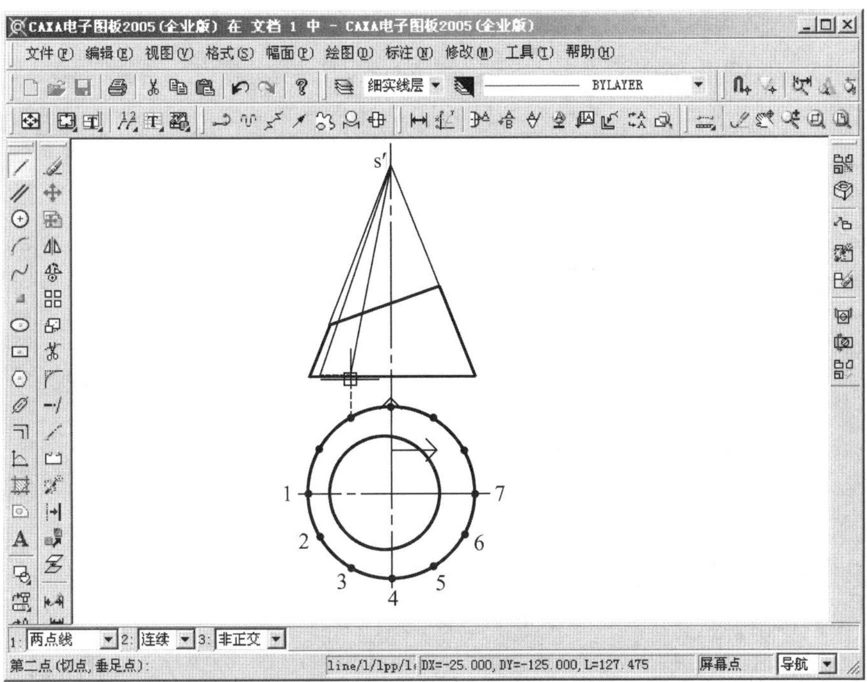

图 4-25 斜口圆锥管件表面展开作图步骤 1 截图(2)

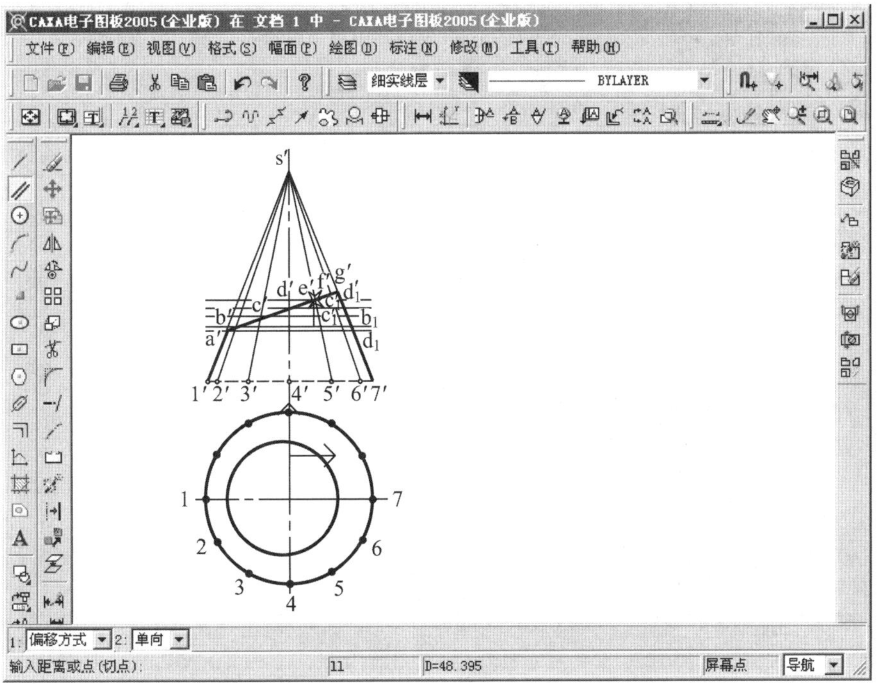

图 4-26 斜口圆锥管件表面展开作图步骤 2 截图

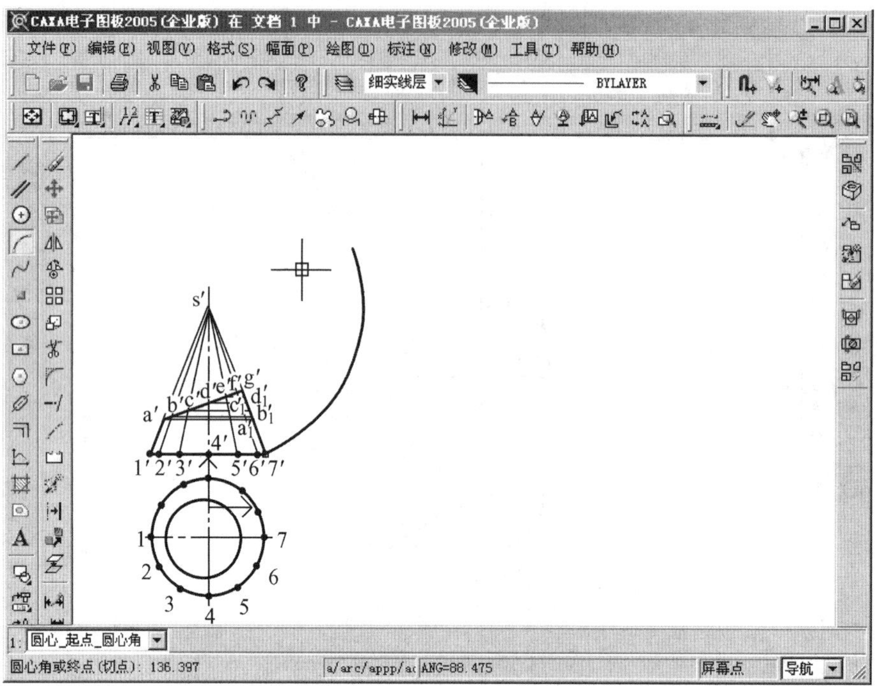

图 4-27　斜口圆锥管件表面展开作图步骤 3 截图 (1)

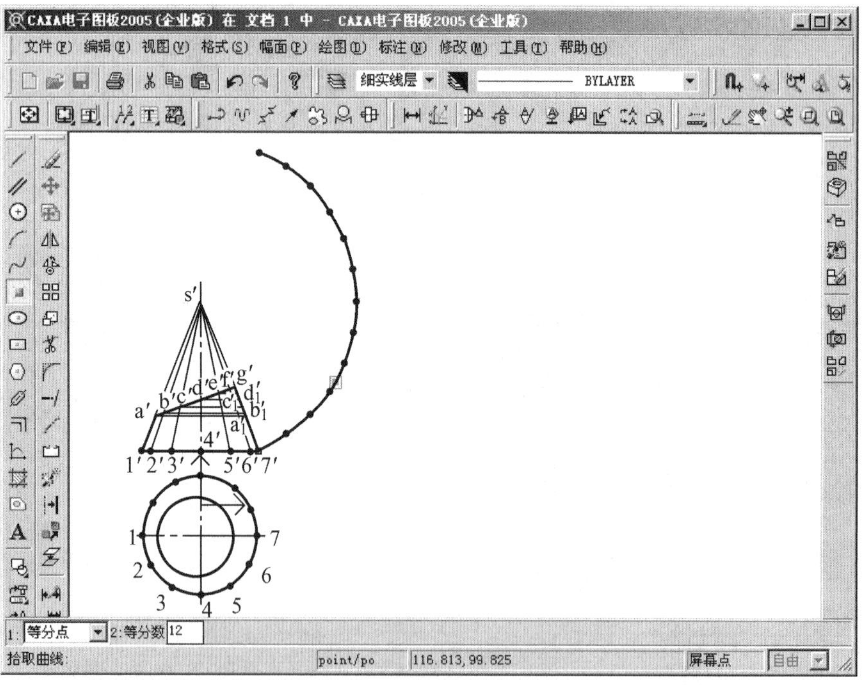

图 4-28　斜口圆锥管件表面展开作图步骤 3 截图 (2)

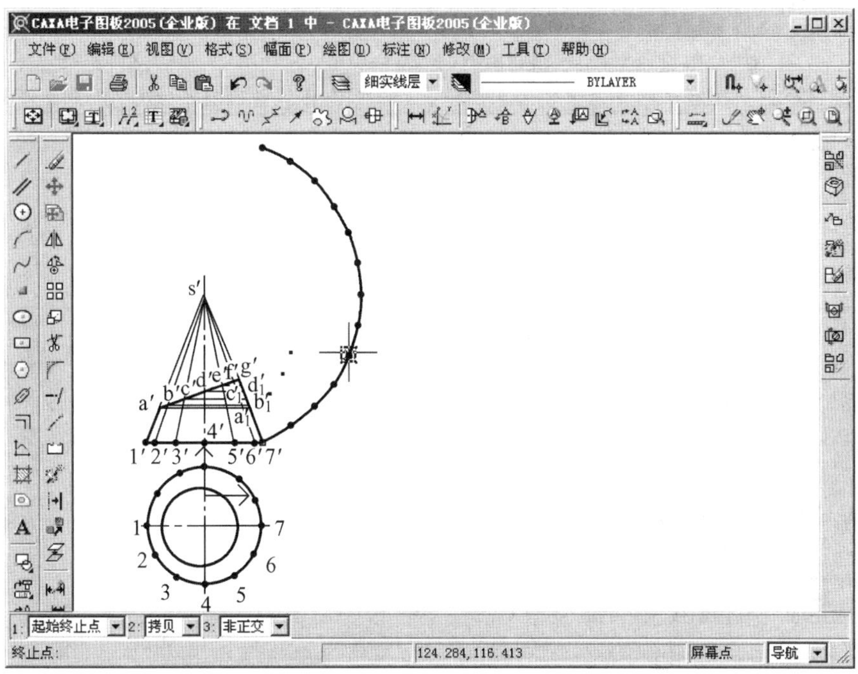

图 4-29 斜口圆锥管件表面展开作图步骤 3 截图（3）

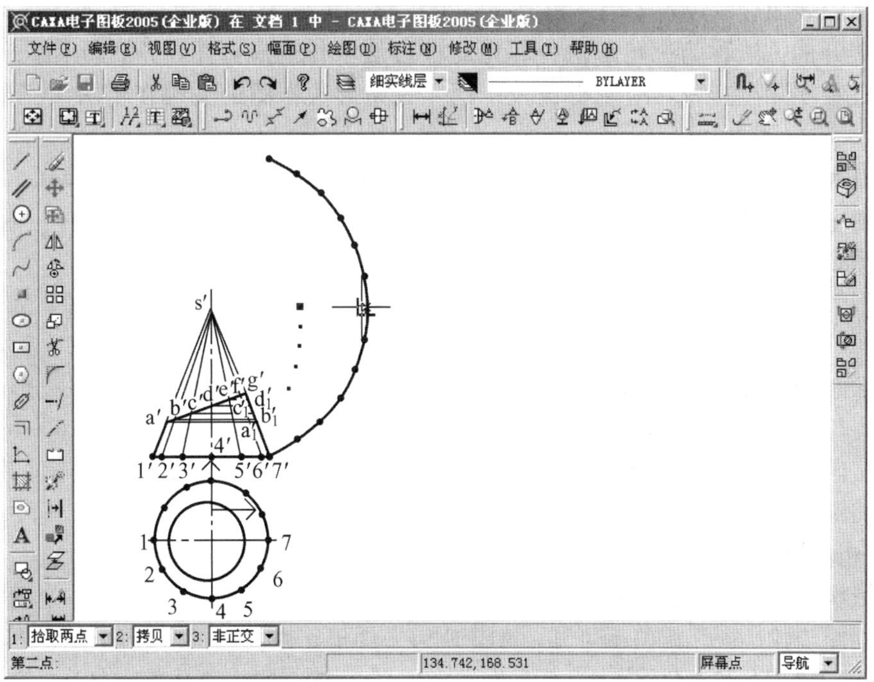

图 4-30 斜口圆锥管件表面展开作图步骤 3 截图（4）

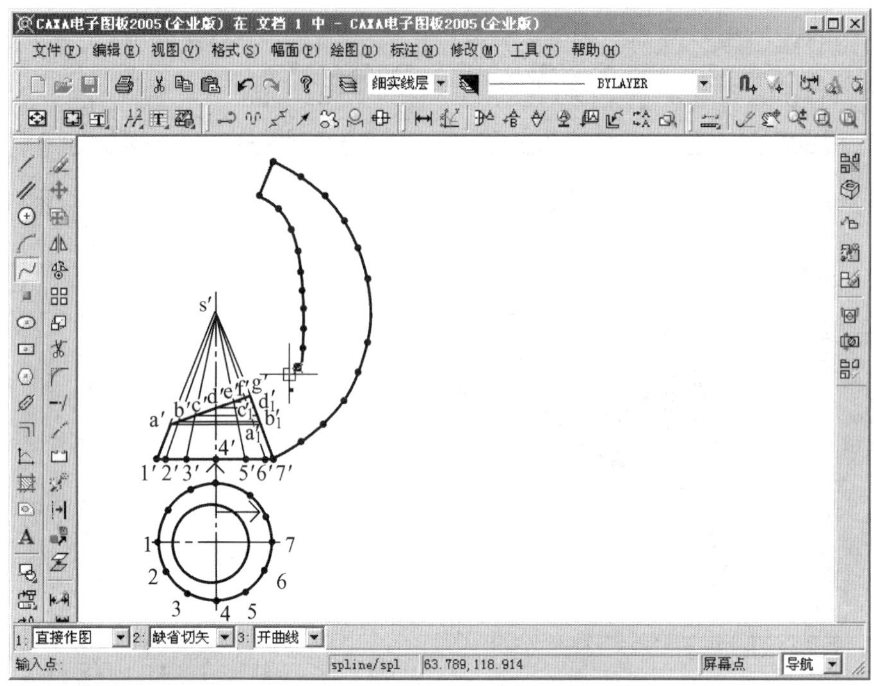

图 4-31　斜口圆锥管件表面展开作图步骤 3 截图（5）

3. 三角形法

将立体的表面分解成若干个三角形（一个三角形可确定一平面），进而依次展画在平面上进行展开的方法称为三角形法。利用此种方法求作的展开图，不受立体几何形状的限制，因此在实际生产中，应用得比较广泛。三角形法作图的关键在于求出三角形各边的实长。

这里以大小方头管件的展开为例说明三角形法的作图过程。如图 4-32 所示，已知大小方头管件的主俯视图，求其展开图。

其作图步骤如下：

（1）把大小方头管件表面用直线 EB、BG、GD、DE 分割为 8 个三角形，如图 4-33（a）所示。

（2）求 8 个三角形各边实长。由于大小方头管件上下两底面均平行于水平投影面，故俯视图上 ab、bc、cd、da、ef、fg、gh、ha 长度均为 AB、BC、CD、DA、EF、FG、GH、HA 实长，且 EF//AB、FG//BC、GH//CD、HE//DA，只需再用直角三角形法求出 EA、EB、GB、DG、DE，如图 4-33（b）所示（作图步骤请参照直角三角形法求线段实长的步骤），就可将各侧面展画在平面上。

（3）依次将 8 个三角形展画在同一平面上，如图 4-33（c）所示。现以一个侧面 ABFE 为例说明画图步骤。由几何关系可知，ABFE 为一梯形，由前面的分析和作图已得到两底 AB 和 EF、一腰 EA 和对角线 EB，可先作△ABE（已知三边），再作 EF//AB，从而获得梯形 ABFE。其他各侧面可类似地作出。

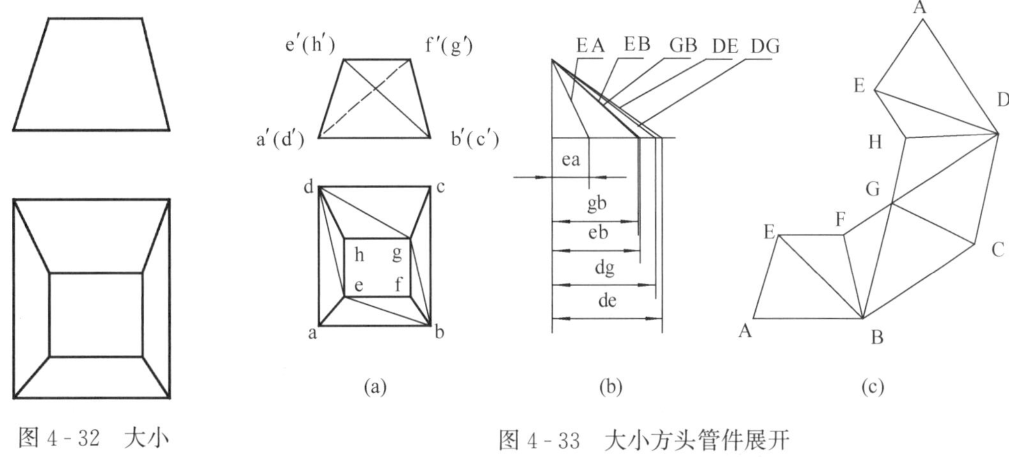

图 4 - 32　大小方头管件

图 4 - 33　大小方头管件展开

(a) 分割表面后的两视图；(b) 直角三角形法求线段实长；(c) 展开图

第二节　电力生产常用表面展开图

电力生产中，常见的圆柱类管件有弯头、三通管等，它们广泛应用在烟道、通风管道以及汽、水管道上。烟、通风管道的弯管大都是用钢板卷制并焊接而成的，汽、水管道的弯管多数是先制造成表面展开图样板，再在预先制好的钢管上划线下料，和另一个等径的管件对接焊牢制成。此类构件的展开图的绘制常采用平行线法。

另外，常见的圆锥类管件有异径接头、斜切圆锥管接头（俗称马蹄形管），它们都是用钢板或铁皮通过展开图下料卷制而成。此类构件的展开图的绘制常采用放射线法。

变形接头是连接两个不同形状或不同尺寸的管道的构件，像方圆接头。此类构件的展开图的绘制常采用三角形法。

还有一些复杂构件或不可展构件在求作展开图时采用近似法。

下面分别介绍电力生产中常见表面展开图的作图方法。

一、柱形多节弯管的展开

柱形多节弯管常见的是弯管接头，它是根据生产需要，用多节圆柱管组成。常见的有两节、三节、四节、五节等。多节弯管在电力生产中一般都制成直角弯头，俗称“虾米腰”，分析圆柱形多节弯头展开，本质上是斜口正圆柱管的展开，用平行线法作图。

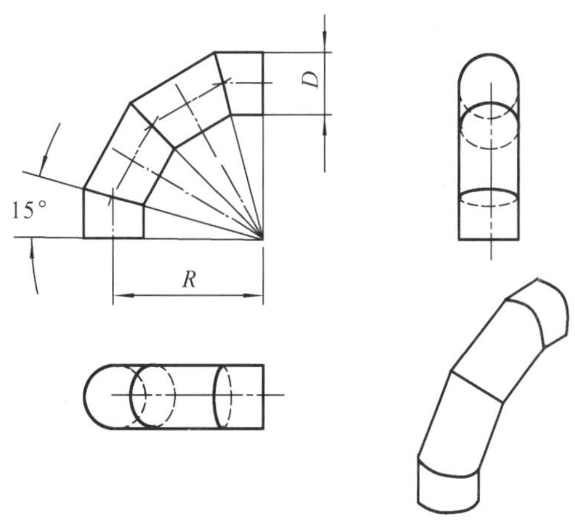

图 4 - 34　直角弯头管件

如图 4 - 34 所示直角弯头，求作其展开图。

显然，该直角弯头由 6 个完全相同的斜口圆柱组成，只要画出一个斜口圆柱的展开图，就容易得到整个弯头的展开图。其主要作图步骤如下：

(1) 如图 4 - 35 所示，用平行线法，作出斜口圆柱Ⅰ的展开图。主要作图过程如图 4 - 36 所示。

(2) 如图 4 - 35 所示，Ⅰ和Ⅱ可拼接成斜口圆柱，在导航状态下进一步利用复制功能，容易得到Ⅰ（Ⅳ）和Ⅱ（Ⅲ）的展开图，即整个弯头的展开图。主要作图过程如图 4 - 37 所示。

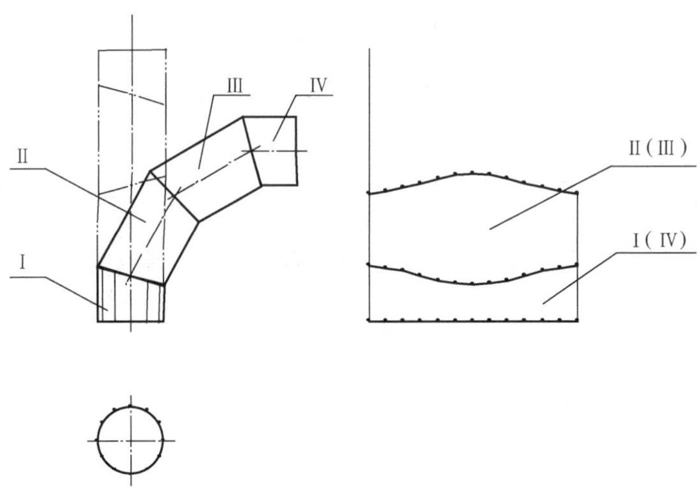

图 4 - 35 直角弯头管件展开

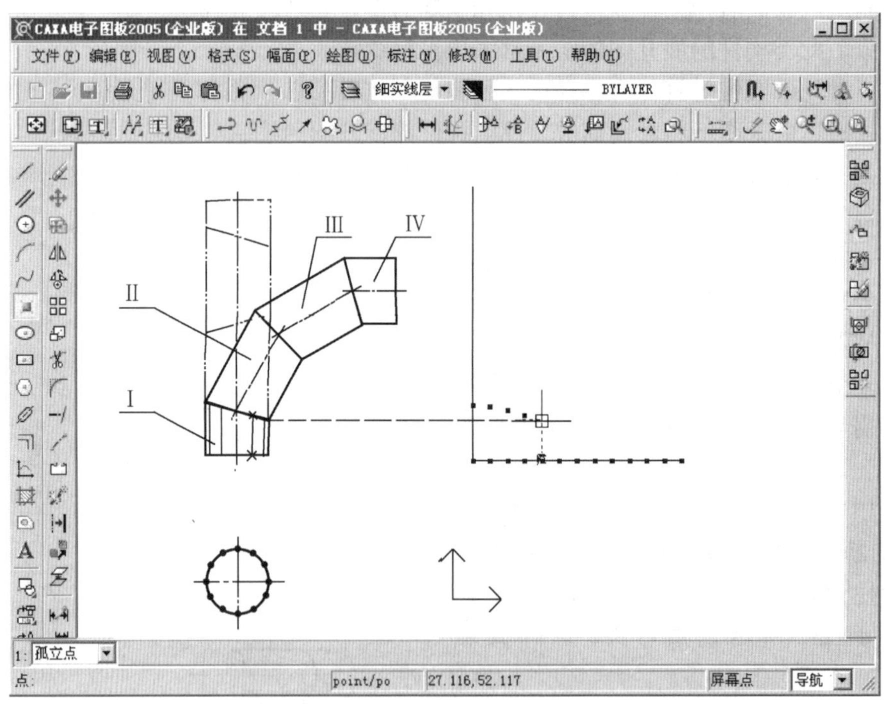

图 4 - 36 直角弯头管件展开步骤（1）截图

二、三通管的展开

电力工程当中的三通管常见的有异径正交、等径正交、异径斜交、等径斜交等几种。求作它们的展开图时仍然采用平行线法。

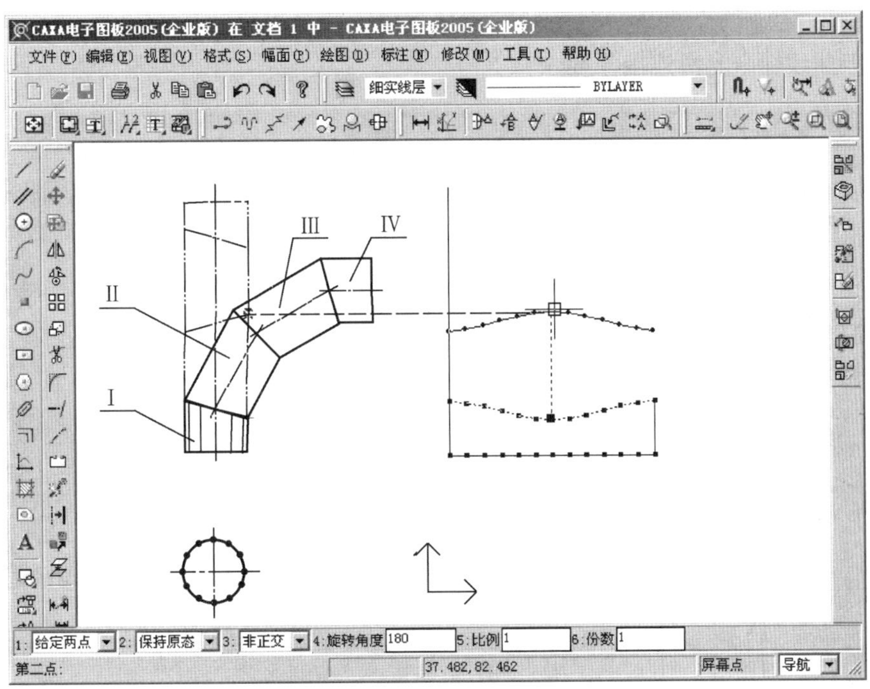

图 4-37　直角弯头管件展开步骤（2）截图

如图 4-38 所示三通管，求作其展开图。

显然，该三通管由两段圆柱管，即主管和支管组成，只要分别画出支管和主管的展开图，就得到整个弯头的展开图，如图 4-39 所示。其主要作图步骤如下：

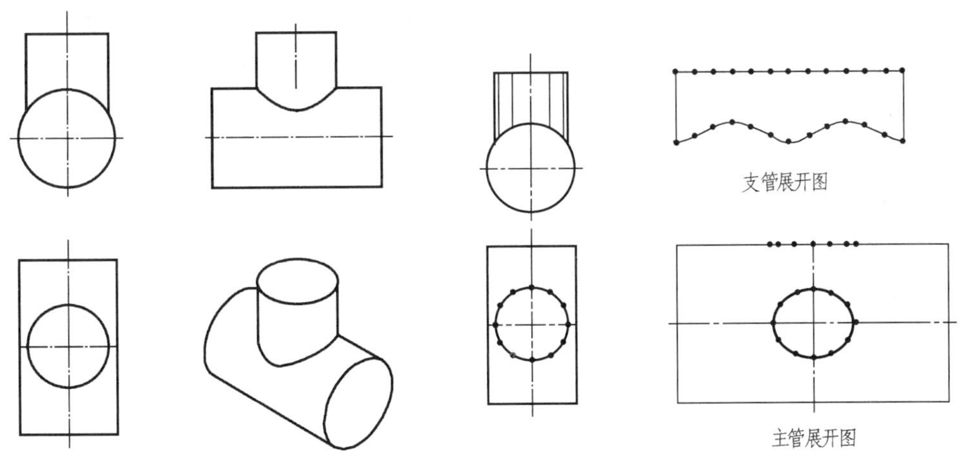

图 4-38　三通管　　　　图 4-39　三通管展开图

（1）用平行线法作支管的展开图。其主要作图过程如图 4-40 所示。

（2）用平行线法作主管的展开图，主管平行素线的选取和展开是关键。为保证主管与支管连接，选取与作支管展开图所用素线相连的 12 根素线作为画主管展开图所用的素线（不必再在图上画出其投影），它们展开后的距离可用属性查询命令通过查询相应弧长得到（在主视图上打断圆周选取相应弧进行查询），如图 4-41 所示。然后，画出主管展开图的矩形轮廓，并以该矩形中心为基准确定各条素线的一个端点，端点间的距离即前面查得的相应的弧长，如图 4 - 42 所示。再在导航方式下直接点出主管各素线的另一端点，如 4 - 43 所示。最后用样条曲线命令光滑连接各点。

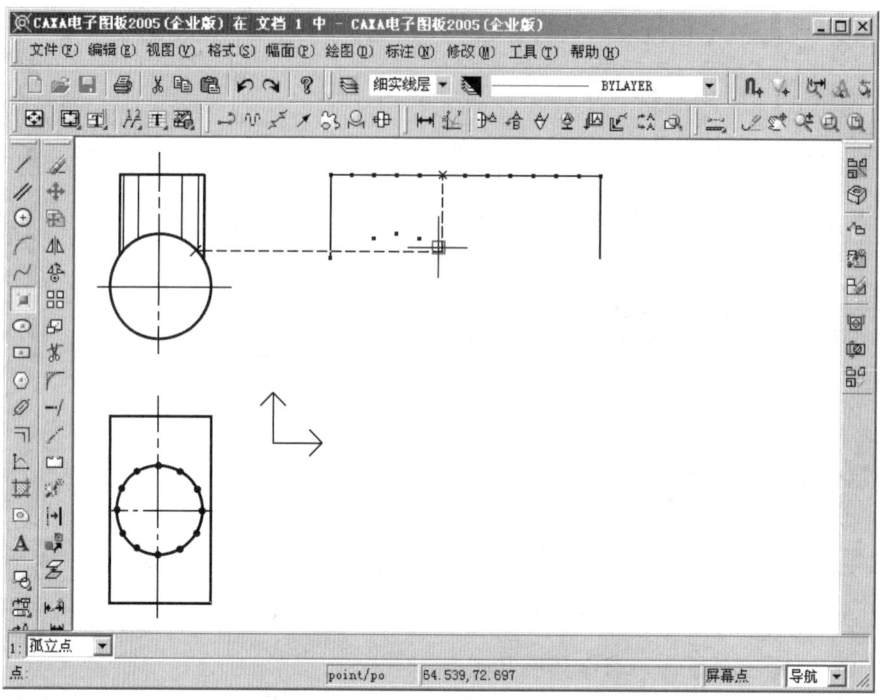

图 4 - 40　三通管展开步骤（1）截图

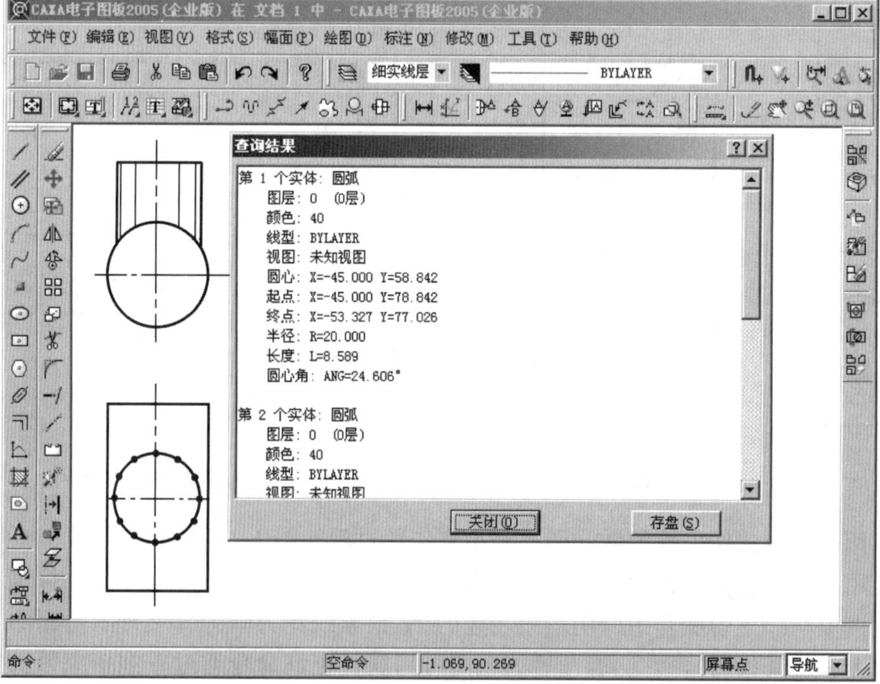

图 4 - 41　三通管展开步骤（2）截图（1）

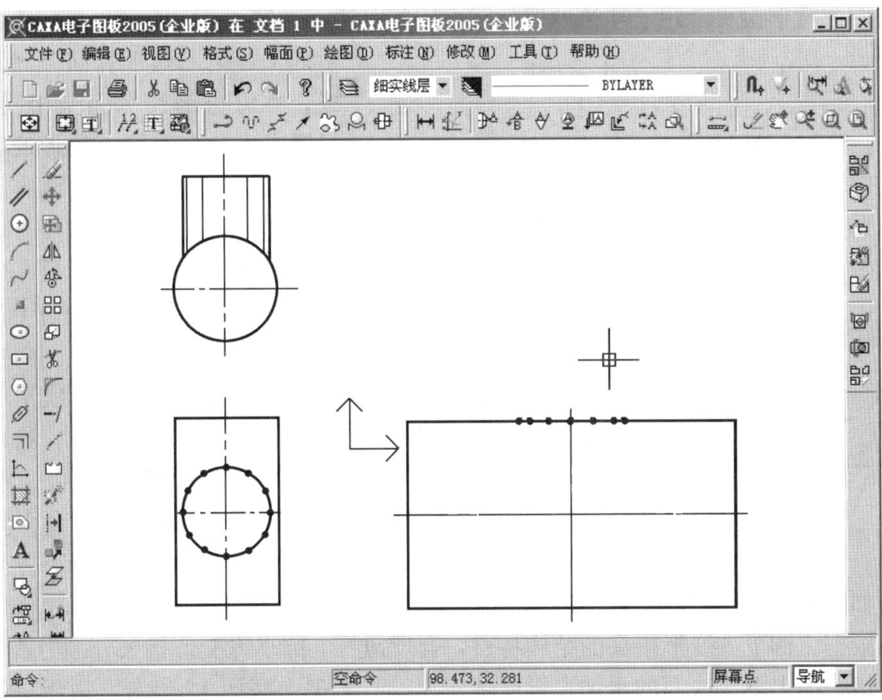

图 4-42 三通管展开步骤（2）截图（2）

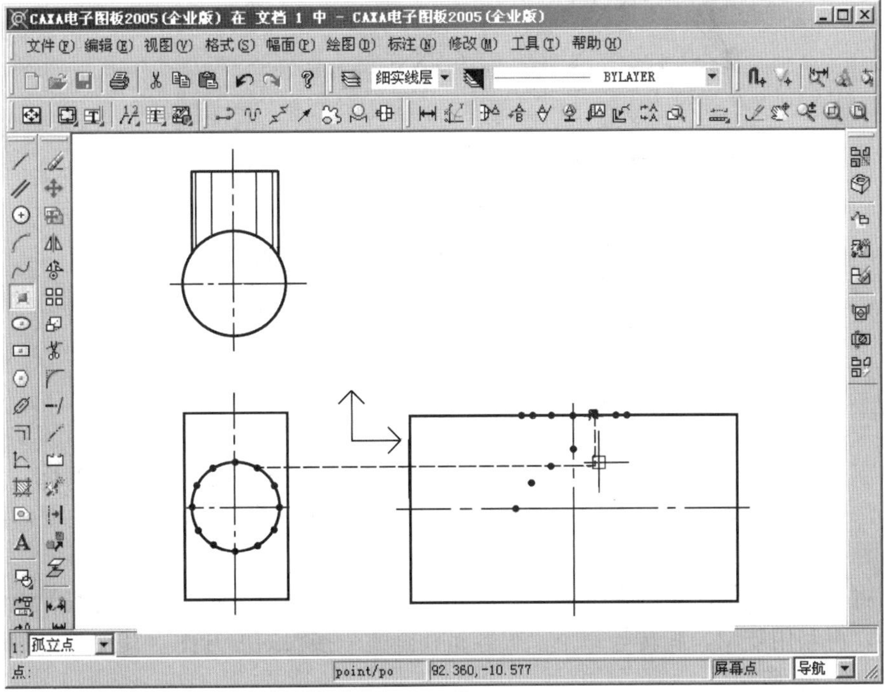

图 4-43 三通管展开步骤（2）截图（3）

三、上圆下方变形接头的展开

上圆下方变形接头常用于连接两段形状不同的管道。如图 4-44 所示，该接头的表面是由四个等腰三角形和四个椭圆锥面组成，并可分为四个完全相同的部分，只要求出一个等腰三角形的实形和一个椭圆锥面的展开图，就容易得到整个上圆下方变形接头的展开图。等腰三角形底边的水平投影反映实长，只要求一腰实长即可；对于椭圆锥面，可以近似地分成若干个小的三角形，然后求出各个小三角形实形（图中习惯上分成三个小三角形，这样只要再求一条边实长即可）。将这些反映实形的等腰三角形和小三角形依次画到一起，就可以得到上圆下方变形接头展开图，如图 4-45。其具体作图步骤如下：

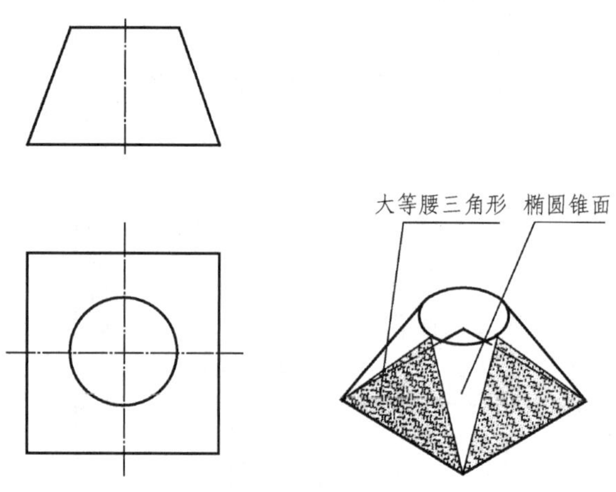

图 4-44　上圆下方变形接头

（1）根据上圆下方变形接头的结构特点，合理地将上圆下方变形接头分割为若干三角形的组合。接头的上下两底面的水平投影反映实形，只需把上底面 12 等分，适当将各等分点与下底面的顶点相连即可，其主要作图过程如图 4-46 所示。这种分割方法作图量较少。

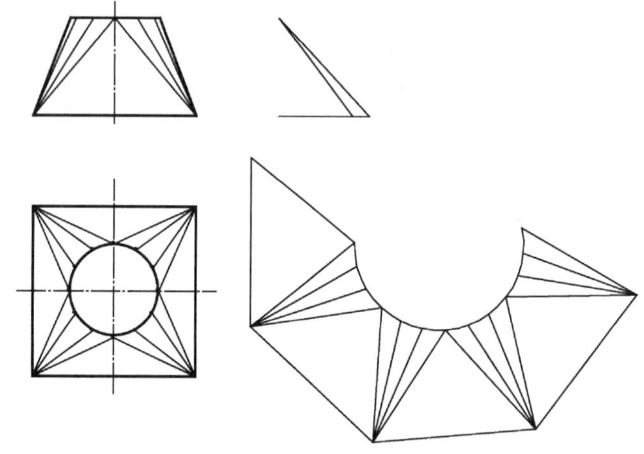

图 4-45　上圆下方变形接头展开

（2）求三角形各边实长。三角形在接头上下底面上的边的水平投影反映实长，只需用直角三角形法作图求大等腰三角形的一腰和小等腰三角形的一腰实长即可。其主要作图过程如图 4-47 所示。

（3）将各三角形依次展画在平面上。可先画大等腰三角形，再画相连的椭圆锥面的三个小三角形，再利用复制、旋转等命令，很容易补全整个接头的展开图。其主要作图过程如图 4-48 及图 4-49 所示。

四、正螺旋面的展开

正螺旋面常用于螺旋输送机，俗名“绞龙”，可输送颗粒状、粉末状物质，也可用于搅

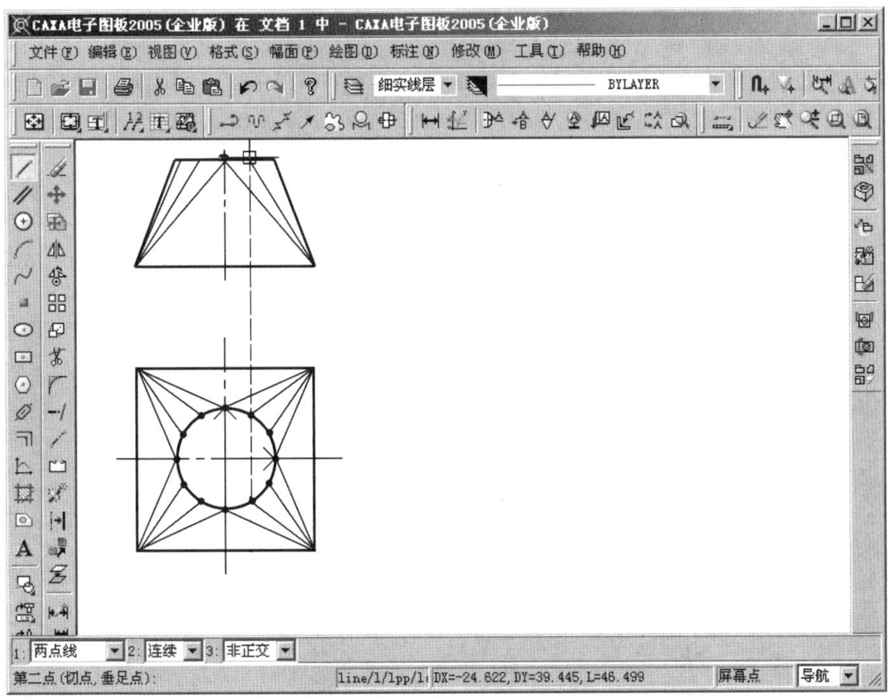

图 4-46　上圆下方变形接头展开步骤（1）截图

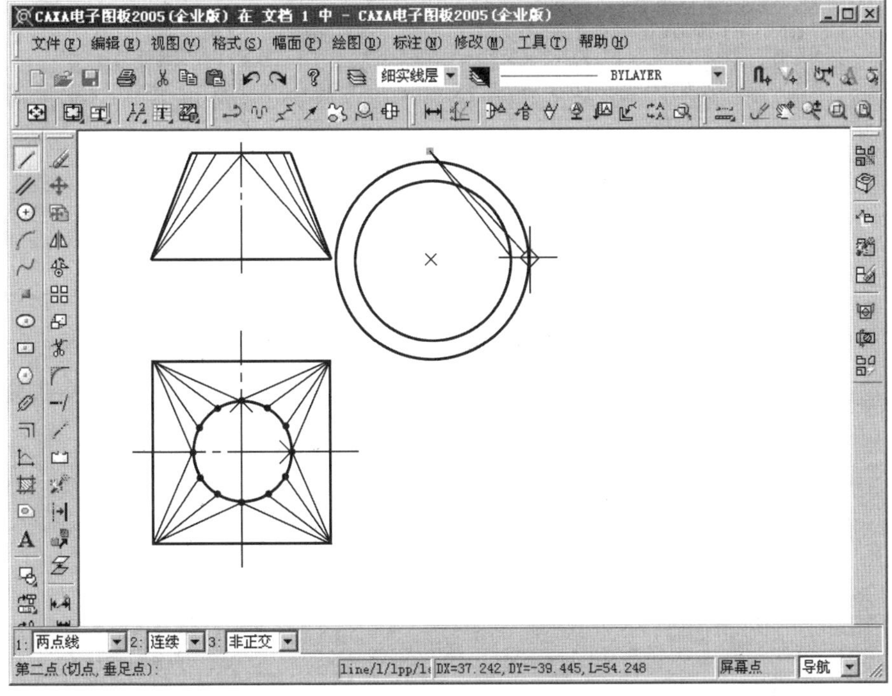

图 4-47　上圆下方变形接头展开步骤（2）截图

拌机构。大型的正螺旋面也常用板材加工而成，这里介绍正螺旋面近似展开的简便方法。

已知正螺旋面外径 D、内径 d 和导程 p，如图 4-50 所示。如用简便的方法作其展开图

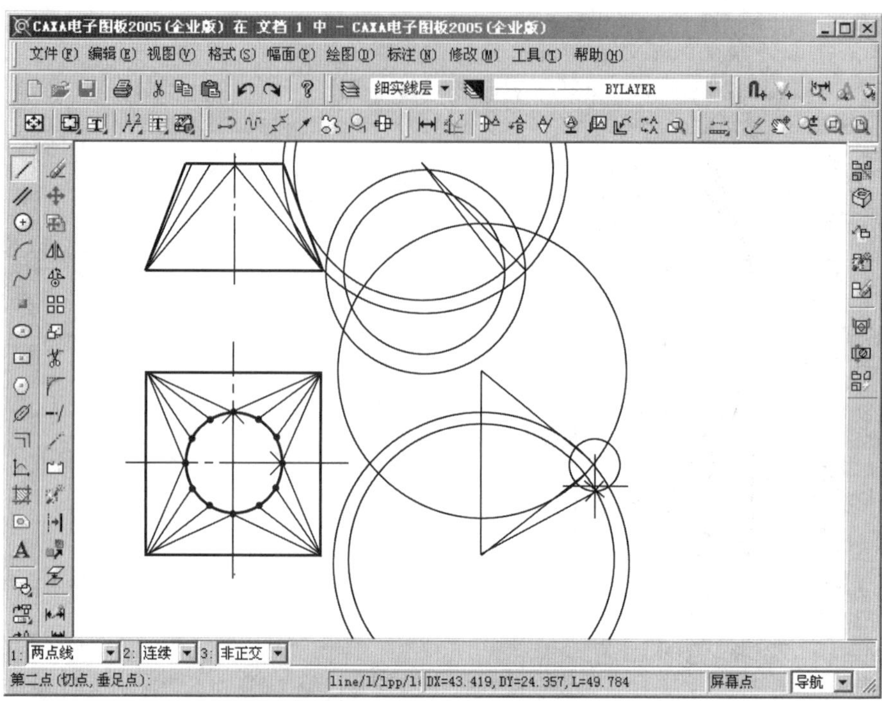

图 4-48 上圆下方变形接头展开步骤(3)截图(1)

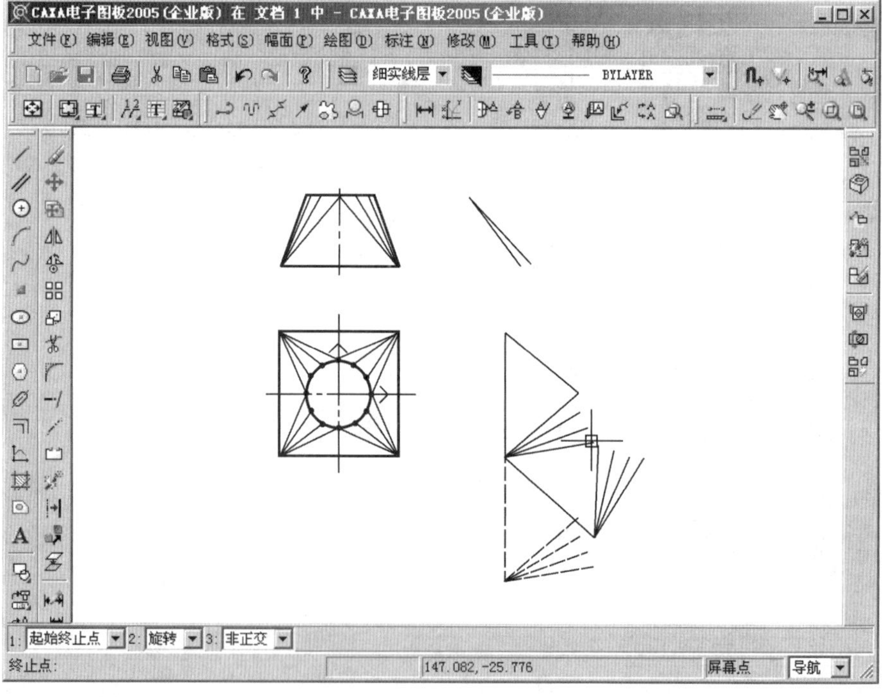

图 4-49 上圆下方变形接头展开步骤(3)截图(2)

时，无需画出螺旋面的投影图，只需将一个螺距长的正螺旋面近似展开即可。其具体作图步骤如下：

(1) 求外圈和内圈螺旋线的实长，可直接用公式计算出

外圈：$$l_1=\sqrt{p^2+(\pi d)^2}$$

内圈：$$l_2=\sqrt{p^2+(\pi D)^2}$$

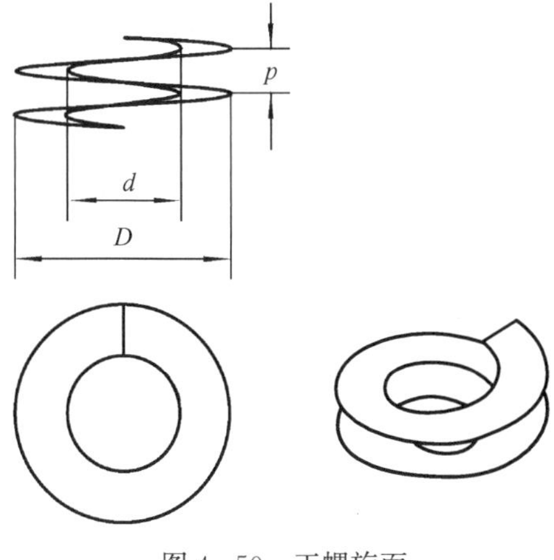

图 4-50　正螺旋面

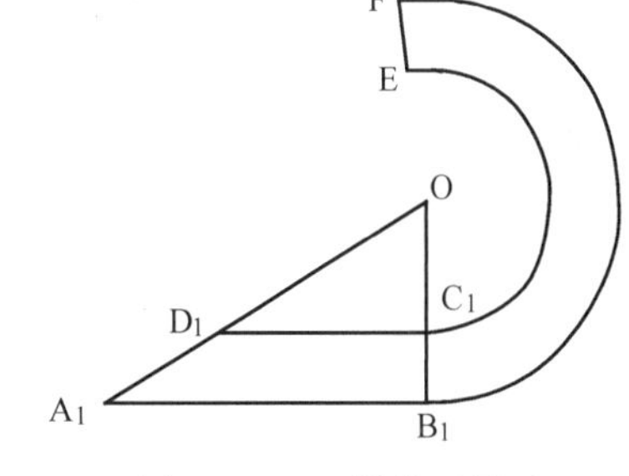

图 4-51　正螺旋面展开

（2）画正螺旋面的近似展开图，如图 4-51 所示。正螺旋面的近似展开图为一扇形，该扇形可这样画出：①确定扇形的内外半径。作 $A_1B_1=\frac{l_1}{2}$、$D_1C_1=\frac{l_2}{2}$、$B_1C_1\perp A_1B_1$，且 A_1D_1 与 B_1C_1 交于 O，OC_1 为扇形内半径，OB_1 为扇形外半径。②计算扇形圆心角，用圆心—半径—圆心角命令画出所求扇形。圆心角 $=\frac{l_1}{OB_1}\times\frac{180}{\pi}\approx\frac{l_2}{OC_1}\times\frac{180}{\pi}$。扇形 FEC_1B_1 即为所求。

4-1　简述表面展开图作图原理。

4-2　简述线段实长的求法。

4-3　简述常用展开图的作法。

4-4　如图 4-52 所示，求线段 AB 实长。

4-5　如图 4-53 所示，求各构件的展开图。

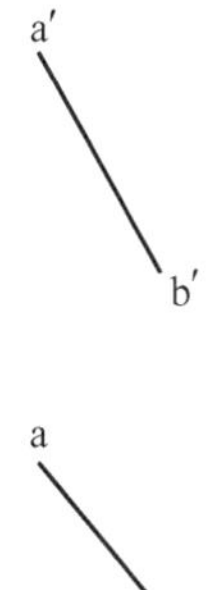

图 4-52　题 4-4 图

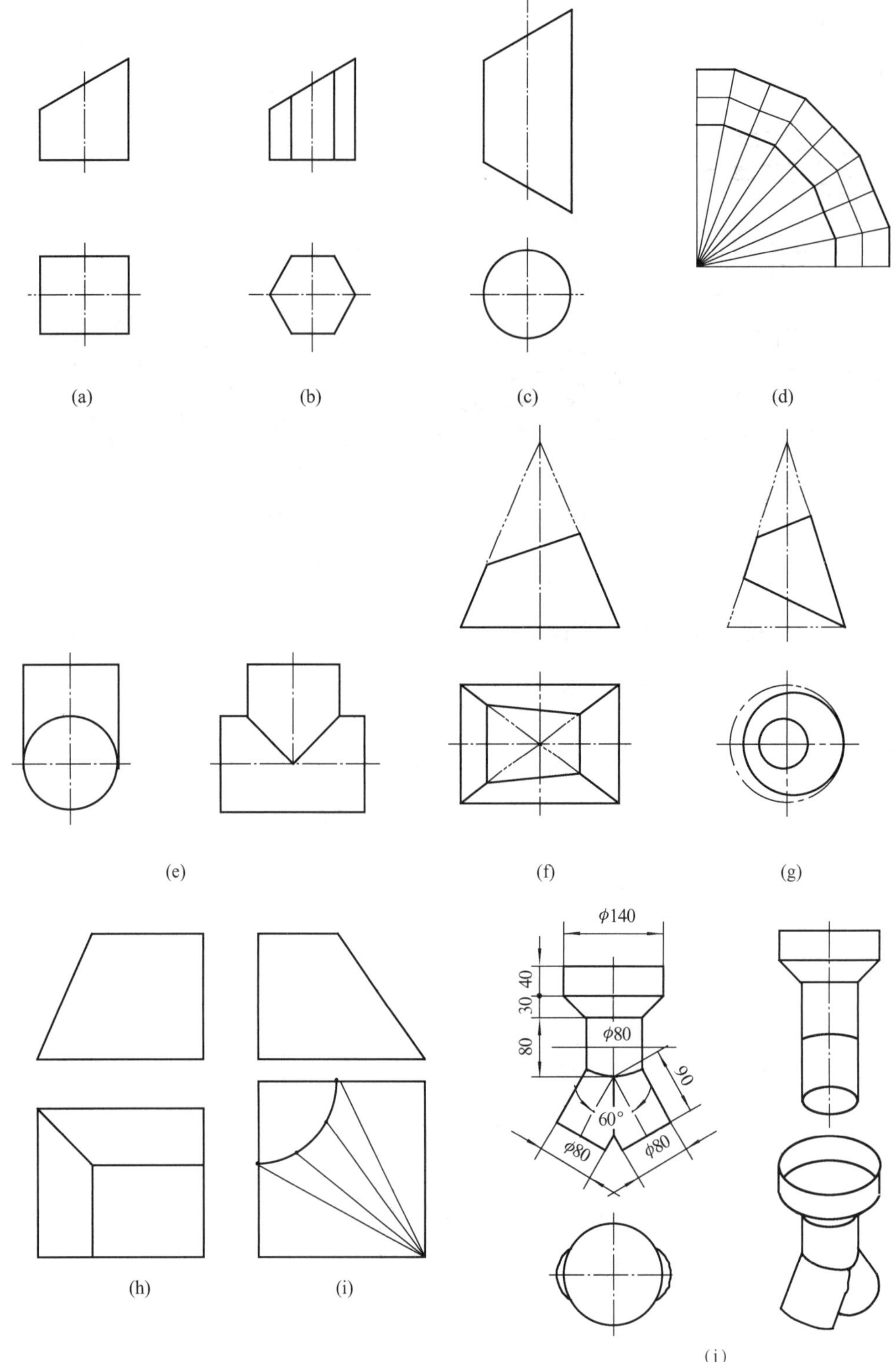

图 4-53 题 4-5 图

(a) 斜切四棱柱管；(b) 斜切六棱柱管；(c) 斜切圆柱管；(d) 五节直角弯管；(e) 等径正交三通管；(f) 斜切四棱锥管；(g) 斜切圆锥管；(h) 特形大小方头；(i) 特形方圆接头；(j) 三叉管

第五章　电 力 安 装 图

第一节　建 筑 图 概 述

从事电力建设和生产专业的工程技术人员，应对厂房建筑提出工艺方面的要求。例如，厂房必须满足生产设备的布置和检修要求；建筑、构筑物和道路的布置，必须符合生产工艺流程和运输的要求；要考虑到生产辅助设施的各种管线（包括给水排水，采暖通风与空气调节，供电、煤气、压缩空气等）、地沟的敷设要求等。因此，也应该了解房屋建筑的基本知识和具有识读房屋建筑图的初步能力。

建造一幢房屋，要经过设计和施工两个阶段。首先是按所建房屋的要求进行初步设计，提出方案，画出表明这幢房屋的平面布置、立面处理、结构造型等内容的初步设计图，然后，根据已经批准的初步设计进行施工图设计，完成一整套可以按图施工的完整的施工图。

一套完整的房屋施工图，根据其专业内容和作用的不同，一般分为：

（1）建筑施工图（简称“建施”）反映房屋的内外形状、大小、布局、建筑节点的构造和所用材料等情况，包括总平面图、平面图、立面图、剖面图和详图。

（2）结构施工图（简称“结施”）反映房屋的承重构件的布置，构件的形状、大小、材料及其构造等情况，包括结构计算说明书、基础图、结构平面布置图以及构件详图等。

（3）设备施工图（简称“设施”）反映各种设备、管道和线路的布置、走向、安装要求等情况，包括给水排水、采暖通风与空调、电气等设备的平面布置图、系统图以及各种详图等。

房屋建筑图与机械图一样，都是按正投影原理绘制的。但由于建筑物的形状、大小、结构以及材料与机器存在很大差别，所以在表达方法上也有所不同。识读房屋建筑图时，必须弄清房屋建筑图与机械图的区别，要了解国家标准 GB/T 50001—2001《房屋建筑制图统一标准》等的有关规定，以及房屋建筑图的表达方法和图示特点。

一、房屋建筑图的图示特点

1. 图样的名称和配置

（1）平、立、剖面图。表达一幢房屋的内外形状和结构布置，通常要画出它的平面图、立面图、剖面图和详图等。房屋建筑图与机械图的图样名称对照见表 5-1。房屋建筑图中对剖面图（剖面）的定义与机械图相同。

表 5-1　　房屋建筑图与机械图的图样名称对照

房屋建筑图	正立面图	侧立面图	平面图	剖面图
机械图	主视图	左视图或右视图	俯视方向的全剖视图	剖视图

1）平面图。平面图是假想用水平剖切面在建筑物的门、窗洞处剖切后，移去上部，由上向下投射所得到的水平剖视图。如果是多层建筑，沿底层剖开所得的水平剖视图称为底层平面图，沿二层、三层等剖开所得的水平剖视图相应地称为二层平面图、三层平

面图等。

平面图表示房屋的平面布局，反映各个房间的分隔、大小、用途，墙的位置和厚度，柱的位置和断面，门、窗和其他主要构配件的位置等内容。如果是楼房，还要表示出楼梯的位置及其走向。

2）立面图。在与房屋立面平行的投影面上所作出的房屋的视图，称为立面图。从房屋的正面（即反映房屋主要出入口或显著反映房屋外貌特征的那个立面）由前向后投射所得的视图称正立面图；从房屋的左侧或右侧、由左向右投射或由右向左投射所得的视图称左侧立面图或右侧立面图；从房屋的背面由后向前投射所得的视图称背立面图。立面图也可按房屋的朝向分别称为东立面图、南立面图、西立面图和北立面图。

立面图表示房屋的外貌，反映房屋的高度，门窗的形式、大小和位置，屋面的形式和墙面的做法等。

3）剖面图。房屋的剖面图是假想用侧平面（或正平面）将房屋剖开，移去处于观察者与剖切面之间的部分，把余下部分向投影面投射所得的剖视图。

剖面图表示房屋内部的结构形式，主要构配件之间的相互关系，以及地面、门窗、屋面的高度等内容。

平面图、立面图和剖面图是房屋建筑图中最基本的图样，它们的视图配置（排列）通常是将平面图画在正立面图的下方，如果需要绘制左、右侧立面图，常将左侧立面图画在正立面图的左方，右侧立面图画在正立面图的右方。也可以将平面图、立面图和剖面图分别画在不同的图纸上。不论是否配置在一张图纸上，每个图样都要标注图名和比例。

（2）详图。在平、立、剖面图中未能详尽表达的建筑细部或构配件的形状、构造和尺寸，就用详图来补充表达清楚。它可以单独用平、立、剖面图表达，也可以联合在一起表达，建筑详图常用较大的比例画出。

2. 比例

由于房屋建筑的形体庞大，所以房屋的建筑施工图一般都用较小的比例绘制。如房屋的平、立、剖面图常用比例是 1∶50、1∶100、1∶150、1∶200、1∶300；详图的常用比例是 1∶1、1∶2、1∶5、1∶10、1∶15、1∶20、1∶25、1∶30、1∶50。

3. 图线

建筑制图所采用的图线线型，除折断线和波浪线之外，各种图线都分粗、中、细三种规格。图线宽度 b 的线宽系列与机械制图相同，即 2.0、1.4、1.0、0.7、0.5、0.35、0.25、0.18mm。粗、中、细三种线型的线宽比为 4∶2∶1。

4. 尺寸标注

房屋建筑图中的尺寸起止符号，一般画成中等线宽的短线，其倾斜方向应与尺寸界线成顺时针 45°角，长度宜为 2～3mm。尺寸线不宜超出尺寸界线；尺寸界线的一端应离开图样轮廓线不小于 2mm，另一端宜超过尺寸线 2～3mm；尺寸数字应根据读数方向在靠近尺寸线的上方中部注写。尺寸单位除标高以“m”为单位外，均以“mm”为单位。

二、房屋建筑图中常用的图例和符号

1. 常用图例

房屋建筑中剖面图上表示的建筑材料应按 GB/T 50001—2001 规定的图例画出，常用建筑材料图例如表 5-2 所示。

表 5-2　　**常用建筑材料图例**

序号	名称	图例	备注	序号	名称	图例	备注
1	自然土壤		包括各种自然土壤	12	混凝土		在剖面图上画出钢筋时，不画图例线；断面图形小，不易画出图例线时，可涂黑
2	夯实土壤			13	钢筋混凝土		
4	砂砾石、碎砖三合土			17	木材		上图为横断面，上左图为垫木、木砖或木龙骨
6	毛石			20	金属		包括各种金属。图形小时，可涂黑
7	普通砖		包括实心砖、多孔砖、砌体。断面较窄不易给出图例线时、可涂红	27	粉刷		本例中采用较稀的点

注　该表摘自 GB/T50001—2001，只摘录了一部分，表中序号为标准中所列表格内的原序号。

由于平、立、剖面图是采用小比例绘制的，图中的建筑构造及配件不可能按实际情况画出，因此，应采用 GB/T 50104—2001《建筑制图标准》规定的图例来表示构配件，见表 5-3。

表 5-3　　**常用建筑构造及配件图例**

序号	名称	图例	说明
22	单扇门（包括平开或单面弹簧）		（1）门的名称代号用 M 表示； （2）剖面图左为外、右为内；平面图下为外，上为内； （3）立面图上开启方向线交角的一侧为安装合页的一侧，实线为外开，虚线为内开； （4）平面图上的门线应 90°或 45°开启，开启弧线宜绘出。立面图上的开启方向线，在一般设计图中可不表示，在详图及室内设计图上应表示； （5）立面形式应按实际情况绘制
23	双扇门（包括平开或单面弹簧）		

续表

序号	名称	图例	说明
24	对开折叠门	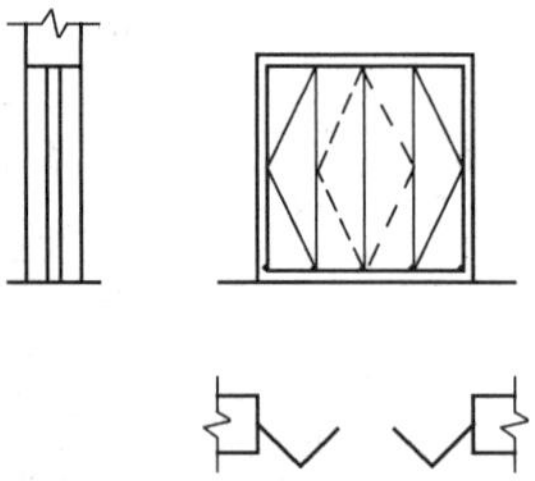	
40	单层固定窗	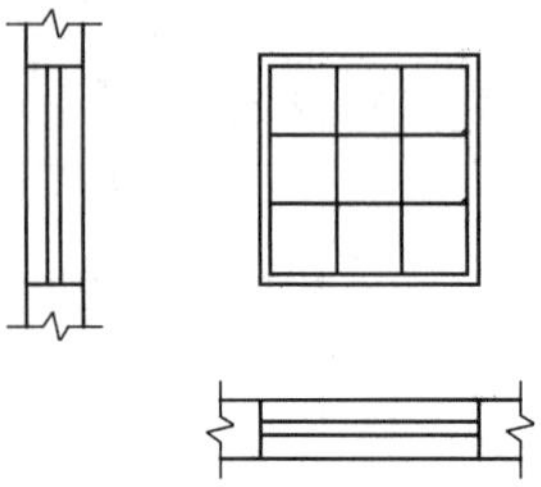	(1) 窗的名称代号用C表示； (2) 立面图中的斜线表示窗的开启方向，实线为外开，虚线为内开，开启方向线相交的一侧为安装合页的一侧，一般设计图中可不表示； (3) 剖面图左为外、右为内，平面图下为外，上为内； (4) 平剖面图上的虚线仅说明开关方式，在设计图中不需表示； (5) 窗的立面形式按实际情况绘制； (6) 小比例绘图时，平剖面图的窗线可用单粗实线绘制
42	单层中悬窗	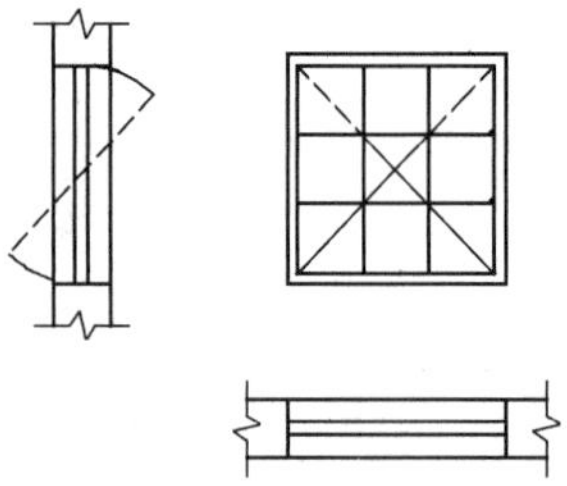	
45	单层外开平开窗	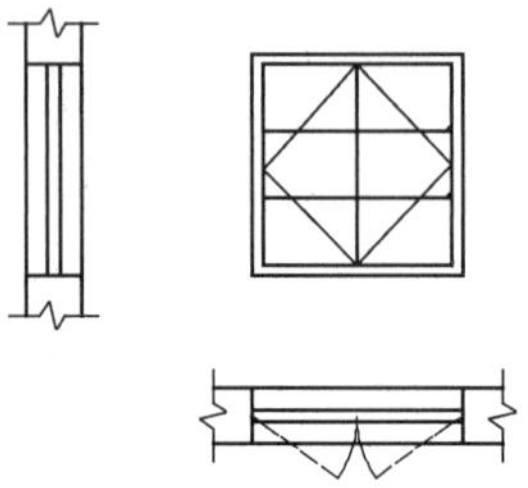	
4	楼梯	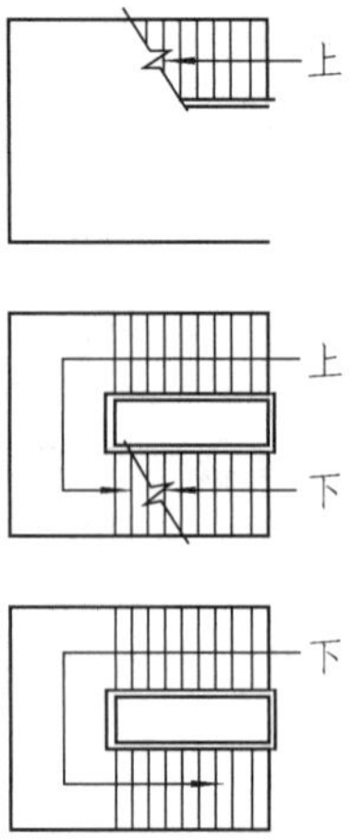	(1) 上图为底层楼梯平面，中图为中间层楼梯平面，下图为顶层楼梯平面； (2) 楼梯及栏杆扶手的形式和梯段踏步数应按实际情况绘制

续表

序号	名称	图例	说明
7	检查孔	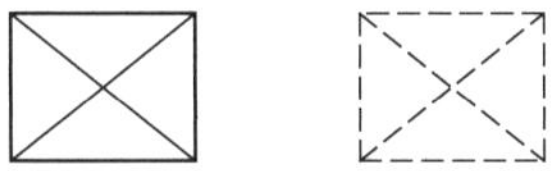	左图为可见孔，右图为不可见孔
8	孔洞		
9	坑槽		
12	烟道	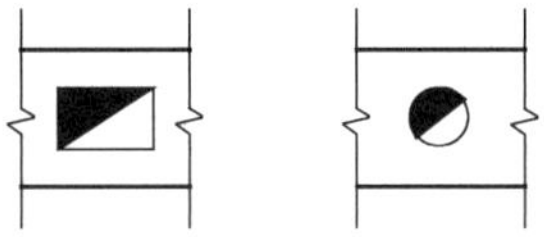	
13	通风道	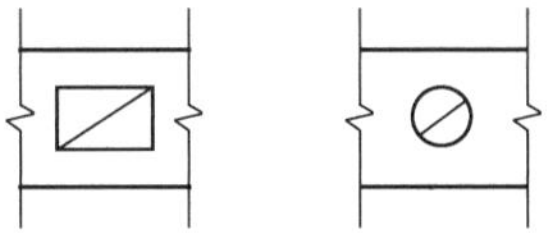	

注　该表摘自 GB/T 50001—2001，只摘录了一部分，表中序号为标准中所列表格内的原序号。

2. 常用符号

在建筑施工图中，GB/T 50001—2001 规定了许多符号，如定位轴线、索引符号和详图符号、标高符号等，常用符号如表 5-4 所示。

表 5-4　　　　房屋建筑图中的常用符号

名称	图形	说明
定位轴线	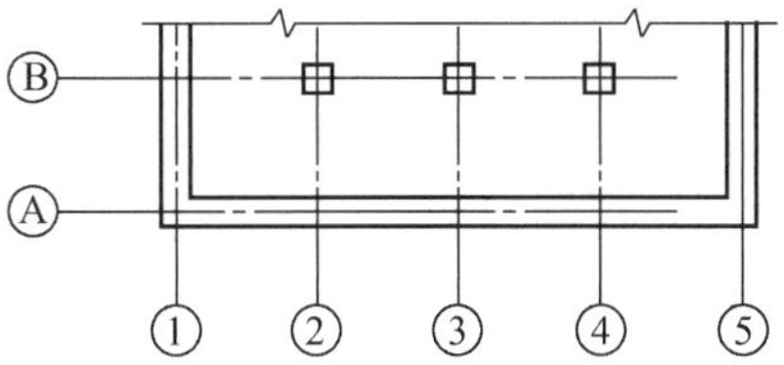	(1) 定位轴线用细点划线绘制，编号圆为直径为 8～10mm 的细实线圆； (2) 平面图上的轴线编号，宜标在图样的下方与左侧。横向编号用阿拉伯数字从左至右顺序编写，竖向编号用大写拉丁字母从下至上顺序编写
剖切符号	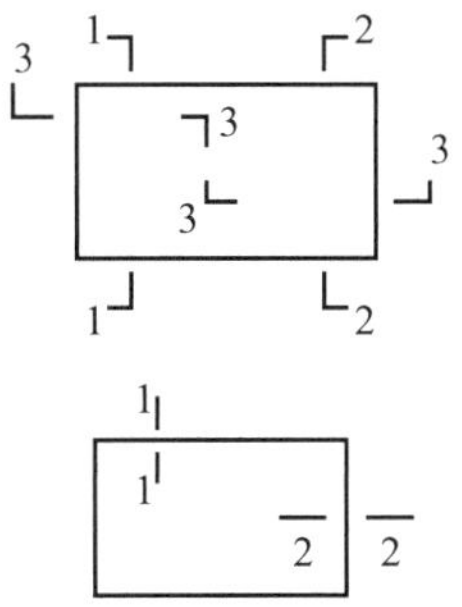	(1) 剖视的剖切符号由剖切位置线及投射方向线组成，均采用粗实线绘制； (2) 剖视的剖切符号宜采用阿拉伯数字，按顺序由左至右、由下向上连续编排，应注写在剖视方向的端部； (3) 需要转折的位置线，应在转角的外侧加注与该符号相同的编号； (4) 断面的剖切符号只用剖切位置线表示，用粗实线绘制，编号注写在剖切位置线的一侧，编号所在的一侧，即为该断面的剖视方向

续表

名称	图形	说明
索引符号	5/2 — 详图编号 — 详图所在图纸号；5/— — 详图编号 — 详图在本张图纸内；J103 4/3 — 标准图册编号 — 标准详图编号 — 详图所在图纸号	（1）索引符号应以细实线绘制，圆的直径为10mm； （2）上半圆用阿拉伯数字注明详图编号，下半圆用阿拉伯数字注明详图所在图纸的编号（若详图与被索引的图样在同一张图纸内，则画一段细实线）； （3）索引出的详图，如采用标准图，应在索引符号水平直径的延长线上加注该标准图册的编号
详图符号	5/3 — 详图编号 — 详图所在图纸号；5 — 详图编号（详图与被索引图在同一张图张上）	（1）详图符号的圆应以粗实线绘制，直径为14mm，表示详图的位置及编号； （2）上半圆注明详图编号，下半圆注明被索引的图纸编号（若详图与被索引的图样在同一张图纸内，只注详图编号）
标高符号	3mm 45° (a)；(b)；(c)；5.250 5.250 (d)；(9.600) (6.400) 5.250 (e)	标高符号以直角等腰三角形表示，用细实线绘制［图（a）］；如标高位置不够，可按图（b）的形式绘制；总平面图中室外地坪的标高符号宜用涂黑的三角形表示［图（c）］；标高符号的尖端应指至被注高度的位置，尖端一般应向下，也可向上，标高数字注写在标高符号的左侧或右侧［图（d）］；标高数字以米为单位，注写至小数点后第三位，在图样的同一位置，需表示几个不同标高时，标高数字可按图（e）的形式注写

三、房屋建筑图阅读实例

一套完整的房屋施工图，简单的有几张，复杂的有几十张或更多。看图时，首先看首页图（图纸目录）和设计总说明。这样既便于查阅图纸，又能对房屋有一个概括了解。然后按建施、结施、设施的顺序通读一遍，初步了解该建筑物的大小及形状、结构形式和设备、设施等。

阅读建筑施工图时，一般按平面图、立面图、剖面图的顺序进行，并按先整体后局部，先文字说明后图样，先图形后尺寸，依次仔细阅读。下面以某变电站的建筑平面图、立面图、剖面图为例，简要介绍电力生产常用建筑施工图的主要内容和阅读方法。

1. 建筑平面图

由图 5-1 中的文字说明可知本工程设计依据、概况等，本工程为 35kV 某变电站项目，总长 25.8m，总宽为 18.2m，总高度为 7.9m，建筑总面积 665m^2；地下一层，层高 2.8m，地上一层由层高 4.5m 和 7.0m 的两部分组成；所有墙体为 240mm 厚炉渣空心砌块。地下层为电缆室，地上层为值班室、变压器室、消弧线圈室、电容器室和二次设备室。

在图5-1中，地下层地面标高－2.800m，有横向定位轴线②、③、④、⑤和竖向定位轴线Ⓐ、Ⓑ、Ⓒ、Ⓓ构成柱网，由于该图缺少①，且图样结构较简单，需选更具代表性的地上层平面布置图来阅读。选看图5-2底层平面布置图，底层地面标高0.000m，该图反映的是地上层的底部的平面布置情况，有横向定位轴线①、②、③、④、⑤和竖向定位轴线Ⓐ、Ⓑ、Ⓒ、Ⓓ、Ⓔ、Ⓕ。定位轴线一般是柱或承重墙的中心线，在工业建筑中的端墙和边柱处的定位轴线，常设在端墙的内墙面或边柱的外侧处，如横向定位轴线①和⑤，竖向定位轴线Ⓐ和Ⓕ。

在两个定位轴线之间，必要时可增设附加定位轴线，如(1/A)轴线表示在Ⓐ轴线以后附加的第一根轴线，(2/B)轴线表示在Ⓑ轴线以后附加的第二根轴线（本例中没有）。

平面图上通常沿长、宽两个方向分别标注三道尺寸：第一道尺寸是该建筑的总长和总宽的尺寸；第二道尺寸是定位轴线间距尺寸；第三道尺寸是外墙上门、窗宽度及其定位尺寸（建筑制图中为了使用方便，允许尺寸线封闭）。此外，建筑内部各部分的尺寸以及其他细部的尺寸可另行标注。

平面图上，在表示门窗的图例旁注写代号，门的代号是M，窗的代号是C。BYC表示百叶窗，L表示门连窗，可从门窗表中查得。在代号的后面要注写编号，如M7062，BYC1506，L2430等。

该建筑的中部平面布置图（图5-3）主要反映了C1512的情况，还有屋面分水图，请读者自行阅读（有些内容还需查阅其他相关图纸资料才能读懂）。

2. 建筑立面图

建筑立面图反映建筑的外貌形状以及屋顶、门、窗、雨篷、台阶、雨水管等细部的形式和位置。在立面图上，通常要注写室内外地面、窗台、门窗顶、雨篷底面以及屋顶等处的标高。

在图5-4中，①-⑤轴立面图为该建筑的从前向后的投影图。底层地面比外地表高0.900m，底层百叶窗距底层地面300mm等数据，容易获得该建筑的高度方向的各结构的外形和布置情况。⑤-①轴立面图为该建筑从后向前的投影图。图5-5中，Ⓕ-Ⓐ轴立面图为该建筑从左向右的投影图，Ⓐ-Ⓕ轴立面图为该建筑从右向左的投影图。

3. 建筑剖面图

剖面图有横剖面图和纵剖面图。一幢房屋需要几个剖面才能表达清楚内部构造，应根据房屋的具体情况和施工实际需要确定。剖切位置应选择在能反映出房屋内部构造比较复杂的部位，并应通过门窗洞的位置。如果是多层房屋，应选择在楼梯间或层高不同、层数不同的部位。剖面图和图名应与平面图上所注剖切符号的编号一致。

在读剖面图时，首先要在平面图中由剖切线了解剖面的位置、剖面编号和剖视方向。图5-6中，Ⅰ-Ⅰ和Ⅱ-Ⅱ剖面图都是剖切平面平行于侧面的剖面图，但投影方向不同。从底层平面布置图中的剖切符号可以看出：Ⅰ-Ⅰ剖面位于定位轴线②-③之间，投影方向向左；Ⅱ-Ⅱ剖面位于定位轴线④-⑤之间，投影方向向右；Ⅰ-Ⅰ和Ⅱ-Ⅱ剖面图表明了建筑内部的梁、墙、预留口、门窗等构件的相互关系，并标注了这些构件的标高，如地下层地面标高（－2.800m）以及右面门的标高（3.000m）等，它们是根据生产设备的外形尺寸、操作和检修所需的空间等要求来确定的。

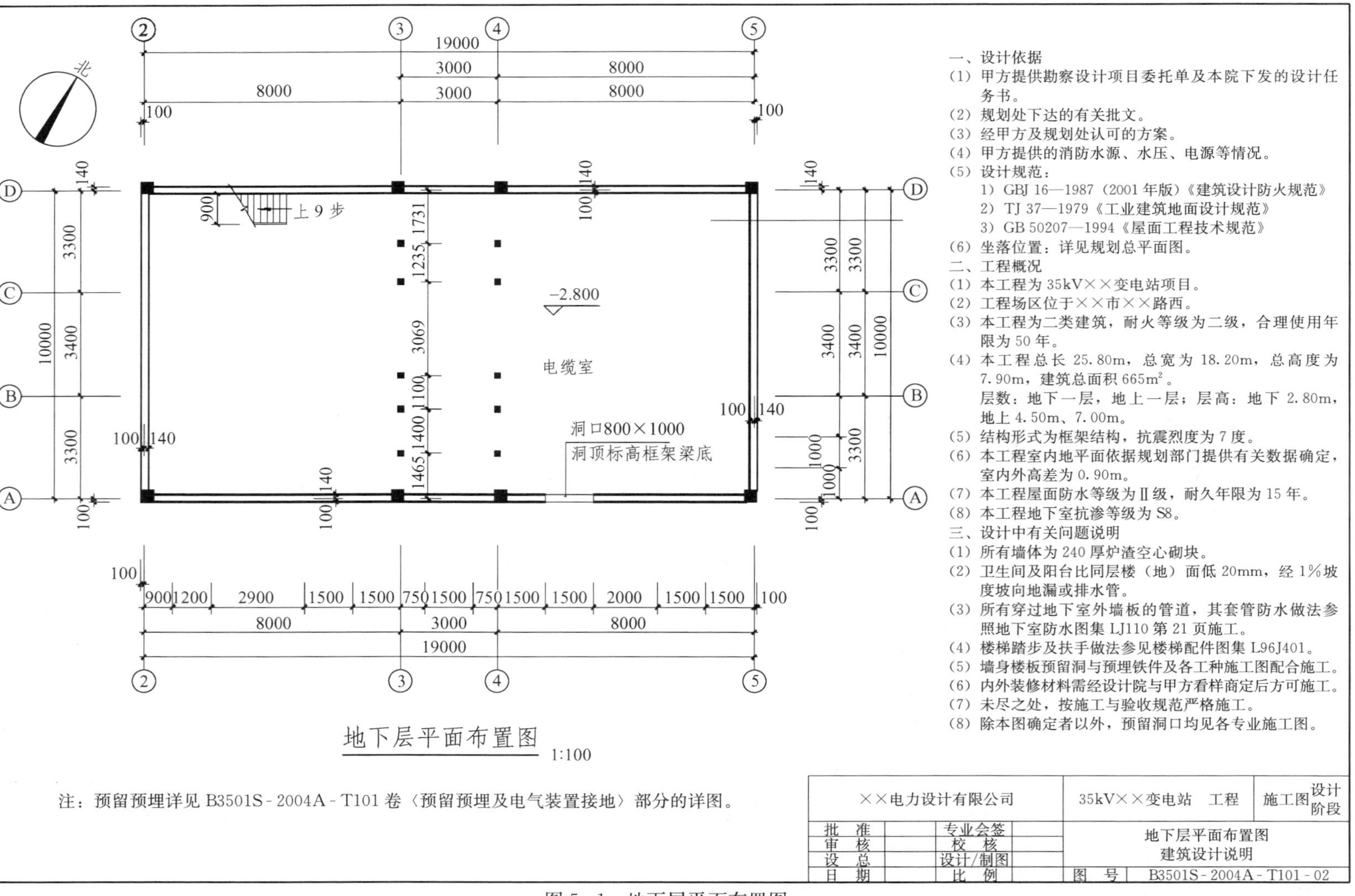

图5-1 地下层平面布置图

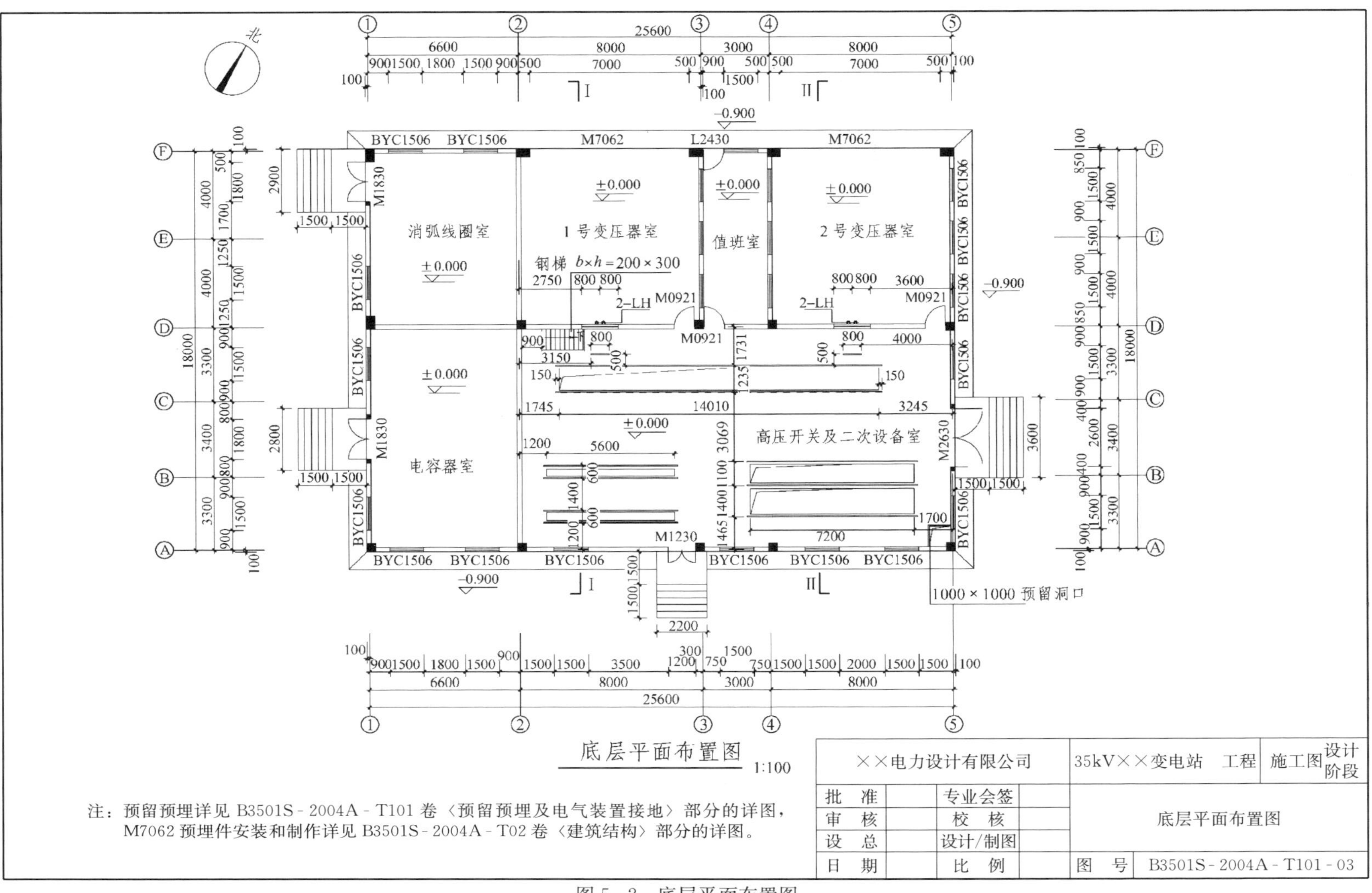

注：预留预埋详见 B3501S-2004A-T101 卷〈预留预埋及电气装置接地〉部分的详图，M7062 预埋件安装和制作详见 B3501S-2004A-T02 卷〈建筑结构〉部分的详图。

图 5-2 底层平面布置图

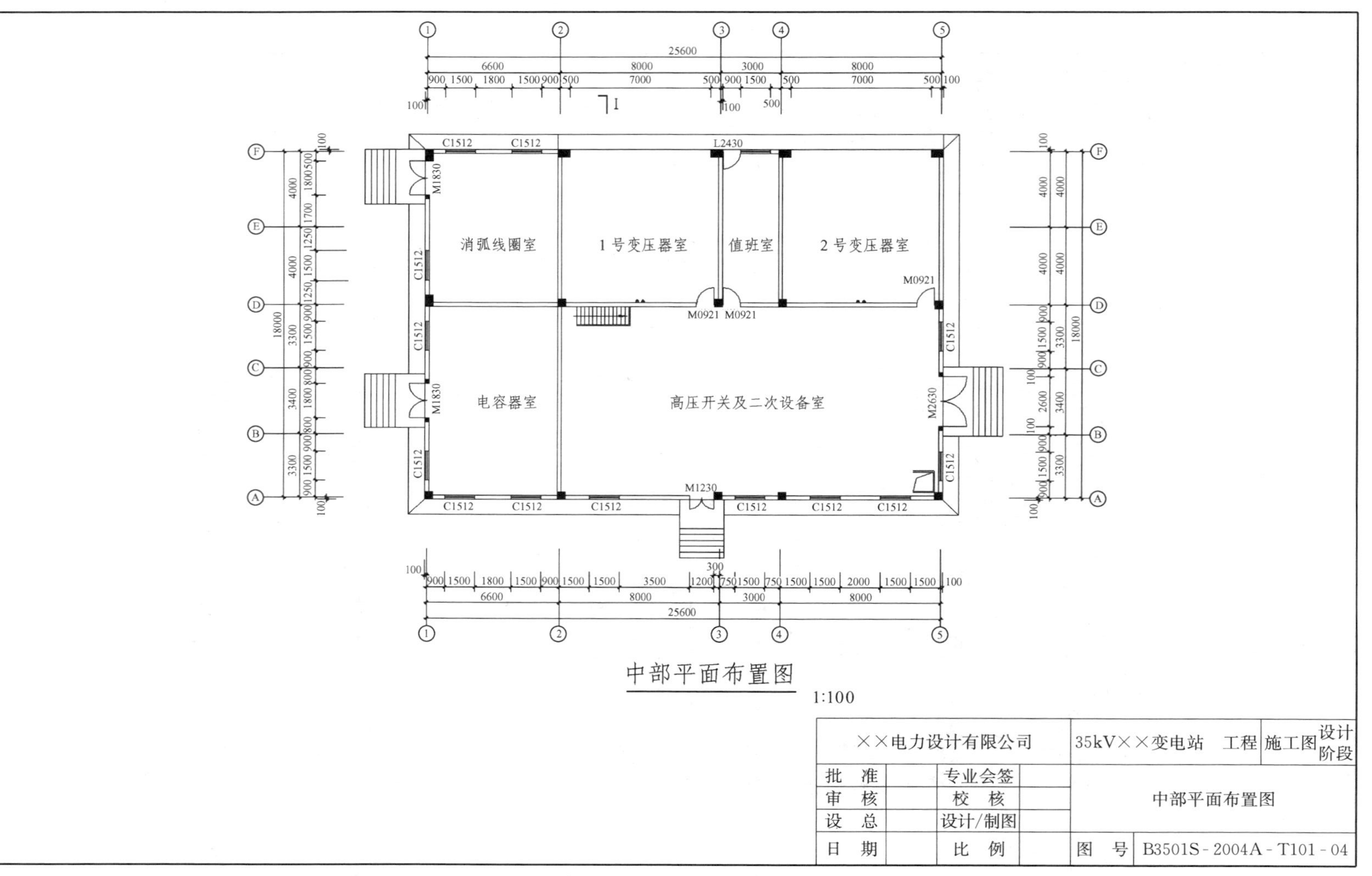

消弧线圈室
1号变压器室
值班室
2号变压器室
电容器室
高压开关及二次设备室
C1512
L2430
M1830
M0921
M2630
M1230
25600
18000
中部平面布置图
1:100
××电力设计有限公司
35kV××变电站 工程
施工图
设计阶段
批准
审核
设总
日期
专业会签
校核
设计/制图
比例
中部平面布置图
图号
B3501S-2004A-T101-04

图 5-3 中部平面布置图

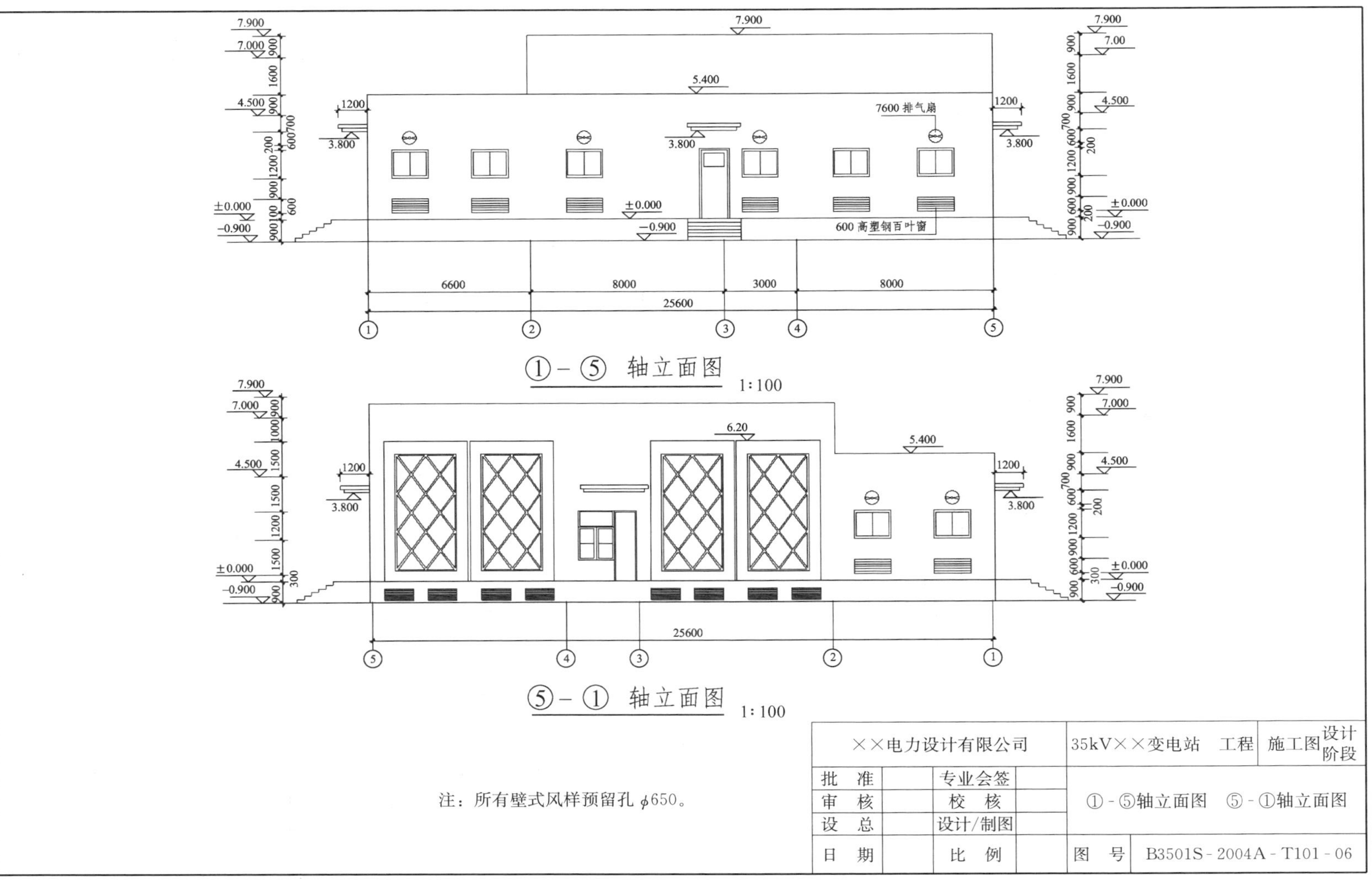
7600 排气扇
600 高塑钢百叶窗
①-⑤ 轴立面图 1:100
⑤-① 轴立面图 1:100
注：所有壁式风样预留孔φ650。
××电力设计有限公司
35kV××变电站 工程
施工图
设计阶段
批 准
审 核
设 总
日 期
专业会签
校 核
设计/制图
比 例
①-⑤轴立面图 ⑤-①轴立面图
图 号
B3501S-2004A-T101-06

图5-4 轴立面图

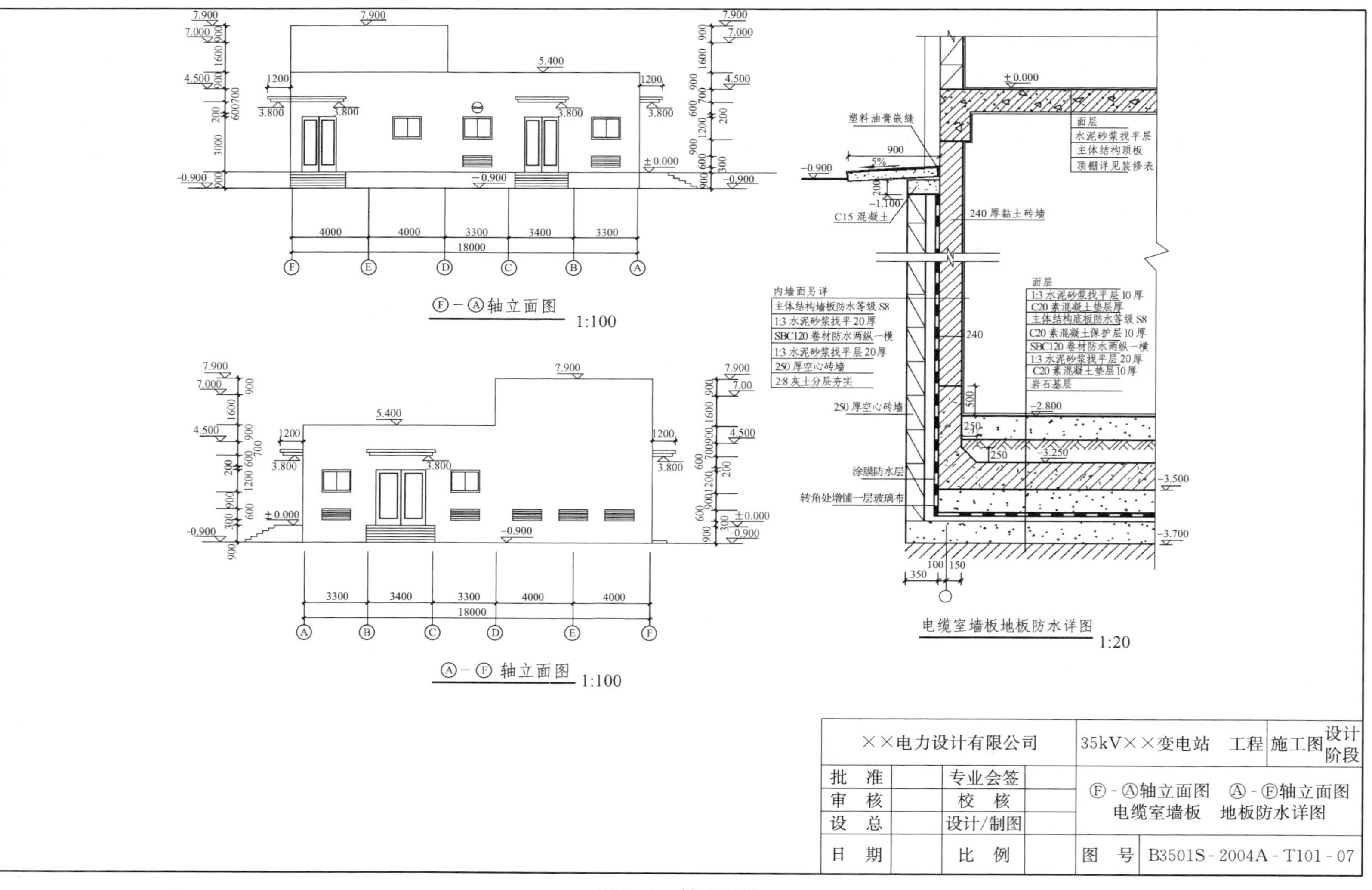
Ⓕ-Ⓐ轴立面图 1:100
Ⓐ-Ⓕ轴立面图 1:100
塑料油膏嵌缝
C15混凝土
240厚黏土砖墙
面层
水泥砂浆找平层
主体结构顶板
顶棚详见装修表
内墙面另详
主体结构墙板防水等级S8
1:3水泥砂浆找平20厚
SBC120卷材防水两纵一横
1:3水泥砂浆找平层20厚
250厚空心砖墙
2:8灰土分层夯实
面层
1:3水泥砂浆找平层10厚
C20素混凝土垫层厚
主体结构底板防水等级S8
C20素混凝土保护层10厚
SBC120卷材防水两纵一横
1:3水泥砂浆找平层20厚
C20素混凝土垫层10厚
岩石基层
250厚空心砖墙
涂膜防水层
转角处增铺一层玻璃布
电缆室墙板地板防水详图 1:20
××电力设计有限公司
35kV××变电站 工程
施工图
设计阶段
批准
审核
设总
日期
专业会签
校核
设计/制图
比例
Ⓕ-Ⓐ轴立面图 Ⓐ-Ⓕ轴立面图
电缆室墙板 地板防水详图
图号 B3501S-2004A-T101-07

图5-5 轴立面图

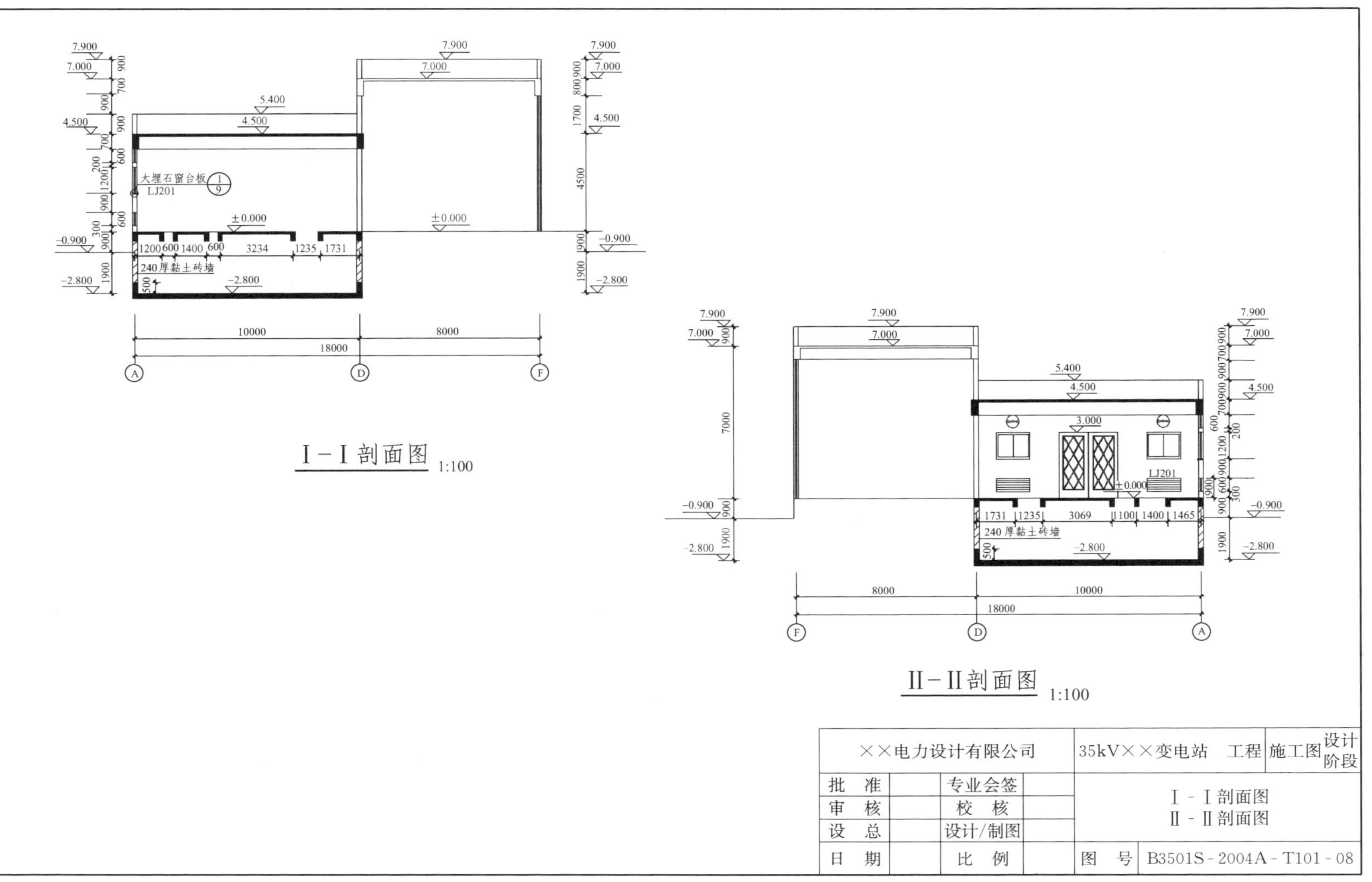

Ⅰ－Ⅰ剖面图 1:100
大理石窗台板
LJ201
240厚黏土砖墙
Ⅱ－Ⅱ剖面图 1:100
××电力设计有限公司
35kV××变电站 工程
施工图
设计阶段
批 准
审 核
设 总
日 期
专业会签
校 核
设计/制图
比 例
Ⅰ－Ⅰ剖面图
Ⅱ－Ⅱ剖面图
图 号
B3501S-2004A-T101-08

图 5-6 剖面图

第二节 管道安装图

一、管道安装图的基本知识

(一) 管道安装图的作用与内容

1. 管道安装图的作用

管道安装图是用于指导管道施工和管道安装的图样，是电力工程一种重要的技术文件。

2. 管道安装图的一般内容

如图 5-7 所示主蒸汽管道安装图，主要包括以下两方面内容：

(1) 视图。管道安装图宜采用双线或单线三面视图绘制，也可采用单线轴测图绘制。管道安装图中视图的名称与建筑图也相似，分为立面图和平面图（平面图相当于俯视图，立面图相当于主视图或左视图）。用双线或单线表示的管道安装图，应以平面图为主视图，辅以左视图或正视图。当仍表示不清楚时，还应绘出局部视图，也可采用剖视图、断面图等表达，以表明管道的布置情况，管道的具体走向、管道的分支、管道与设备连接、支吊架的配置、管道与建筑物的位置关系等情况。

(2) 尺寸。

1) 厂房的总长、总宽以及柱子的间距，并将柱子编号。

2) 各设备间的相对位置尺寸及标高。

3) 管子的公称通径与壁厚、管道的长度、转弯处的弯曲半径、水平管的安装坡度。

4) 整个管道的高度和水平管道的标高。

5) 设备、管道和建筑物的相对位置尺寸。

6) 平台、楼板的标高。

(3) 标题栏和明细表。与装配图相似，在此不再详述。

(二) 管道安装图的种类

管道安装图常分为汽水管道安装图、烟风煤粉管道安装图、电厂化学及除灰等管道安装图。

图 5-7 为常见的管道安装图的图示方法，按图示方法还可分为以下四种类型。

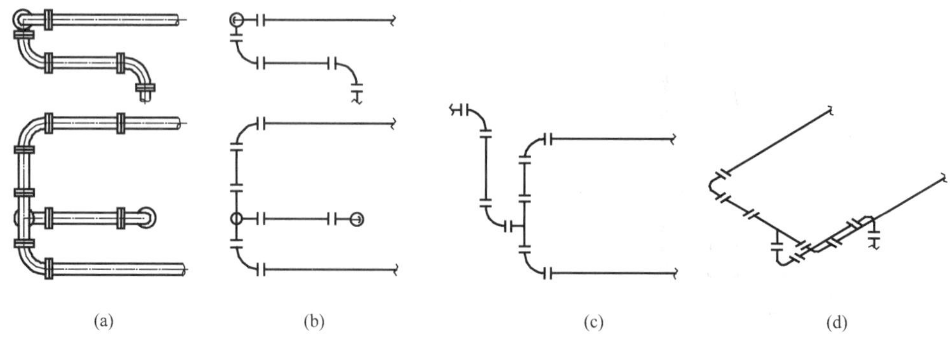

(a) (b) (c) (d)

图 5-7 常见的几种管道安装图

(a) 双线管道安装图；(b) 单线管道安装图；(c) 单线管道展开图；(d) 单线管道轴测图

1. 双线管道安装图

按管子的粗细、按比例用两条粗实线表示管子的外径（中间点划线表示轴线）。内径的虚线不画。这种图真实感强，但图线繁多、画图费时，识图时也感到不够清晰，如图 5-7（a）所示。

2. 单线管道安装图

用一根粗实线表示管子，管子粗细另用代号说明。因为这种图画图省时，图形简明清晰，因此被广泛采用。如图 5-7（b）所示。

3. 单线管道展开图

将立体管道的各管段在连接处进行旋转，使各管段处在同一平面内所得出的投影图，称为单线管道展开图。旋转方向应使投影不重合为原则，这种图用来表明各管段的实长，如图 5-7（c）所示。

4. 单线管道轴测图

这种图形象直观，容易看懂，如图 5-7（d）所示。

（三）管道安装图的常用画法

（1）常用的管道安装图图形符号见附表。

（2）如图 5-8 所示，图中的管道只表示其中一段或中间一段不表示时，可采用波浪线断开，断开的两端应绘制波浪线。

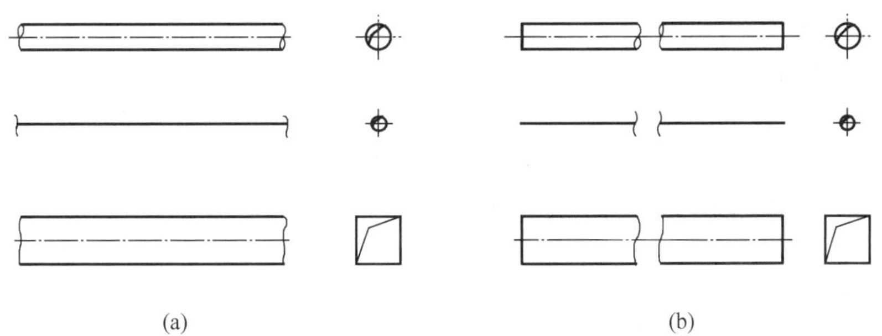

图 5-8 管道断开的画法

（a）表示其中一段管道；（b）中间一段管道不表示

（3）弯管或弯头的画法，如图 5-9～图 5-13 所示。

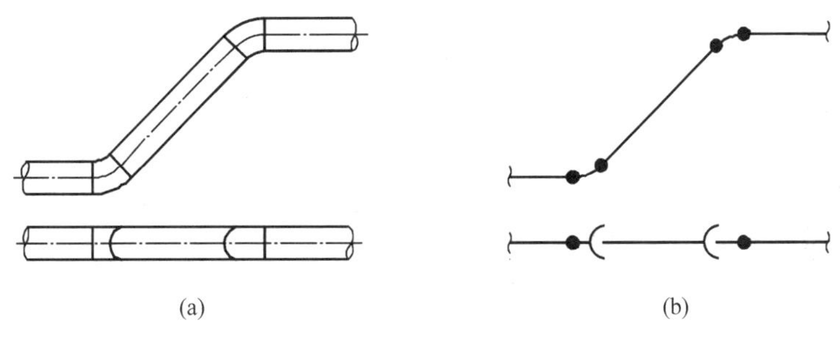

图 5-9 45°对焊热压弯头

（a）双线图；（b）单线图

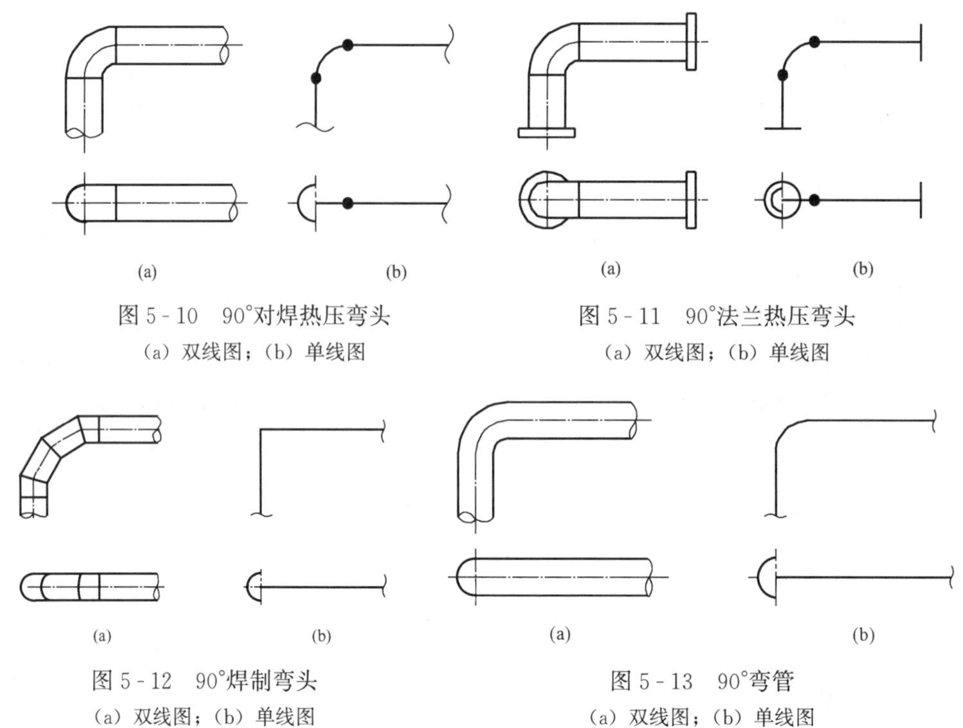

图 5-10　90°对焊热压弯头
(a) 双线图；(b) 单线图

图 5-11　90°法兰热压弯头
(a) 双线图；(b) 单线图

图 5-12　90°焊制弯头
(a) 双线图；(b) 单线图

图 5-13　90°弯管
(a) 双线图；(b) 单线图

(4) 管道交叉的画法如图 5-14 所示：

1) 后方被遮挡的管道为双线画法时，可不绘出虚线部分；如后方管道为单线画法时，应在交叉处断开后方管道，并留有 1～2mm 的间隙，断端不应用折断线断开。

2) 当需要完整地表示后方管道时，可将前方管道断开，断端应绘有折断线。双线管道被遮挡或断开时，其管道中心线宜连续绘出。

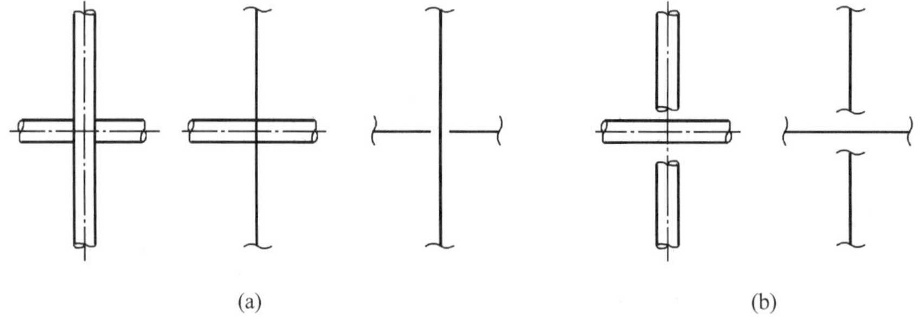

图 5-14　管道交叉画法
(a) 后方被遮挡部分不表示；(b) 完整地表示出后方被遮挡管道

(5) 管道重叠的画法如图 5-15 所示。管道重叠时，被遮挡的管道、管件、阀门等可不绘出，单线管道的弯管或弯头，在弯曲处后方的管道应断开，并稍留有间隙。断端不应绘有折断线；当需要完整地表示后方的管道、管件和阀门时，可将前方的管道用折断线断开。

(6) 管道三通的画法如图 5-16 所示。双线管道上的等径或异径三通与管道相接处应绘出交接线，单线管道与三通相接的焊接处宜绘出黑圆点。

(7) 阀门的画法如图 5-17 所示。单线或双线管道安装图中，阀门手轮应按要求的安装方向简化表示，并应按比例绘制阀门手轮直径和阀门全开时的阀杆位置，当阀门带有电动、

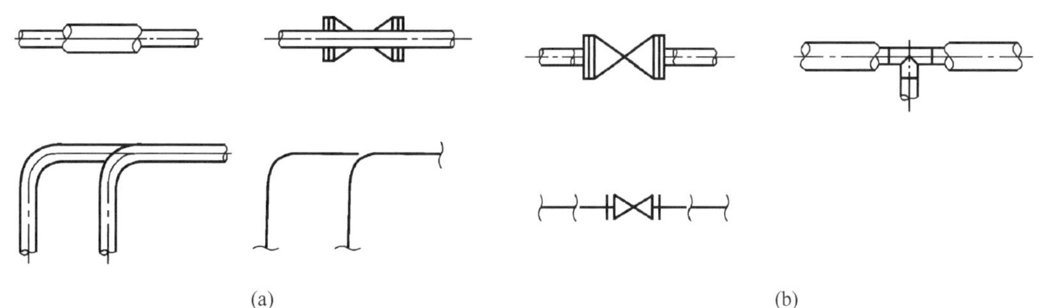

图 5 - 15　管道重叠画法

（a）后方被遮挡部分不表示；（b）完整地表示出后方被遮挡部分

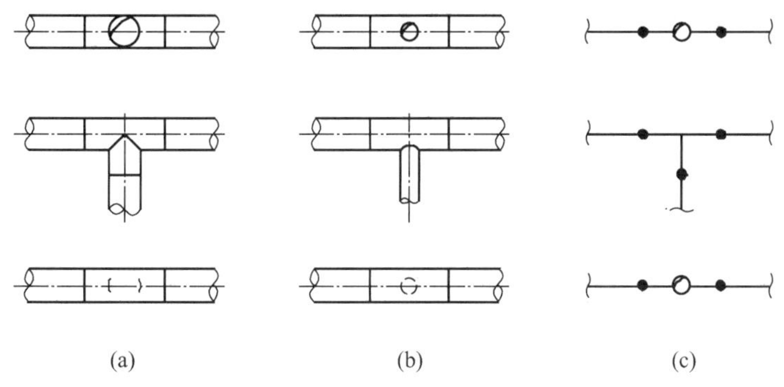

图 5 - 16　管道三通画法

（a）双线管道等径三通；（b）双线管道异径三通；（c）单线管道三通与管道相连

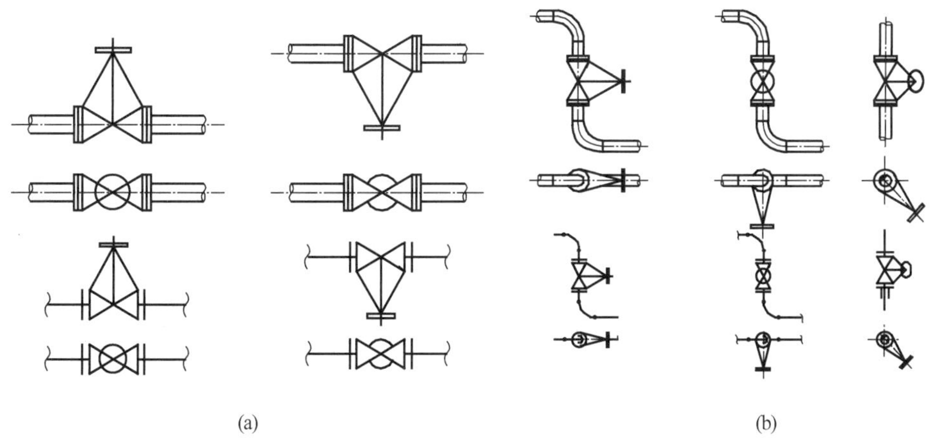

图 5 - 17　阀门画法

（a）水平管道阀门；（b）竖直管道阀门

液动或气动装置时，宜在图中简化表示其外形。

（8）管道组合画法如图 5 - 18 所示。管道连接的组合画法应完整地表示出该管道、管件、阀门及其相连接方式。设计范围内的管道应完整地绘出，而不受设计范围外的设备、管道或土建结构遮挡的影响。

管道中常用管径及介质类别代号的标注方法，见图 5 - 19。其中，S 为蒸汽代号，W 为水的代号，DN 表示公称通径。

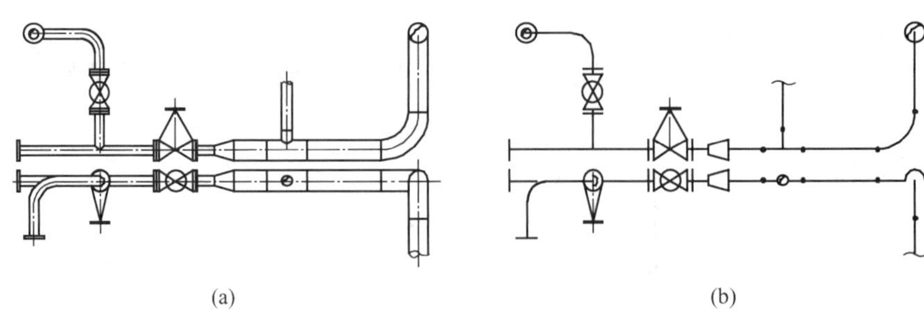

(a) (b)

图 5 - 18 管道组合画法

(a) 双线管道组合；(b) 单线管道组合

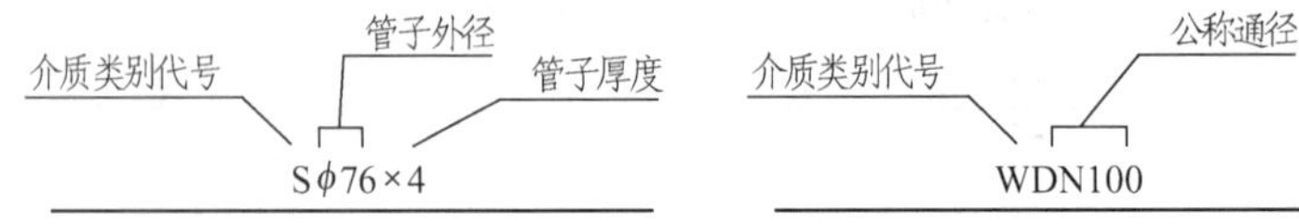

图 5 - 19 管径和介质类别代号的标注方法

二、管道安装图的识读

1. 识读管道安装图的投影理论基础

直线的投影特征是识读管道安装图的理论基础，掌握直线段的投影特征，就能迅速正确地识读管路安装图。

2. 识读管路安装图的方法与步骤

(1) 看标题栏和管道系统图。看标题栏，了解管道图的名称、复杂程度及其作用。由于管道系统图简明，能反映系统概况，所以要先看管道系统图。

(2) 分析图形，逐段分析管道的空间分布、具体走向、与设备的连接及支吊架的配置等情况。一般可从平面图出发联系立面图分段进行识读。

(3) 分析尺寸。分析尺寸除了弄清各管段长度和空间位置外，要弄清与建筑物和设备的相对位置，以及管配件、阀门及仪表的平面布置和定位情况。

(4) 看图总结，建立完整的印象。综上所述，识读管道安装图时，应先从标题栏开始，结合系统图了解概况，然后通览全图，以平面图为主，结合立面图、管道轴测图进行识读。

3. 识读管道安装图举例

图 5 - 20 为某电厂主蒸汽管道单线轴测图，图 5 - 21 为其单线安装图。

(1) 看标题栏和参看系统图。了解主蒸汽管道是电厂热力系统的重要管道。

(2) 分析图形。从平面图出发，对照立面图可知，两个立柱（B9 和 C9）及锅炉 K6 柱子的中心线表示管道与建筑物及锅炉设备的相对位置。该管道用 8 种支吊架支承，图中编了号，还列出了支吊架明细表。管道中除弯管、弯头及其连接均按规定的代号或画法表示外，还用规定代号表示了管道监察管段、倾斜方向以及冷紧口等。管道的空间位置及走向在轴测图中非常清楚。

(3) 尺寸分析。每段管道的长度和厂房立柱、锅炉立柱的相对位置都注有尺寸；三段水平管的高度分别注以标高 7.260、16.550 和 30.300，其单位为 m；水平管的坡度为 $i=0.009$，箭头表示倾斜方向。

(4) 看图总结。请读者自行总结。

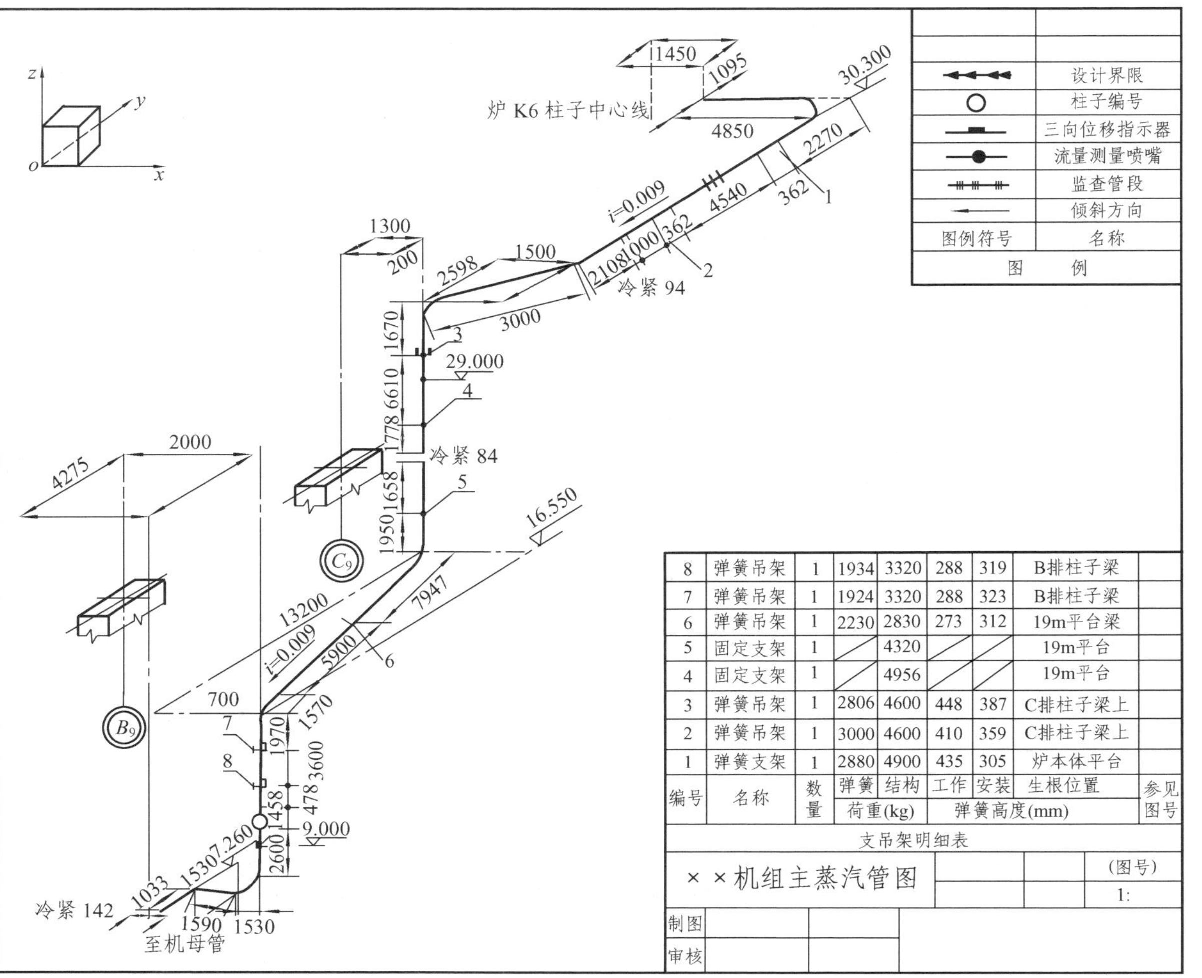

图 5-20 主蒸汽管道单线轴测图

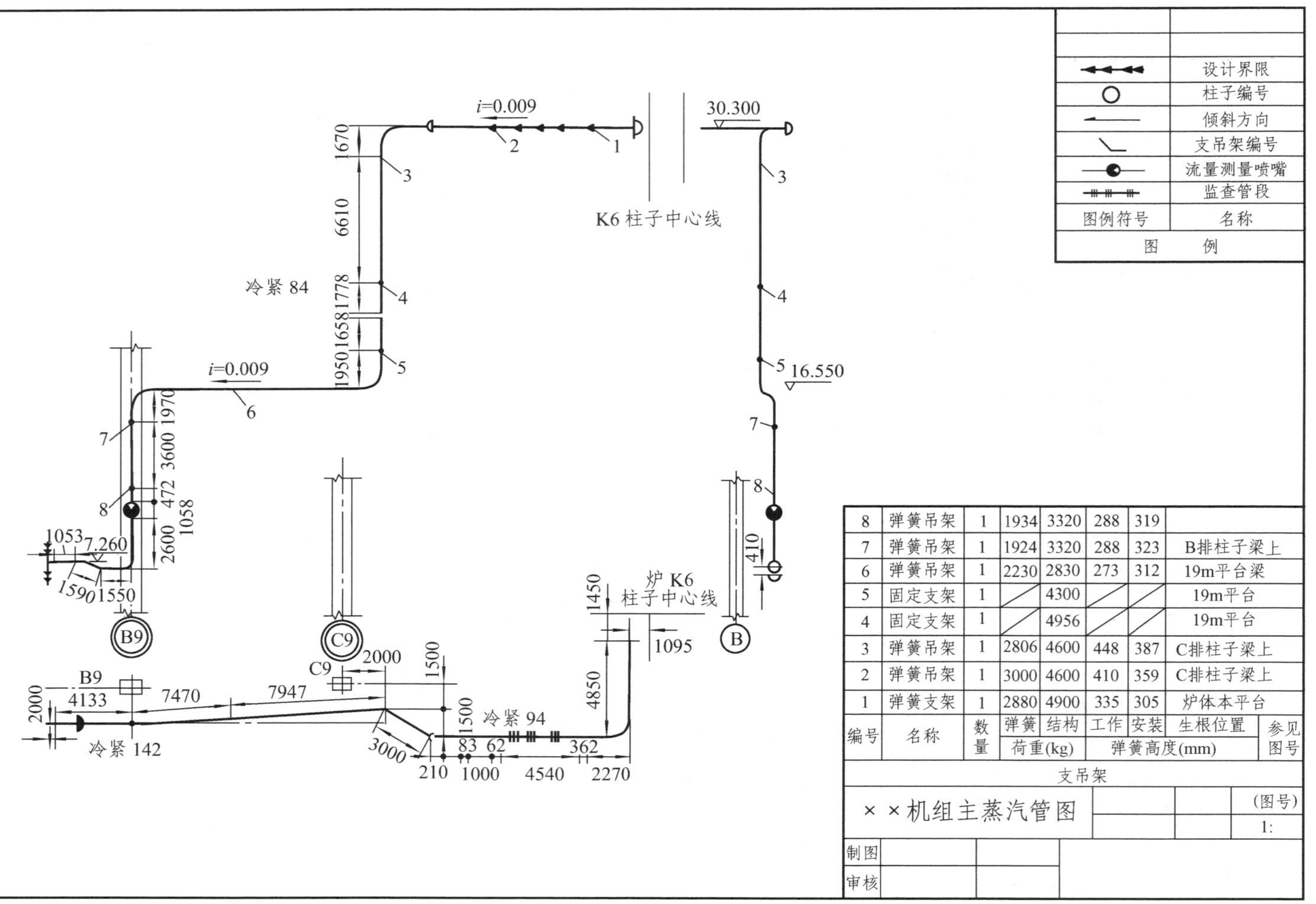

图例符号	名称
	设计界限
	柱子编号
	倾斜方向
	支吊架编号
	流量测量喷嘴
	监查管段
图	例

编号	名称	数量	荷重(kg) 弹簧	荷重(kg) 结构	弹簧高度(mm) 工作	弹簧高度(mm) 安装	生根位置	参见图号
8	弹簧吊架	1	1934	3320	288	319		
7	弹簧吊架	1	1924	3320	288	323	B排柱子梁上	
6	弹簧吊架	1	2230	2830	273	312	19m平台梁	
5	固定支架	1	/	4300	/	/	19m平台	
4	固定支架	1	/	4956	/	/	19m平台	
3	弹簧吊架	1	2806	4600	448	387	C排柱子梁上	
2	弹簧吊架	1	3000	4600	410	359	C排柱子梁上	
1	弹簧支架	1	2880	4900	335	305	炉体本平台	
支吊架								

××机组主蒸汽管图 (图号) 1:

制图
审核

图 5-21 主蒸汽管路单线安装图

第三节 设备安装图

一、设备安装图的基本知识

(一) 设备安装图的作用与内容

1. 设备安装图的作用

设备安装图用以指导在厂房内或基础上进行设备的安装工作，是设备安装工程的重要技术文件。

2. 设备安装图的内容

为了能正确、合理地表明各种设备安装在厂房内或基础上的方向与位置，以及各设备之间的相互位置关系，设备安装图的内容一般包括：

(1) 视图。设备安装图宜绘制设备安装图首页，应以平面图表示出厂房或车间内的设备与土建结构的相对位置。车间内设备不多时，也可用布置图代替。在设备安装图首页上，应采用粗实线示意绘出设备的简单外形，采用细实线绘出土建有关柱子断面和车间或厂房外墙。

设备安装图宜采用三面视图绘制，必要时还可补充详图；宜采用细实线绘出设备的简单外形和土建基础，采用粗实线绘出支座、框架、地脚螺栓等，采用细双点划线绘出预埋铁件。俯视图上只绘出土建基础、支座、框架、地脚螺栓孔或埋件。

(2) 尺寸和标注。

1) 表明设备定位尺寸和安装方向。

2) 表明基础外形和地脚螺栓孔的有关尺寸。大型机械和设备还应标注荷载、力矩和作用点位置。

3) 表明设备接口名称、形式、接口尺寸和位置尺寸。

(3) 标题栏和明细表。与装配图相似。标题栏中的图名除应标注设备名称外，还宜标注出设备型号或主要规范。图上应列有设备表或技术说明。

(二) 设备安装图的种类

在电力建设中，由于设备多、安装工作繁重，因此分为若干专业及工种。为适应电力建设的实际需要，设备安装图不仅需要有总体安装图，而且还需要各分部安装图。

图 5-22 为冷油器安装图。这种安装图可供施工用，它的特点是以主机(或主要设备)为主要定位基准安装的。

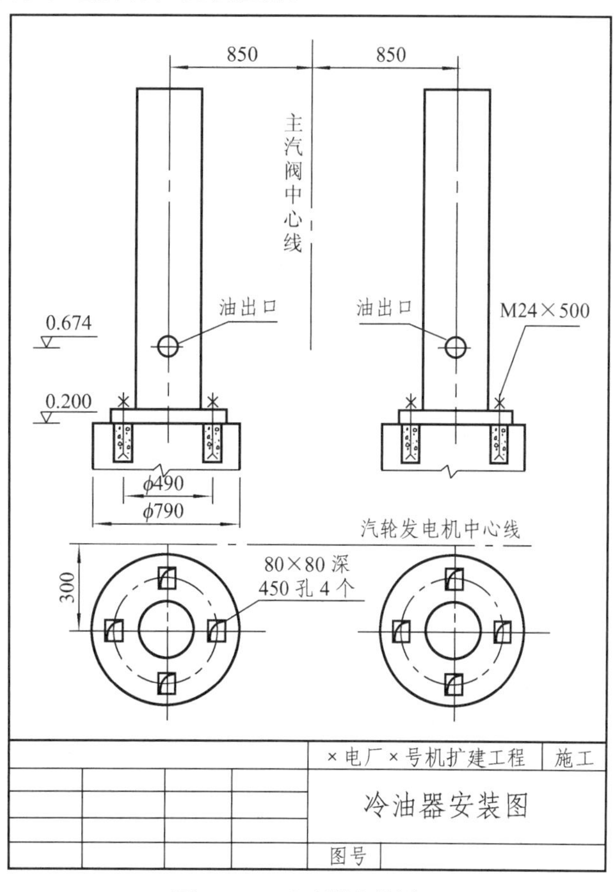

图 5-22 冷油器安装图

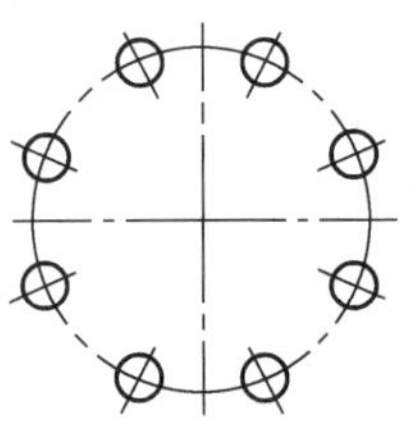
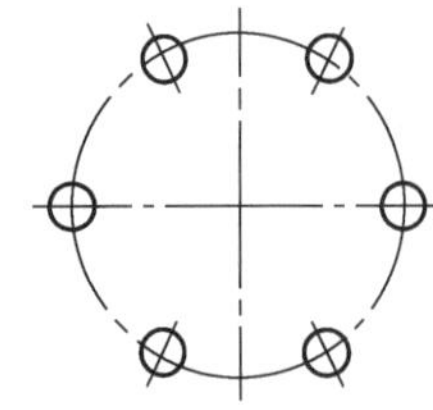
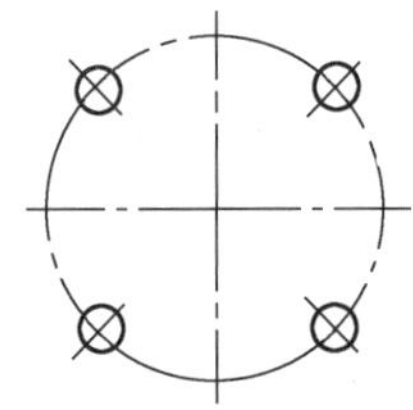
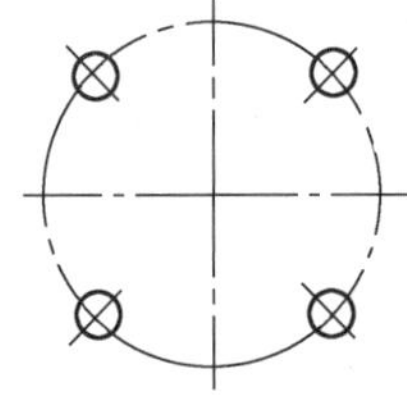

图 5-23　圆形法兰螺栓开孔位置图

（三）设备安装图的常用画法

1. 法兰的画法

设备接口为法兰时，应标注法兰标准规格，非标准法兰应绘制详图。绘制设备接口法兰时，应与设备制造厂的总图一致。螺栓孔不应处于垂直中心线上，如图 5-23 所示。

2. 圆筒形设备接口的画法

竖直圆筒形设备宜以主视图和俯视图绘出设备的外形。当其接口与设备中心线成不同角度分布时，可采用多次旋转法，将各接口投影在主视图上。俯视图上可不标注旋转标志，但接口管道在两视图上的编号应相对应。管道接口的水平方位应标注在俯视图上，主视图上标注竖直方位尺寸，如图 5-24 所示。

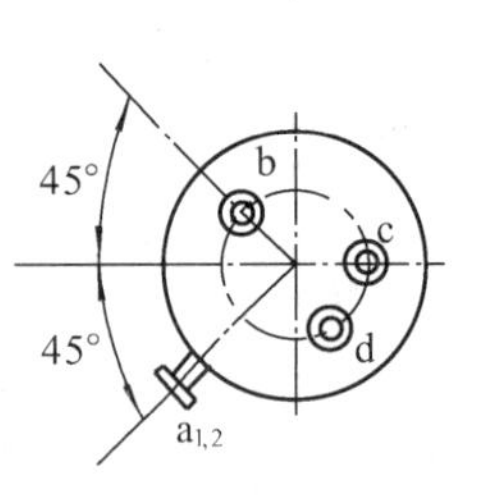

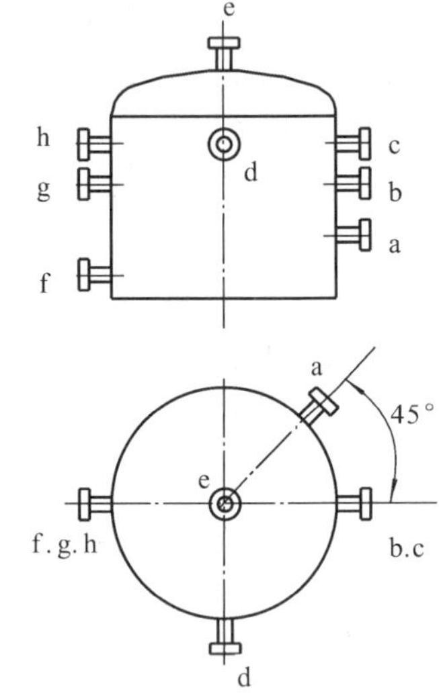

图 5-24　圆筒形设备接口的画法

3. 紧固件的画法

设备安装图中的紧固件可简化绘制，如图 5-25 所示。

二、设备安装图的识读方法与步骤

识读设备安装图的方法与识读机械图相类似，一般可按下列步骤进行，以图 5-26 某变电站 35kV 户内配电装置出线间隔安装图（表明该间隔内设备的安装情况与电气线路的连通情况）为例。

（1）看标题栏，进行概括了解。

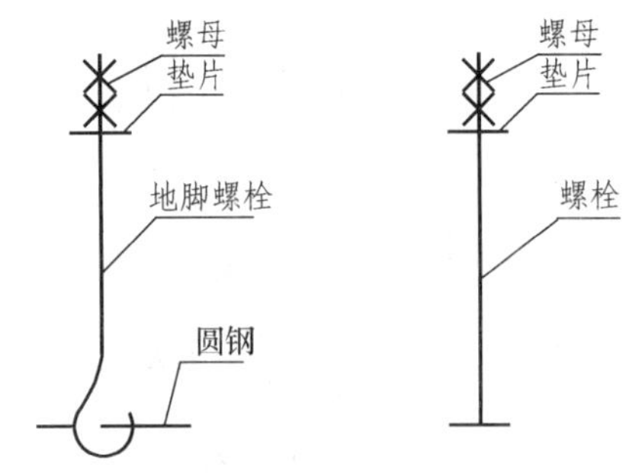

图 5-25　紧固件的简化画法示例

（2）分析视图，了解表达方法及其作用。图 5-26 中采用了三个剖面图、一个平面图和两个详图。详图表明了电瓷瓶的连接固定情况。

（3）分析安装设备的厂房。该间隔实际上是一幢房屋中的一间，从平面图看出，房间为长方形，左、右两边均有进出口。从Ⅰ-Ⅰ和Ⅱ-Ⅱ剖面图中可以看出进出口的宽度与高度，其上部为圆拱形。从三个剖面图上看出，房间有两层，屋顶为人字形。楼面只有中间走道部分，两边没有楼板，便于一、二楼线路连通。右边间壁较左边间壁低。右边间壁顶上装有主母线，左边间壁顶上装有旁路母线。

（4）分析各设备的安装位置及连通情况。一楼装有 DWZ-35、600A 的油断路器一台，安装的方向与位置，以及三条线路进出油断路器的情况见平面图。三条线路通过右边墙上的隔离开关与主母线相连，通过左边的隔离开关与出线相通。检修时，切断油断路器，可用左

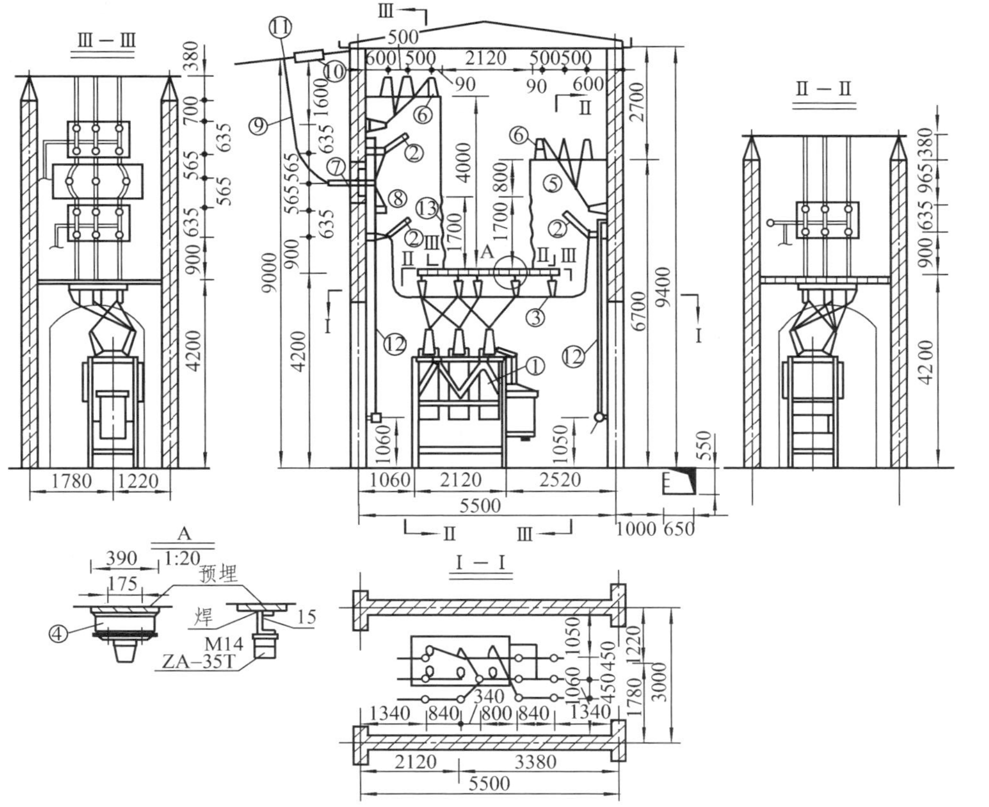

13	网门 Ⅰ型	2		施电 210
12	钢管 $\phi 25$	17(m)	A3	
11	耐张线夹 ND2/ND3	3		
10	耐张绝缘子串	4		
9	钢芯铝线 LGJ	13(m)		
8	接线端子	6		
7	穿墙套管	3		
6	支柱绝缘子 ZA-35	12		
5	引下线 LMY-60×6	40(m)		
4	槽钢[5-300	12	A3	
3	支柱绝缘子 ZA-35T	12		
2	隔离开关 GN2-35T	3		
1	油断路器 DW2-35	1		
序号	设备名称	数量	材料	备注
35kV 户内配电装置出线间隔		比例 1:50	数量 共 张 第 张	（图号）
制图	（日期）	（单位名称）		
审核				

图 5-26 某变电站 35kV 户内配电装置出线间隔安装图

边上部的隔离开关连通旁路母线给用户连续供电。各隔离开关均用拉杆引至一楼，在一楼用手柄操纵，二楼走道与隔离开关用网栅隔开，以保证安全。设备的安装位置和线路的安全距离均用尺寸注出。

(5) 进行总结，全面了解设备安装图。

5-1 房屋建筑的平、立、剖面图是怎样形成的?

5-2 房屋建筑图有哪些图示特点，与机械图样有何区别?

5-3 建筑图中的尺寸标注有什么特点? 标高尺寸如何注写? 用什么单位? 在建筑平面图中怎样进行轴线编号?

5-4 如何阅读建筑施工图?

5-5 简述管路安装图的读图方法。

5-6 简述设备安装图的读图方法。

5-7 根据图5-27中的管路单线轴测图绘制三视图。

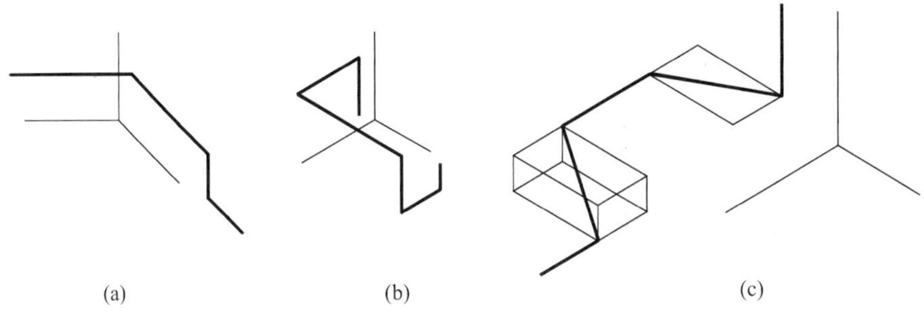

图5-27 题5-7图

5-8 根据图5-28中管路的视图画单线轴测图。

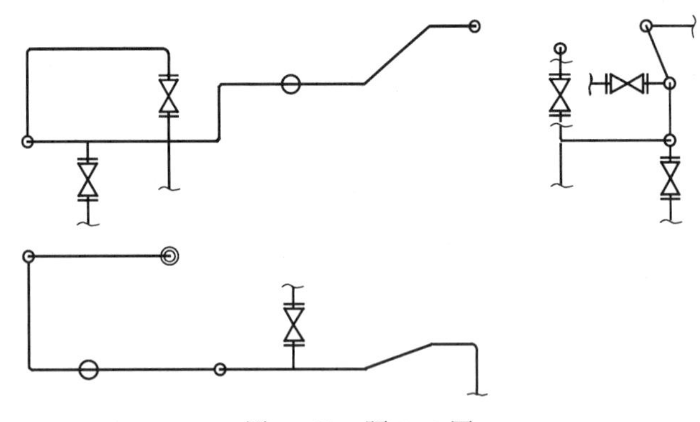

图5-28 题5-8图

5-9 指出图5-22中冷油器的定位尺寸。冷油器是如何固定的?

5-10 指出图5-21中管道的定位尺寸。三段水平管道的高度是多少? 管路的监查管段、倾斜方向及冷紧口是怎么表示的?

第六章　热力系统图简介

热力系统是火电厂实现热功转换的热力部分的工艺系统。它通过热力管道及阀门，将各主、辅热力设备有机地联系起来，在各种工况下能安全、经济、连续地将燃料的能量转换成机械能最终转变为电能。

热力系统图是用来反映火电厂热力系统的图，它被广泛地应用于设计、研究和运行管理中。

第一节　发电厂主要动力设备概述

火力发电厂的主要动力设备有锅炉、汽轮机、凝汽器、回热加热器、水泵等。

（1）锅炉。火力发电厂中的锅炉是生产蒸汽的设备，它所生产出来的蒸汽应满足与之匹配的汽轮机在数量和参数上的要求。

（2）汽轮机。汽轮机在火力发电厂中的任务是将蒸汽的热能转换为机械能，带动发电机以一定转速旋转。

（3）凝汽器。凝汽器的主要作用有两个：一是在汽轮机排汽口建立高度真空，使进入汽轮机的蒸汽能膨胀到较低的压力使循环效率提高；二是将汽轮机的排汽凝结成水，将这种高品质的水重新送回锅炉中循环使用。

（4）回热加热器。回热加热器是加热水的设备，它的主要作用是利用从正在运行的汽轮机中抽出蒸汽来加热凝结水或锅炉给水，目的是提高给水温度，提高机组的热经济性。

（5）水泵。水泵的主要作用是输送各种用途的水。给水泵的作用是把锅炉给水经给水泵升压后送入锅炉；凝结水泵的作用是把来自于凝汽器的凝结水升压后送入除氧器。此外，在火力发电厂中还有循环水泵、疏水泵等。

（6）发电机。发电机用于把汽轮机的机械能转换为电能。

这些动力设备在系统图中的表示图例如表 6-1 所示。

表 6-1　　常见动力设备图例符号

序号	装置名称	图例符号	序号	装置名称	图例符号
1	锅炉		4	回热加热器	
2	汽轮机		5	水泵	
3	凝汽器		6	发电机	~

第二节 蒸汽动力循环装置系统图

一、朗肯循环装置系统图

图 6-1 所示为朗肯循环装置系统图。由该图可知，朗肯循环装置主要由锅炉、汽轮机、凝汽器和给水泵组成。其循环流程是：水首先在锅炉中定压吸热变成过热蒸汽，过热蒸汽经管道送入汽轮机内绝热膨胀做功，使汽轮机轴转动并带动发电机发电。在汽轮机中做完功的蒸汽排入凝汽器，把热量放给循环水（冷却水）而定压凝结成饱和水（凝结水），凝结水经给水泵绝热压缩升压后（给水）再次送入锅炉加热，从而完成循环。

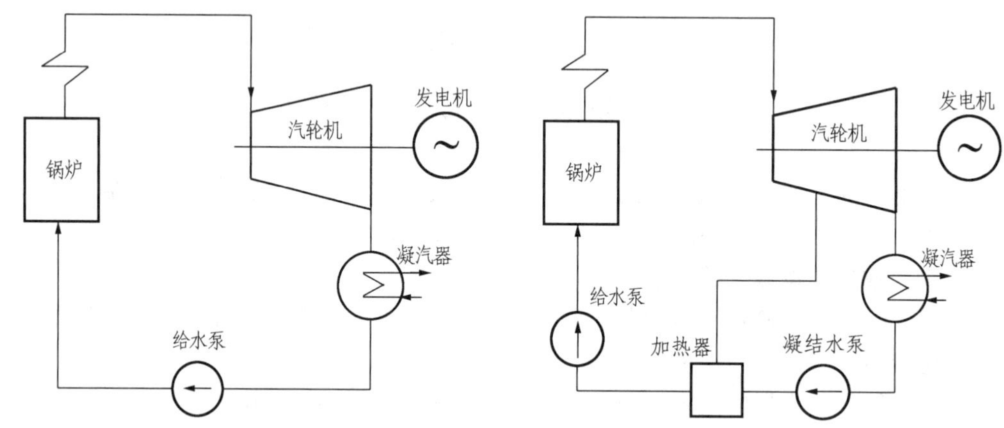

图 6-1 朗肯循环装置系统图　　图 6-2 单级回热循环装置系统图

二、回热循环装置系统图

锅炉给水的回热加热，是指从正在运转的汽轮机某些中间级抽出部分蒸汽，送到给水加热器中对锅炉给水进行加热；与之对应的水蒸气的热力循环叫做回热循环；由汽轮机中间级抽出的蒸汽叫回热抽汽；给水在加热器中被加热的过程称为回热过程。图 6-2 为单级回热循环装置系统图。

其循环流程是：水在锅炉中的定压吸热过程，蒸汽在汽轮机中的绝热膨胀过程，抽汽在回热加热器中的定压放热过程，汽轮机排汽在凝汽器中的定压放热过程，凝结水在回热加热器中的定压加热过程。

三、再热循环装置系统图

所谓蒸汽中间再热，是指将在汽轮机高压缸内膨胀到某一中间压力的蒸汽，全部送回锅炉再热器定压加热后再送回汽轮机中的低压缸继续膨胀做功的过程。在朗肯循环的基础上，采用了蒸汽中间再热的循环就叫再热循环。其循环流程是：水首先进入锅炉定压吸热，被加热成一定参数的过热蒸汽；锅炉中产生的过热蒸汽通过蒸汽管道送入汽轮机高压部分绝热膨胀做功；在高压部分做完功的蒸汽，通过再热蒸汽管道送入锅炉再热器再一次加热；再热后的蒸汽通过再热蒸汽管道送入汽轮机中的低压缸继续膨胀做功；汽轮机排汽经排汽管进入凝汽器定压放热，凝结成水；凝结水经水泵绝热压缩至锅炉。

根据上述循环流程，便可画出再热循环的装置系统图，如图 6-3 所示。

随着火力发电厂汽轮发电机组参数和功率的不断提高，越来越多的机组都同时采用了抽汽回热和蒸汽中间再热，图 6-4 为具有一级回热和一级再热循环的装置系统图。

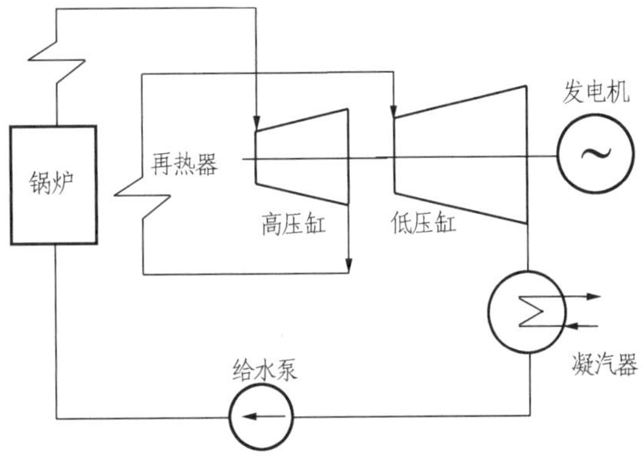

图 6-3 再热循环的装置系统图

四、热电合供循环装置系统图

在汽轮机中做过功的蒸汽带出的低质量的热能难以转换成高质量的机械能，但在一定的条件下可以直接被工业或生活热用户直接加以利用。这种利用在汽轮机中做过功的蒸汽向热用户供热，既生产电能、又生产热能的循环方式，称为热电合供循环。这样的发电厂称为热电厂。

"在汽轮机中做过功的蒸汽"不外乎两种情况：一种是汽轮机的排汽，另一种是汽轮机中间抽汽。它们对应着热电合供循环的两种方式：背压式汽轮机热电合供循环和调节抽汽式汽轮机热电合供循环。

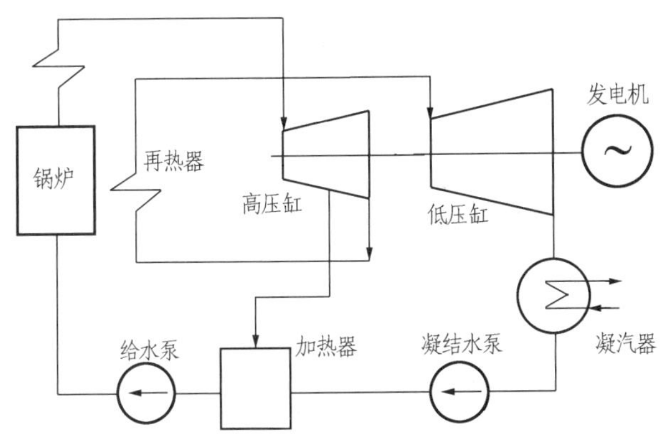

图 6-4 一级回热和一级再热循环的装置系统图

1. 背压式汽轮机热电合供循环装置系统图

背压式汽轮机是指排汽压力大于 0.1MPa 的汽轮机，其排汽温度在 100℃以上。该循环利用背压式汽轮机的排汽直接或间接向热用户供热。

背压式汽轮机热电合供循环的流程是：未饱和水进入锅炉被加热成过热蒸汽；产生的过热蒸汽通过蒸汽管道进入汽轮机绝热膨胀做功；膨胀终了后的汽轮机排汽经供热管道向热用户供热；供热蒸汽在热用户放出热量凝结成水，凝结水经水泵绝热压缩后通过凝结水管道送回锅炉。根据这一流程，画出背压式汽轮机热电合供循环的装置系统，如图 6-5 所示。

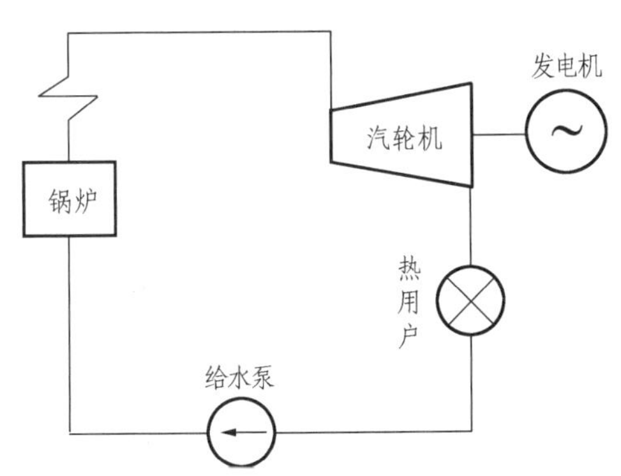

图 6-5 背压式汽轮机热电合供循环装置系统示意图

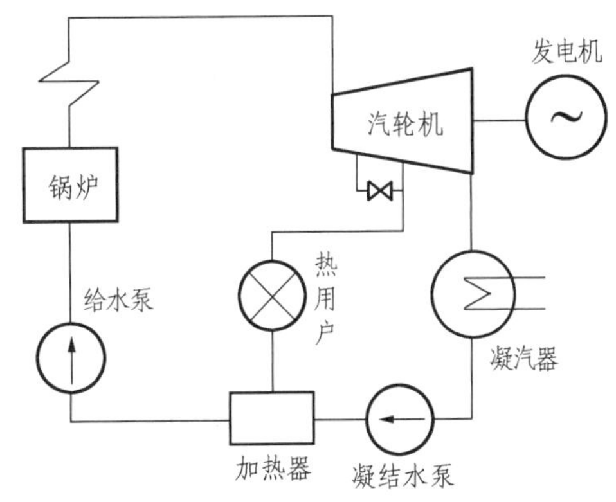

图 6-6 调节抽汽式汽轮机热电合供循环装置系统示意图

2. 调节抽汽式汽轮机热电合供循环装置系统图

该循环是利用汽轮机中间可调节抽汽直接或间接向热用户供热。

调节抽汽式汽轮机热电合供循环的流程是：未饱和水首先进入锅炉定压吸热，被加热成一定参数的过热蒸汽；锅炉中产生的过热蒸汽通过蒸汽管道送入汽轮机做功，进入汽轮机的蒸汽可以看成分为两部分，一部分在整个汽轮机中做功，最后从汽轮机排汽口排出（称为凝汽），另一部分只在汽轮机中做了部分功，就从汽轮机中间抽出（称为供热蒸汽）；供热蒸汽通过供热管道送给用户供热，放出热量后凝结成的水（称回水）通过回水管回收到电厂某加热器；排汽经排汽管进入凝汽器定压放热，凝结成水；凝汽器中出来的凝结水，经水泵绝热压缩后进入加热器，与回水汇合后，再经水泵绝热压缩至锅炉。根据这一流程，画出调节抽汽式汽轮机热电合供循环的装置系统，如图 6 - 6 所示。

第三节　火力发电厂热力系统图识读实例

热力系统图用特定的符号、线条表示动力设备、管道及其附件。管道附件包括阀门、测量装置及管道连接件等。管道的连接件包括大小头、三通、弯头、法兰和焊缝等，大小头又称异径管，用于不同直径管段的连接。三通安装于管道分叉处。弯头用于改变管内介质的流向。法兰是发电厂管道连接的一种基本形式，普遍用于中低压管道的连接。对于现代高压、超高压管道，多采用焊接方式，其主要原因是提高管道运行的可靠性，减少维护工作量及降低工程造价。但在一些高压管道上，仍有采用法兰连接的地方，如与设备连接处或者检修时需要拆卸的地方。

管道附件在系统图上的图形符号如表 6 - 2 所示。

表 6 - 2　　管道附件在系统图上的图形符号

名称	图形符号	名称	图形符号
闸阀		大小头	
截止阀		中间堵板	
球阀		管间盲板	
旋塞		法兰	
蝶阀		节流孔板	
隔膜阀		多级节流孔板	
节流阀		滤水器	
调节阀		蒸汽或空气过滤器	
直通减压阀		泵入口滤网	
疏水器		单级水封	

续表

名称	图形符号	名称	图形符号
减压减温器		多级水封	
止回阀		流量测量孔板	
重锤式安全阀		流量测量喷嘴	
弹簧式安全阀		水封阀	
脉冲式安全阀		弹簧式排汽阀	
三通阀		减温器	
四通阀		弹簧式泄水阀	
自动主汽门		排大气	

火力发电厂热力系统图比较复杂，通常按功能分解为主蒸汽和再热蒸汽系统、汽轮机的旁路系统、回热抽汽系统、主凝结水系统、给水管道系统、除氧器系统、加热器的疏水放气系统、辅助蒸汽系统等。因篇幅和已学习的专业课程知识所限，在此主要介绍主蒸汽系统和再热蒸汽系统，其他热力系统在以后的专业课程中会不断地进行学习。

1. 主蒸汽系统

主蒸汽系统的功能是将锅炉产生的新蒸汽送到汽轮机做功，同时在机组启动和停机过程中向给水泵汽轮机和主汽轮机供汽。

图 6-7 为 600MW 机组采用的双管—单管—双管式主蒸汽系统。在过热器出口联箱两侧各有一根引出管，经斜三通后汇集成单管，到主汽门前再经斜三通分成两根管道与汽轮机

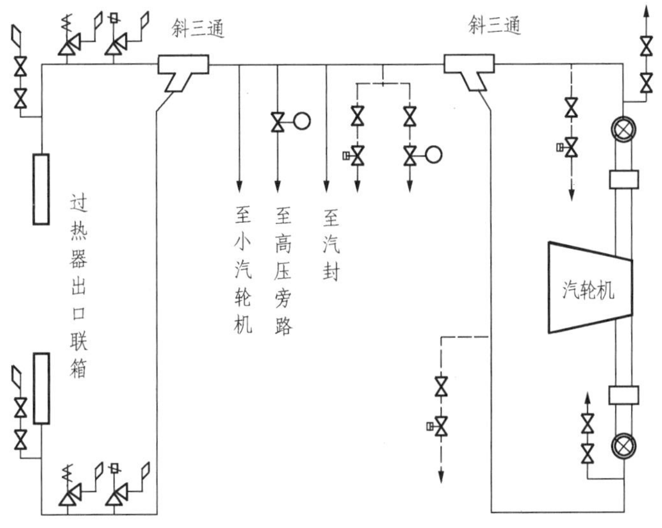

图 6-7 600MW 机组采用的双管—单管—双管式主蒸汽系统

相连。

这种主蒸汽系统由于中间部分采用了单管，使汽流能够很好地混合，减小了进入汽轮机的蒸汽的温度偏差和压力偏差。一般要求单管的长度至少为其直径的 20 倍，管径按最大蒸汽流量工况设计。

在锅炉过热器出口联箱两侧的主蒸汽管道上，各接有一路放气管（启动放气用）、一只弹簧式安全阀和一只电磁安全阀。两个斜三通之间的单管上，引出汽轮机高压旁路管道、去锅炉给水泵汽轮机的高压蒸汽管道和至汽轮机轴封蒸汽系统的高压汽源管道。在靠近主汽门斜三通前设有疏水点。靠近主汽门前两侧的主蒸汽管道上，装设疏水管和暖管用的疏汽管道。

2. 再热蒸汽系统

再热蒸汽系统的主要功能是将在汽轮机高压缸做过功的蒸汽送回锅炉，蒸汽经再热后，又送回到汽轮机中压缸继续做功，以提高循环的热经济性和改善汽轮机低压部分的工作条件。低温再热蒸汽还向 2 号高压加热器提供加热蒸汽，或还具有在低负荷时向辅助蒸汽联箱供汽的功能。

图 6-8 为 600MW 机组再热蒸汽系统，冷段蒸汽管道和热段蒸汽管道采用的双管—单管—双管式的形式。

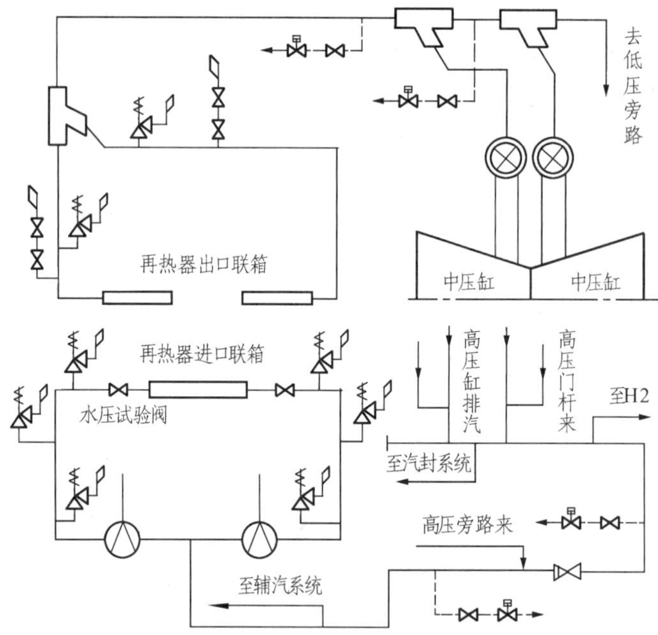

图 6-8 600MW 机组双管—单管—双管再热蒸汽系统

从高压缸两侧排汽口引出两根管道，汇总成单管，到再热器减温器前，分成双管进入再热器进口联箱。来自于高压阀杆的漏汽，接入靠近汽轮机高压缸排汽口两侧再热冷段管道上。靠近汽轮机高压缸排汽口的单管管头处，安装有蒸汽冲洗接口。在单管的止回阀前，接有去高压加热器 H2 及汽轮机汽封系统的管道，止回阀后，接有自高压旁路来、去辅助蒸汽系统的管道。止回阀前、后各设有疏水点到凝汽器疏水扩容器，各疏水管道上串联两个截止阀，其中一个为气动。在再热器进口联箱之前的两根冷段管道上，各装设有一只再热器事故喷水减温器、三只弹簧式安全阀和一个再热器水压试验阀。

该机组的再热热段管道系统，在锅炉侧双管并成单管和汽轮机侧单管分成双管处均用了斜三通，并且靠近中压联合汽阀处串联了两只斜三通，它们的斜插支管分别至对称布置的中压联合汽阀，后一只斜三通直通管到低压旁路装置。在再热器出口联箱引出的双管上，各装设了一只弹簧式安全阀和一路放气管。疏水管道的设置也类似于其主蒸汽系统。

习　题

6-1　说出火力发电厂几个动力设备的名称，试说明它们的主要作用。

6-2　试述朗肯循环的流程，绘出其装置系统图并注明各设备的名称。

6-3　试述单级回热循环的流程，绘出其装置系统图。

6-4　试述再热循环的流程，绘出其装置系统图。

6-5　什么是热电合供循环？有哪两种方式？试绘出它们的装置系统图。

6-6　绘出下列附件的图形符号：截止阀、球阀、调节阀、止回阀、三通阀、疏水器、减压减温器、滤水器、单级水封、自动主汽门、大小头、流量测量喷嘴。

6-7　根据表6-1所示图符建立热力系统图图库，主要利用提取图符功能，抄画图6-6。（提示：自学CAXA电子图板的图库操作。）

第七章　电 气 图 简 介

电气图分为原理图和安装图。原理图表示一、二次回路工作原理的图，可表明设备的数量和作用、设备间的连接方式等。原理图在一次电路中称为电气主接线，在二次电路中称为原理图和展开图。安装图表示设备安装位置及相互间连接的图，用于设备的安装施工，也是运行中的试验、检修、查线用图。本章主要介绍电气图的类型、作用及识图方法。

第一节　发电厂和变电站电气设备概述

一、电气设备分类

为了满足生产的要求，发电厂和变电站中安装有各种电气设备，电气设备是发电厂和变电站的重要组成部分。根据电气设备的作用不同，可将电气设备分为一次设备和二次设备。

1. 一次设备

通常把直接生产、输送、分配和转换电能的设备，称为一次设备。它们包括以下一些设备。

（1）生产和转换电能的设备。

1）发电机（电源）：将机械能转换成电能的设备。

2）电动机（用电设备）：将电能转换成机械能的设备。

3）变压器：将电压升高或降低，以满足输、配电需要。从发电厂发出的电能，要经过很长的输电线路输送给远方的用户，为了减少输电线路上的电能损耗，降低电压损失，保证电能质量，必须采用高压、超高压或特高压输送。而目前由于受绝缘水平的限制，一般发电机的电压不能太高，这就要经过变压器将发电机发出的电能电压升高后送到电力网。这种变压器统称升压电力变压器。对各用户来说，各种用电设备所要求的电压又不太高，也要经过变压器，将电力系统的高电压变成符合用户各种电气设备要求的额定电压，作为这种用途的变压器统称降压电力变压器。

（2）接通或断开电路的开关电器。

1）断路器：接通和断开电路的设备，因断路器装有消弧装置，既能接通和断开正常工作电路，也能断开故障电路。

2）隔离开关：主要用于隔离电源，保证检修工作人员安全。隔离开关安装在断路器的两侧或一侧，一般装在两侧。在电流很小的回路（电弧能在空气中自然熄灭）中，为了节省投资，不装设断路器而装设隔离开关，如电压互感器回路、变压器中性点回路。

3）熔断器：保护电器，与被保护串联。当电路过负荷或短路时，熔断器熔断，保护电气设备免受短路电流的危害。

4）接触器：作控制电器用，用于频繁操作和需远距离控制的低压电路。

（3）仪用互感器：包括电压互感器和电流互感器，是一次系统和二次系统间的联络元件。通过互感器将一次系统的高电压、大电流变为二次系统的低电压、小电流。作为二次回路的交流电源，互感器的装设应满足测量、保护和自动装置等的要求，凡装有断路器的回路都应装设电流互感器，无断路器的变压器中性点回路、发电机回路也应装设电流互感器。电压互感器一般装在各电压等级的母线上以及发电机出口。

(4) 限制故障电流和防御过电压的电器：例如限制短路电流的电抗器和限制过电压的避雷器等。

(5) 无功补偿设备：例如并联电容器和并联电抗器等。它们的作用是改变无功分布，保证系统电压按正常分布。

(6) 接地装置：无论是电力系统中性点的工作接地或是保护人身安全的保护接地，均同埋入地中的接地装置相连。

(7) 载流导体：如裸导体、电缆等，它们按设计的要求，将有关电气设备连接起来。用来汇集、传输、分配电能的载流导体称为母线。

2. 二次设备

对上述一次设备进行测量、控制、监视和起保护作用的设备统称二次设备，它们包括：

(1) 测量表计：如电压表、电流表、功率因数表等，用于测量电路中的参量值。

(2) 继电保护及自动装置：这些装置能迅速反应不正常情况并进行监控和调节，如作用于断路器跳闸，将故障切除。

(3) 直流电源设备：包括直流发电机、蓄电池等，供给保护和事故照明的直流用电。

(4) 信号设备及控制电缆等：信号设备给出信号或显示运行状态标志，控制电缆用于连接二次设备。

二、常用电气设备的图形符号和文字符号

电气主接线图是用对应电气元件的图形符号表示的。表 7-1 是常用一次设备的图形符号和文字符号。

表 7-1　常用一次设备的图形符号及文字符号

设备名称	图形符号	文字符号	设备名称	图形符号	文字符号
直流发电机		GD	双绕组变压器	或	TM
交流发电机		GS			
直流电动机		MD	三绕组变压器	或	TM
交流电动机		MS			
自耦变压器	或	TA	低压断路器		Q
			接触器		KM
电抗器		L	熔断器		FU
分裂电抗器			避雷器		F

续表

设备名称	图形符号	文字符号	设备名称	图形符号	文字符号
电流互感器	或	TA	整流器		U
			逆变器		U
隔离开关		QS	电缆终端头		X
断路器		QF	接地		E
负荷开关		QL	保护接地		PE

在二次电路图中，各种元件、部件和设备的图形符号和文字符号分别如表 7-2 和表 7-3 所示。

表 7-2　常用二次设备图形符号

序号	元件名称	图　形	序号	元件名称	图　形
1	操作器件和继电器线圈的一般符号	或	12	延时闭合的动断触点	
2	两个绕组的操作元件		13	延时断开的动断触点	
3	缓慢释放继电器的线圈		14	指示仪表	*
4	缓慢吸合继电器的线圈		15	记录仪表	*
5	机械保持继电器的线圈		16	积算仪表	*
6	过电流继电器	I>	17	按钮	
7	欠电压继电器	U>	18	自动复归常开按钮	
8	动合（常开）触点		19	指示灯	
9	动断（常闭）触点		20	电铃	
10	延时闭合的动合触点		21	蜂鸣器	
11	延时断开的动合触点		22	电喇叭	

注　仪表图形中的“*”号表示该处应填写被测量单位符号或被测量的文字符号，如电流表为 A，电压表为 V 等。

表 7-3　常用二次设备文字符号

序号	元件名称	文字符号	序号	元件名称	文字符号
1	继电器和接触器	K	8	绿灯	HG
2	电力电路开关	Q	9	一般指示灯	S
3	熔断器	FU	10	控制开关	SA
4	指示灯（光字牌）	HL	11	断路器分、合闸线圈	Y
5	声响指示	HA	12	端子	X
6	红灯	HR	13	二极管、晶体管	V
7	连接片	XB	14	转换开关	ST

第二节　电 气 主 接 线 图

发电厂和变电站的电气主接线是由发电机、变压器、断路器、隔离开关、互感器、母线和电缆等一次设备，按一定要求和顺序连接成用以表示生产、输送、汇集和分配的电路，电气主接线图可表明一次设备的数量和作用、设备间的连接方式以及与电力系统的连接情况。

由于三相是对称的，电气主接线一般绘制成单线图，只有在局部需要表明三相电路不对称连接时，才将局部绘制成三线图。绘制电气主接线时所有电气设备均用规定的图形符号表示，并按它们的“正常状态”画出，电气设备所处的电路无电压存在或无任何外力作用（如QF、QS是断开位置）的状态称为“正常状态”。在设备旁应标出主要设备的型号和技术参数，电流互感器按三线图配置。

典型的电气主接线，大致可分为有母线和无母线两类。有母线类电气主接线包括单母线、双母线及带旁路母线的接线等；无母线类主接线包括桥形、多角形和单元接线。

图 7-1 为某发电厂电气主接线图，发电机（电源）发出的电能经隔离开关、电流互感器、断路器、母线隔离开关送至 10kV 母线，母线采用分段双母线接线，其作用是汇集、传输和分配电能，发电厂附近的用户经电抗器和电力电缆供电，剩余的电能通过升压变压器 TM 送到 110kV 升压变电站，然后通过架空线路把电能送出去并与系统联络。

各种形式的电气主接线的特点、运行方式和适用场合将在后续专业课中介绍。

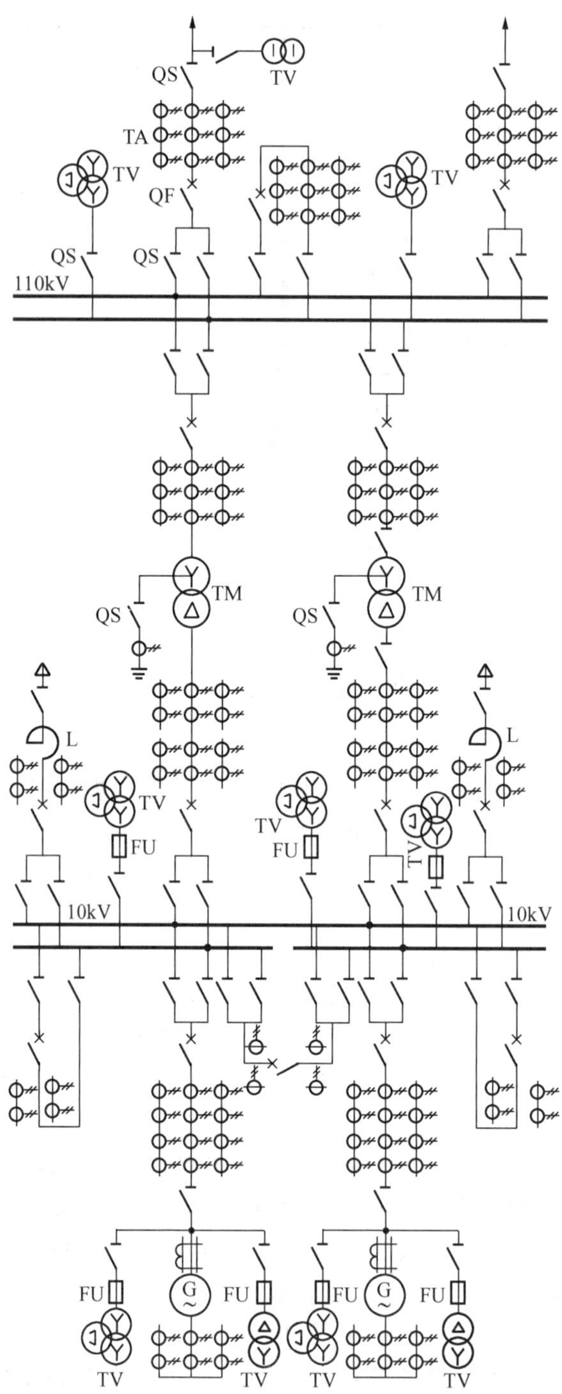

图 7-1 某发电厂电气主接线图

第三节　二 次 回 路 图

一、二次回路的概念

由二次设备按一定要求和顺序连接起来的电路称为二次回路或称为二次电路。其作用是：①反映一次系统和一次设备的工作状态；②对一次系统或设备进行控制。

二次回路包括对发电厂、变电站一次设备的控制、测量、信号、调节、继电保护和自动装置等回路以及操作电源等回路。

二、二次回路接线图

二次回路接线图的表示方法有原理接线图、展开接线图和安装接线图三种。其中原理接线图和展开接线图为表示二次回路工作原理的图，只是表示的方法不同。安装接线图表示二次设备具体布置位置及二次设备之间、二次设备与端子之间相互连接的图。

1. 原理接线图

原理接线图用于表示测量、控制、信号、继电保护和自动装置等回路工作原理的图，图中各元件以整体的形式表示，一、二次回路由电流互感器和电压互感器联络，与二次回路有关一次接线和二次回路画在一张图上。其特点是使识图者对整个装置有一个明确的整体概念。这种接线图对了解回路的工作原理十分有利。其缺点是当元件较多时，接线互相交叉，显得零乱，阅读起来也比较困难，而且元件端子及连线无符号，实际安装和查线不便使用，仅在解释动作原理时，才采用这种图。

图 7 - 2 为某 10kV 线路的过电流保护原理接线图。该图的原理是：当线路发生短路或过负荷时，至少流经 U 相和 W 相电流互感器之一的一次侧电流显著增大，当超过电流继电器 K1 或 K2 的定值时，K1 或 K2（有时二者同时）动作，致使其动合触点闭合，从而导致时间继电器 K3 线圈通电。在经历 K3 所整定的延时动作时间后，K3 的动断延时闭合触点合上，又因断路器现处合闸位置，故其动合辅助触点在合位，这样 K4 和 Y 动作，从而引起 QF 跳闸，并由 K4 发跳闸信号，以便于值班员确认保护已动作。

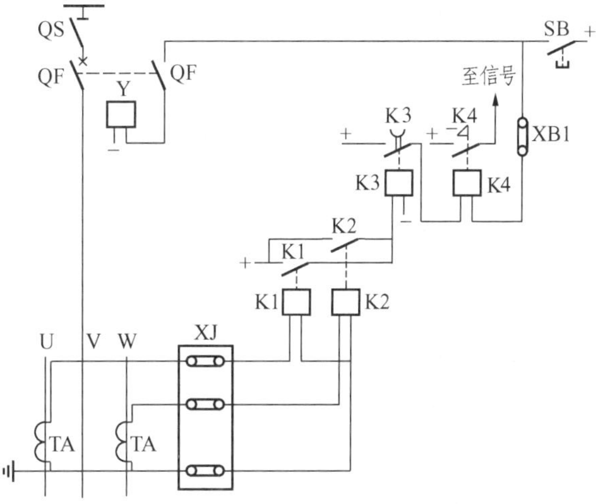

图 7 - 2　10kV 线路的过电流保护原理接线图

K1、K2—电流继电器；K3—时间继电器；K4—信号继电器；QF—断路器；Y—跳闸线圈；XJ—测试插空；XB1—连接片

由图 7 - 2 可以看出，10kV 线路过电流保装置由 4 个继电器组成。一、二次系统通过电流互感器 TA 联络。K1、K2 为电流继电器，接交流电流回路；K3 为时间继电器接直流回路；K4 为信号继电器接直流信号回路。

2. 展开接线图

二次回路按供电电源不同分解为若干部分，同一元件的不同部件，因接回路电源不同，分别画在不同的回路中。一般把整个二次回路分成交流电流回路、交流电压回路，直流操作回路和信号回路等几个主要组成部分。

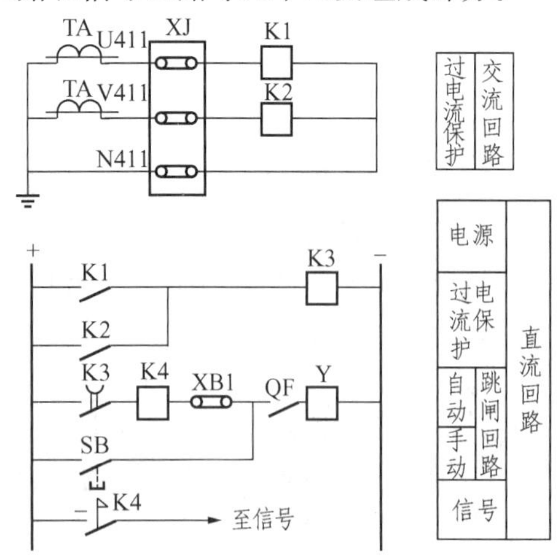

图 7-3 10kV 线路过电流保护展开图

图 7-3 所示为 10kV 线路过电流保护展开图。由交流电流回路、直流操作回路和信号回路三部分组成。

在展开图中，无论元件、线圈和触点等都应按规定的文字符号加以注明，以便看出它们的功能。将回路中的电源、按钮、触点、线圈等元件的图形符号依电流通过的方向，按由左至右、由上到下的顺序排列起来，最后便构成完整的展开图。在图的右侧，尚有文字说明回路的作用，可帮助了解回路的动作过程。通过图 7-3 同样能说明当 10kV 线路短路或过负荷时，过电流保护动作跳闸的过程。由于展开图条理清晰，能一条一条地检查和分析，因此实际中用得最多。

展开图具有如下优点：

(1) 容易跟踪回路的动作顺序。

(2) 在同一个图中可清楚地表示某一次设备的多套保护和自动装置的一次接线回路，这是原理图所难以做得到的。

(3) 易于阅读，容易发现施工中的接线错误。

绘制展开图时应注意以下问题：

(1) 二次回路按供电电源不同分解为若干部分，分别按交流电流、电压、直流操作和直流信号回路绘出。

(2) 每一部分又分为若干行（或列），交流按 U、V、W、N 自上而下排成行（或自左而右排成列），直流按元件动作的顺序从左到右，从上到下顺序排列。

(3) 所有元件用国标规定的图形符号和文字符号表示，同一元件的不同部件可能画在不同的回路中，但应采用相同的文字符号。

(4) 所有开关电器和继电器的触点都按照正常状态画出（开关电器在断开位置，继电器的触点在线圈不带电状态）。

(5) 每一回路右侧（或上部）加文字说明，说明回路的作用。

3. 安装接线图

安装接线图是制造、安装和运行中查线用图，它包括屏面布置图、端子接线图和屏后结线图。

发电厂变电站的二次设备安装在控制室、继电保护室等相应的屏上，屏内设备与屏外设备通过端子和控制电缆连接。一般有控制屏、继电保护屏、厂用电屏、直流屏、电能表屏和自动记录式仪表屏等。

(1) 屏面布置图。屏面布置图是根据二次回路展开图，选好二次设备的型号后进行绘制的，屏面布置图是为了屏面开孔安装二次设备时用，因此屏面布置图中二次设备尺寸及设备间距离都要按比例画出，是制造商加工屏台、安装一次设备的依据。

屏面布置应满足下列要求：

1）凡需经常监视的仪表和继电器都不要布置得太高。

2）操作元件（如控制开关、调节手轮、按钮等）的高度要适中，使得操作、调节方便，它们之间应留有一定的距离，操作时不致影响相邻的设备。

3）检查和试验较多的设备应布置在屏的中部，而且同一类型的设备应布置在一起，这样检查和试验都比较方便。此外，屏面布置应力求紧凑和美观。

图 7-4 所示为 110kV 线路控制屏的屏面布置图，屏面左半部为一回出线的二次设备布置，右半部为另一回出线的二次设备布置。

图 7-5 所示为传统的继电保护屏布置图，屏面自上而下布置有电流继电器、时间继电器、信号继电器、保护出口继电器和连接片等。需要指出的是，微机型继电保护装置已经广泛地取代了基于电磁式继电器的保护装置，新式保护装置的屏面布置同该图已大不相同，屏面元件的数量已大为减少。

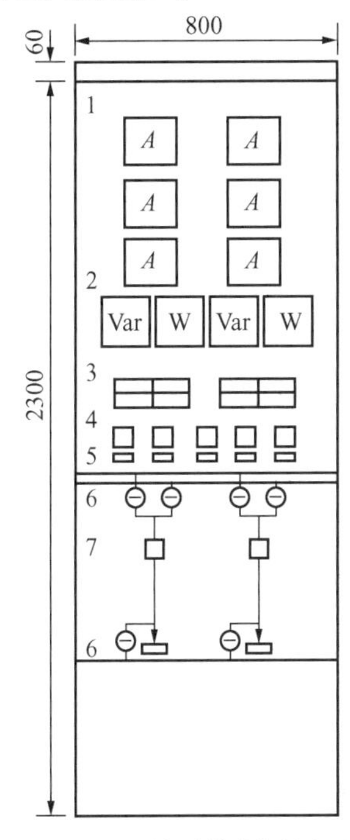

图 7-4　110kV 线路控制屏屏面布置图

1—电流表；2—有功功率表和无功功率表；3—光字牌；4—转换开关和同期开关；5—模拟母线；6—隔离开关位置指示器；7—控制开关

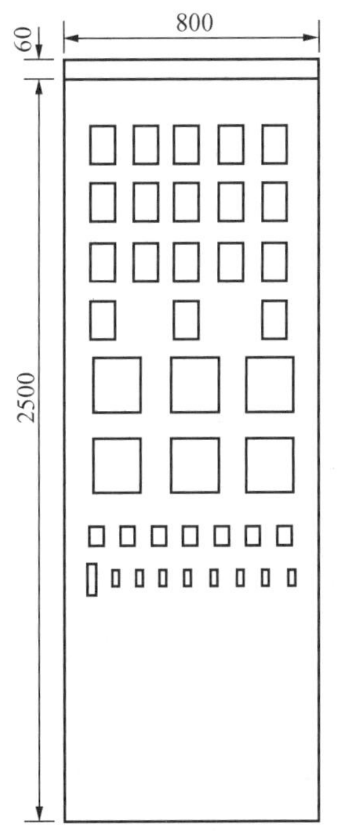

图 7-5　传统的继电保护屏布置图

（2）屏后接线图。屏后接线图是以屏面布置图为基础，并以原理接线图为依据而绘制的接线图，表明了屏内各二次设备引出端子之间的连接情况，以及二次设备与端子排的连接情况，它可用于制造厂屏上配线和接线，也可用于施工单位用于现场二次设备的安装、运行中的试验检查用图。

屏后接线图是站在屏后所看到的接线图。从屏后向屏体看去，看到的一般为：两列垂直布置的端子排处于屏的两侧；处于屏顶的各种小母线、熔断器和隔离开关等；众多的二次设备的背面及其接线端子。

端子排是由若干个接线端子组成，每个接线端子由绝缘座和导电片组成，导电片的两端各有一个固定导线用的螺丝，可使两端的导线接通。端子排图是表示屏上需要装设的端子数目、类型、排列次序以及端子与屏上设备及屏外设备连接情况的图纸。

经过端子排连接的回路如下：

(1) 屏内设备与屏外设备之间的连接，必须经过端子排。其中交流电流回路应经过试验端子，事故音响信号回路及预告信号回路及其他在运行中需要很方便地断开的回路（如至闪光小母的回路）应经过特殊端子或试验端子。

(2) 屏内设备与直接接至小母线的设备（如附加电阻、熔断器等）的连接，一般应经过端子排。

(3) 各安装单位主要保护的正电源一般均由端子排引接。保护的负电源应在屏内设备之间接成环形，环的两端应分别接至端子排。其他回路一般均在屏内连接。

(4) 同一屏上各安装单位之间的连接应经过端子排。

(5) 为节省控制电缆，需要经本屏转接的回路（亦称过渡回路），应经过端子排。

端子排中的端子一般自上而下按下列顺序排列：①交流电流回路；②交流电压回路；③直流信号回路；④直流控制回路；⑤其他回路（如自动励磁电流和电压回路）；⑥转接回路（用于过渡连接：先排本安装单位的转接，再排其他安装单位的转接，最后排小母线连接用的转接）。

“安装单位”是指在一个屏内，或属于某个一次回路所有二次设备的总称，或这些二次设备再按功能模块分类后的每个子集设备的总称（每个安装单位都有自己的端子排）。如图 7-4 中控制屏上的二次设备涉及两条线路：第一条线路的所有二次设备可称为第Ⅰ安装单位；第二条线路的所有二次设备可称为第Ⅱ安装单位。新型变电站的断路器控制、继电保护、计量和通信设备常放在同一个屏上，由于设备和端子都较多，其相应的二次设备有时可按功能单位分为三个安装单位（保护与控制设备被划在一起），在屏上对应设立三个端子排。

为了便于安装接线，屏后接线图采用的是相对编号。例如，要连接甲、乙两个设备，可在甲设备接线柱上标出乙设备接线柱的编号，而在乙设备接线柱上标出甲设备接线柱的编号。简单说来，就是“甲编乙的号，乙编甲的号”。这样，在接线和维修时就可以根据图纸很容易地找到每个设备的各个端子所连接的对象。

现以图 7-3 所示 10kV 线路过电流保护展开图为例，具体说明屏后接线图的表示方法和“相对编号法”的应用。为简化此例，略去了原图中的试验按钮、测试插孔和连接片等环节，形成展开图 7-6（a）、屏后接线图 7-6（b）和（c）。其中图 7-6（b）为端子排图，它为屏后接线图的一个组成部分。

端子排图表格的首行说明安装单位的编号和名称；其余各行要在中间位置说明端子的序号，在两侧栏标明该侧端子应接的设备（多为屏外设备）编号，或所接回路编号，在另一侧注明该侧端子应接的屏内设备编号。图 7-6（b）表明该端子排的左列端子与屏顶的小母线、屏外的电流互感器和该线路的控制屏相连，右列端子与屏内设备相连，在该保护屏中有关该线路的所有二次设备构成安装单位“Ⅰ”。

图中的第 1、2、3 号端子带有竖线标志，代表试验端子，它们与普通接线端子的区别是导电片被分为两段，其间增加了一螺丝杆。当该螺丝杆被旋紧时，两段导电片通过螺丝杆形成回路；当螺丝杆被旋下来时，端子两侧电气上断开，此时可在外侧（相对于屏内而言）接其他试验设备，但必须事先将本端子的外侧接头与 N411 端子的外侧接头短接，以防止电流

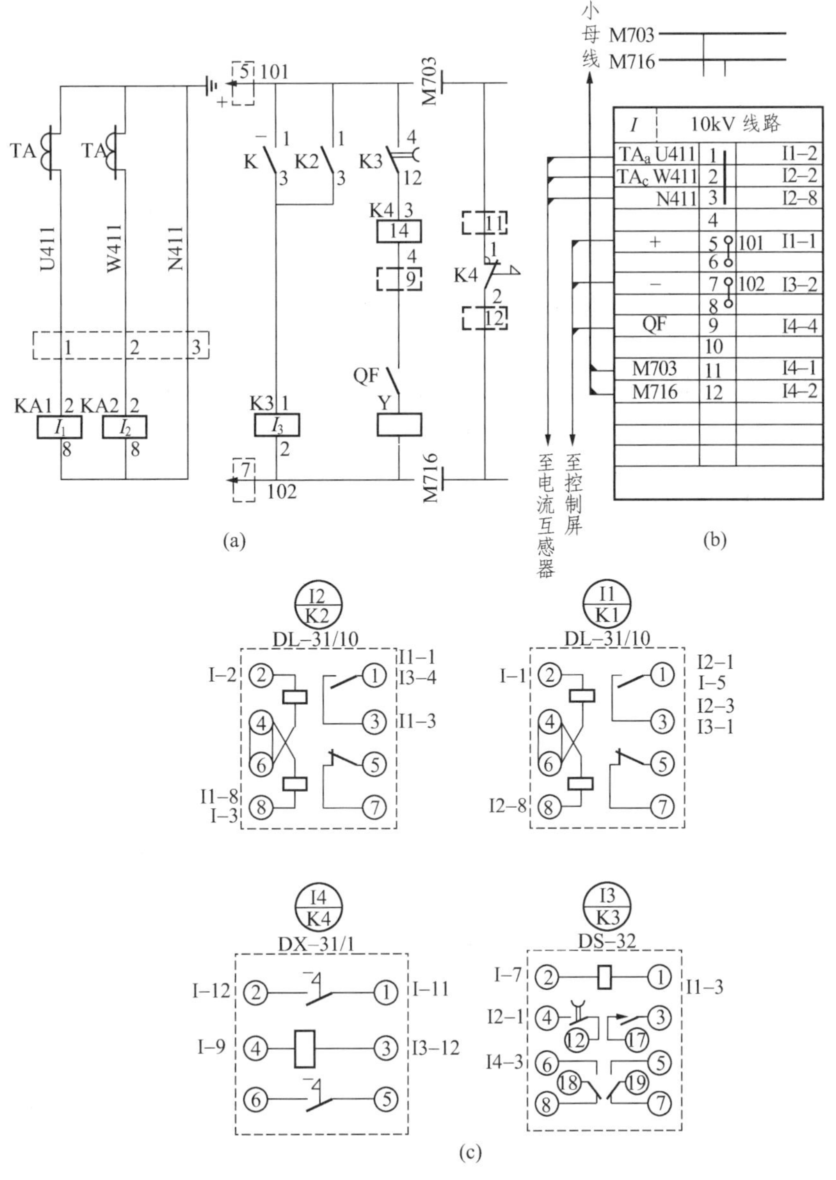

图 7-6　相对编号法的应用实例

(a) 10kV 线路过电流保护展开图；(b)、(c) 过电流保护屏后接线图

互感器回路开路，在外接设备接人后再拆除短接片。第 5、6 号和第 7、8 号端子为连接端子，它们能上下相互连接起来形成通路，这几个端子的左侧与控制屏的断路器控制电源的负极相连。第 9 号端子的左侧与控制屏的断路器辅助触点 QF 相连。第 11、12 号端子接屏顶的辅助小母线 M703 和“掉牌未复归”光字牌母线 M716。

为了避免混淆，屏上的所有设备均被编号［参阅图 7-6（c）中各二次设备顶部圆圈中的内容］，其构成为：①所属安装单位，本例均属于Ⅰ；②设备序号，即在一个安装单位的范围内，从屏背面自上而下，自右而左依次编号。本例中有四个设备安装于保护屏，它们都属于安装单位Ⅰ，序列号分别为 1～4；③设备的文字符号（参阅表 7-3）。

在图 7-6（c）中，各设备的端子号旁均标有应连接设备的编号及所接端子号，如电流继电器 K1 的驱动线圈的 2 号端子旁标有I-1，表示它与端子排I的 1 号端子相连；8 号端子旁标有I2-8，表示它与 K2（I2）的 8 号端子相连。K2 的 8 号端子旁标有I1-8 和I1-3，表示它既与 K1（I1）的 8 号端子相连，又与端子排（I1）的 3 号端子相接，从而实现了I1-3 与I1-8 的连接。同时，端子排I的第 3 号端子的内侧标有I2-8，表示它与 K2（I2）相连。这就体现出了“相对编号”的原理。另外，K1 的第 5、7 号端子旁无标记，说明该触点未使用。

应当指出，单独看屏后接线图是不易看懂的，应结合展开图来看，以了解各设备之间的连接关系。展开图中一般并无图 7-6（a）虚框中所标出的端子序号（必要时可以标出），但交流回路一般标有回路号［如图 7-6（a）中的 U411、V411、N411］。交流电流回路数字范围为 400～599，交流电压回路为 600～699，其中个位表示不同回路，十位表示互感器组号，如图 7-6（a）中的 V411 表示 V 相交流电流回路、第一组互感器、第一回路。另外，微机保护控制屏中的二次设备大为减少，且制造厂商一般为整屏供货，故通常只提供端子排接线图，而不向用户提供其他屏后接线图。

绘制屏后接线图的步骤如下：

（1）首先根据屏面布置图，按在屏上的实际安装位置把各设备的背视图画出来。设备形状应尽量与实际情况相符。不要求按比例尺绘制，但要保证设备间的相对位置正确。各设备的引出端子，应按实际排列顺序画出。设备的内部接线简单的，像电流表、电压表等，不必画出，而复杂的则应画出。屏背面接线图中在各个设备图形的上方应加以标号。

（2）将端子排图布置在屏的一侧或两侧，给端子加以编号，并根据订货单位提供的小母线布置图，在端子排的上部，标出屏顶的小母线，并标出每根小母线的名称。

（3）采用“相对编号法”，根据展开接线图对屏上各设备之间的连接线及屏上设备至端子排间的连接线进行标号。

习　题

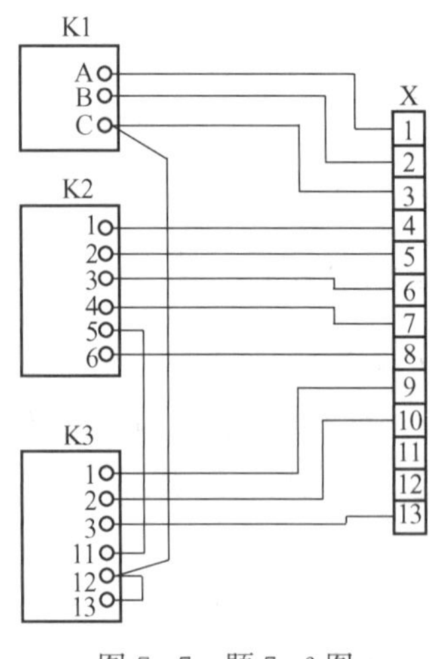

图 7-7　题 7-6 图

7-1　发电厂和变电站电气设备分为哪几类？其有什么用途？

7-2　写出断路器、隔离开关、变压器、互感器的文字符号，并画出它们的图形符号。

7-3　什么叫做电气主接线？什么叫做二次回路？其有什么用途？

7-4　绘制电气主接线的注意事项有哪些？

7-5　绘制展开图的注意事项有哪些？

7-6　什么叫做相对编号法？将图 7-7 改为用相对编号法表示的接线图。

7-7　读懂图 7-1～图 7-3 和图 7-6。

附　　录

阅读材料 1：CAXA 介绍

CAXA 是我国制造业信息化 CAD/CAM 和 PLM 领域的主要供应商和著名品牌。CAXA 十多年来坚持“软件服务制造业”理念，开发出拥有自主知识产权的 9 大系列 30 多种 CAD、CAPP、CAM、DNC、PDM、MPM 和 PLM 软件产品和解决方案，覆盖了制造业信息化设计、工艺、制造和管理四大领域；曾连续五年荣获“国产十佳优秀软件”、中国软件行业协会 20 年“金软件奖”以及“中国制造业信息化工程十大优秀供应商”等荣誉；CAXA 始终坚持走市场化的道路，已在全国建立起了 35 个营销和服务中心、300 多家代理经销商、600 多个教育培训中心和多层次合作伙伴组成的技术服务体系，截至 2005 年底已累计成功销售正版软件超过 18 万套。

软 件 服 务 制 造 业

CAXA 标志采用蓝色，简洁的四个字母的文字设计体现了高科技、领先一步、国际化形象；大写字母的刚性，配合圆弧过渡的流畅，和谐而稳重，象征 CAXA 日益成熟、走向世界。

CAXA 标志的字母的倾斜、笔画的粗细变化，富于动感，象征着 CAXA 锐意进取、不断发展。

CAXA 标志中的 C、X 的开放形状和两个字母 A 的横线的开口设计，让造型富于开放的张力，象征着 CAXA 开放联盟的竞争战略。

CAXA 四个字母是由：C—Computer（计算机），A—Aided（辅助的），X（任意的），A—Alliance、Ahead（联盟、领先）四个字母组成的。其涵义是“领先一步的计算机辅助技术和服务”（Computer Aided X Alliance—Always a step Ahead）。

公司网址：www. caxa. com

阅读材料 2：CAXA 业绩

● 我国 CAD/CAM 领域的最高技术代表

CAXA：国家“863”目标产品，代表了我国 CAD/CAM 领域的技术水平。

CAXA：荣获国家“8・5”攻关重大科技成果奖（A 类）。

CAXA：荣获 1999 年国家科技进步二等奖。

CAXA：连续荣获 1997、1998、1999、2000 年度“国产十佳软件”称号。

● 我国市场占有率最高的 CAD/CAM 软件

CAXA：中国市场占有率最大的正版 CAD/CAM 软件。目前，CAXA 正版软件用户超过 120000 套，分布在航空、航天、船舶、汽车、机械、电子、电力、家电、轻工、石油、机器设备等行业。

● 我国教育市场最具有影响力的 CAD 通用平台

CAXA：教育部普通高校机械设计课程使用软件。

CAXA：教育部高等职业教育机械设计课程使用软件。

CAXA：全国中等专业学校计算机绘图课程指定软件。

CAXA：中央电大工程专业必修软件。

CAXA：全国技工学校计算机绘图课程指定软件。

CAXA：全国制图员职业资格考试/技工考级唯一指定考试软件。

CAXA：CETTIC 全国现代制造技术应用软件课程远程培训数控工艺员指定培训软件。

CAXA：全国 1000 所院校（包括北京清华大学、北京航空航天大学、北京理工大学、哈尔滨工业大学、东北大学等高等学校及北京二轻工业学校、南京机械专科学校、山东机械学校、陕西工业职业技术学院等中专技术学校）计算机绘图课程、工业造型设计课程、CAD/CAM 课程、数控编程/加工课程、金工实习及课程设计、毕业设计使用软件。

阅读材料 3：典型用户

部分企业用户：

北京第一机床厂

首都钢铁公司

北京石油机械厂

农业机械科学院

天津通讯广播器材厂

石家庄飞机制造公司

山西淮海机械厂

河南星光机械厂

内蒙古第一通用机械公司

上海航天仪器仪表厂

中科院上海技术物理研究所

南京汽车研究所

盐城拖拉机厂

南通机床厂

烟台北极星模具公司

济南柴油机厂

山东时风集团

哈尔滨飞机公司

沈阳黎明发动机制造公司

大连开关总厂

齐齐哈尔和平机械厂

长春机车车辆厂

合肥通用机械研究所

合肥荣事达集团

山东胜利石油管理局

成都飞机公司

重庆铁马工业公司

重庆大江工业公司

德阳东方汽轮机厂

绵阳中国工程物理研究院

贵州云马机械厂

西南光学仪器厂

广州电筒公司

南宁机械厂

东莞大同机械公司

陕西柴油机厂

西安航空发动机公司

陕西彩虹显像管厂

玉柴工程机械有限责任公司

天津鼎盛工程机械有限公司

哈尔滨红光锅炉集团有限公司

上海医疗器械股份有限公司

山东新华医疗器械股份有限公司

辽河油田

沈阳鼓风机（集团）有限公司

深圳市新三思计量技术有限公司

中山华帝燃具股份有限公司

一汽铸造模具公司

景德镇印机公司
株洲车辆工业公司
江汉机械研究所
南宁市专用汽车厂
煤炭科学研究院太原分院
甘肃电力设计院

部分院校教育用户：

清华大学
北京航空航天大学
北京理工大学
北京交通大学
天津理工学院
河北工业大学
上海交通大学
同济大学
江南大学
山东工业大学
东华大学
哈尔滨工业大学
吉林大学
东北大学
沈阳工业学院
大连理工大学
武汉科技大学
湖北工业学院
南华大学
安徽工业大学
四川大学
西南交通大学
西南科技大学
贵州工业大学
广州工业大学
广西大学
宁夏大学
新疆大学

阅读材料 4：电子图板成功故事

故事 1：

设计速度大大提高 图纸质量无可比拟

上海手术器械厂研究所所长　沈伟庆

上海医疗器械（集团）有限公司手术器械厂拥有著名品牌“金钟”牌基础器械和专科器械的上海手术器械厂年产各种手术器械 500 余万件，销售规模逾亿元，是全国最大的手术器械专业制造厂。

计算机辅助设计的应用已有近二十多有年的历史，而真正在设计领域广泛应用的还是 20 世纪的 90 年代。我们在 1998 年开始实施计算机辅助设计计划，根据当时条件选择的软件范围以及可供借鉴学习的单位都较少，所以我们在添置了相应的硬件后，就开始委外培训了 2 名设计人员学习国外 CAD 软件。通过 2 名人员的带帮教，使得广大的设计人员初步认识了什么是计算机的辅助设计，同时也了解了相关的计算机知识。在当时来说也算是一个计算机辅助设计知识的启蒙教育。1999 年末至 2000 年由于企业经营效益良好，技术部门的办公条件得到了改善，并添置了大量的计算机，基本上达到了人手一台的水平。这为我们的计算机辅助设计的全面实施奠定了基础。完成硬件配置后，我们即与软件商进行了接洽，最后确定了选择 CAXA 电子图板。该软件具有简单易学、易上手的特点，对机械制图有一定了解的产品设计人员通过不到一个星期的熟悉，就能灵活地应用。所以当时我们就提出了口号：利用一年的时间，甩掉图板、丁字尺！现在想来把 CAXA 电子图板的学习和应用想象得太复杂了。我们在 2000 年上半年就已全部实现了计算机辅助设计，比原计划时间整整提前了半年。通过计算机辅助设计的实施，使我们真切地体会到当今的工程师已非原来的工程师了。CAXA 电子图板的应用，大大提高了产品的设计进度。其输出的图纸质量是过去无法比拟的，同时产品在设计过程的尺寸标注及设计的精确性也得到了提高，为产品的线切割加工创造了条件。在 CAXA 电子图板的应用中我们还认为有几点值得与大家进行交流。

1. 通过块与块的平移和（或）旋转检验产品的运动干涉

当对产品零件进行校核时，通过对零件的相关视图进行部分储存（所有相关联零件的相关视图），然后将所有部分储存的相关视图通过并入文件的方法集中在一个工作桌面上，分别将各相关视图形成块，通过块与块的平移和（或）旋转检验产品的运动干涉。

2. 备份文件（bak 文件）的充分利用

CAXA 电子图板软件在运行中会自动生存备份文件（bak 文件）。当设计人员完成设计通过网络提交管理员后，在管理员的资料库中所形成的文件与备份文件是一致的。在产品的试制过程中如发生设计更改后，就会在管理员的资料库中形成的更改文件与备份文件的差异，即更改文件与更改前的文件（bak 文件）都同时保存了。这给我们在质量管理体系中的设计更改管理提供极大的便利。

3. 性能优越的查询功能

充分的利用 CAXA 电子图板的查询功能，如二点之间的距离、周长、面积、重心及惯性矩，这能给我们的设计计算及产品的强度校核省略大量的计算工作。

总之 CAXA 电子图板的应用给我们的设计工作带来了极大的方便。这是我们所有的设计人员都深刻体会到的。为了得到更进一步的提高，今年初在 CAXA 上海办事处的帮助下，我们已经将 CAXA 电子图板全部升级为 CAXA 电子图板 XP 版本，这将为我们在产品图样的分类管理方面创造了一个良好的条件。目前我们正在进行相关图样的分类管理试运行工作。同时我们也正在不断的努力，争取尽可能早的进入 CAXA 实体设计领域。

故事 2：

用 CAXA 电子图板设计螺旋梯

河北辛集化工集团有限责任公司　赵静淼

目前，化工行业广泛应用着一批高塔式设备，有些设备还需要经常操作，为操作方便、安全，经常要在这些设备的外壁上焊上螺旋爬梯。若要手工设计螺旋梯，不仅计算繁琐，画起来就更麻烦。CAXA 电子图板的问世，使这些棘手的问题便轻而易举地解决了。附图 1 即为所画螺旋梯的平、立面图。下面列举一下高塔式设备螺旋梯的画法，来说明 CAXA 电子图板的优越性。

考虑人的体力问题，高塔式设备一般均设几节螺旋梯，梯间设休息平台，现以一节螺旋梯为例，来说明螺旋梯的画法。螺旋梯与一般直梯结构不同，考虑方法也不同，下面详细论述一下。

第一步，螺旋梯平、立面图的画法（见附图 1）。

（1）确定螺旋梯的宽度 b（b 一般为 600～800mm）。

（2）确定螺旋梯所转过的平面角度 α。

（3）确定螺旋梯的高度 h。

1）首先确定脚踏板的数目 n_1。

从上、下梯子安全、方便的角度考虑，此数目可从梯子的俯视图来定。为了保证人下梯子时不至于失稳，必须保证下一层脚踏板要比上一层脚踏板的凸出距离（在俯视图中即为脚踏板的对应侧距离）$a \geqslant 200$，即附图1中的弧 AA_1。要确定 n_1，可用如下方法：①画一半径为 r 的圆（r 为高塔式设备半径）。②用直线命令做角度为 α 的两条线段，比半径稍长。③做圆打断点 B、B_1。④做弧 BB_1 的外侧等距线（距离为 b）与②所做的两线段交于 C、C_1。⑤用查询命令查询弧 CC_1 的长度 L_1。$n_1 = L_1/a$，此数应圆整为整数。

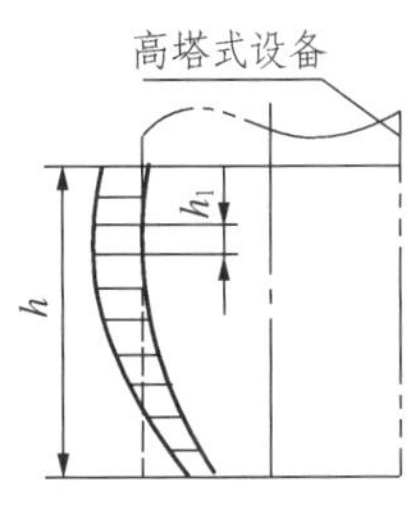

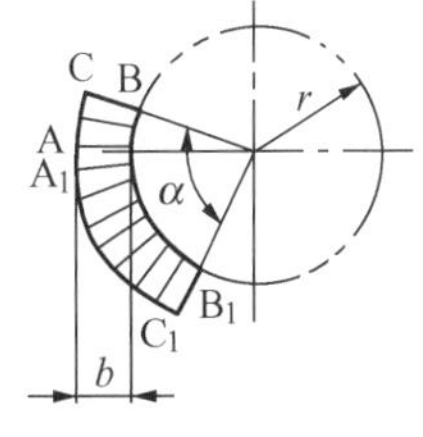

附图1　螺旋梯平、立面图的画法

2）根据国家标准与实际操作需要确定踏板间距 h_1。

3）螺旋梯高度 $h = h_1(n_1 + 1)$，考虑人的体力问题，一般应保证 $h \leqslant 6\text{m}$。若高度不合适，就应调整平面角度 α，直到合适为止。

（4）有了以上数据，就可以从主、俯视图的对应关系，很方便地画出螺旋梯的平、立面对应视图。

虽然平、立面视图已经画出来了，但这只是有了整体印象，对于加工、制作来说还是无从下手的，要达到实用，最主要的还是要画出螺旋梯的平面展开图，下面介绍平面展开图的画法。

第二步，螺旋梯平面展开图的画法。要画螺旋梯的平面展开图，必须考虑其回转角度 α。

（1）考虑回转角度 α 时，螺旋梯外侧板所转过的平面距离即为1）⑤所得出的弧 CC_1 的长度 L_1。

（2）求螺旋梯外侧板的实际展开长度 L_w（见附图2）：①画一垂直线段 $DE = h$。②以E为起点画一直线段 $EF = L_1$。③连接DF，查询线段DF的长度即为 L_w。

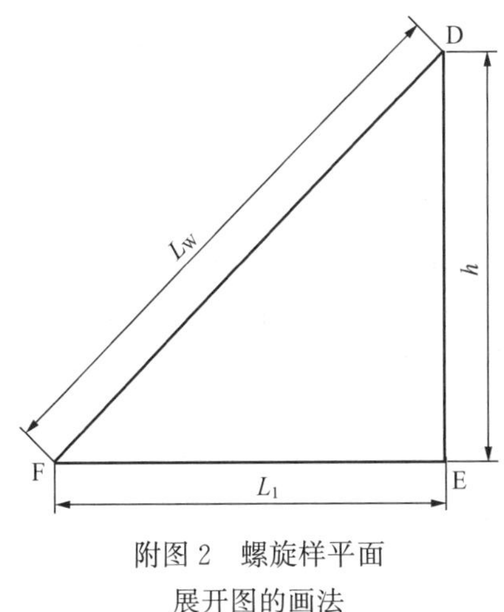

附图2　螺旋样平面展开图的画法

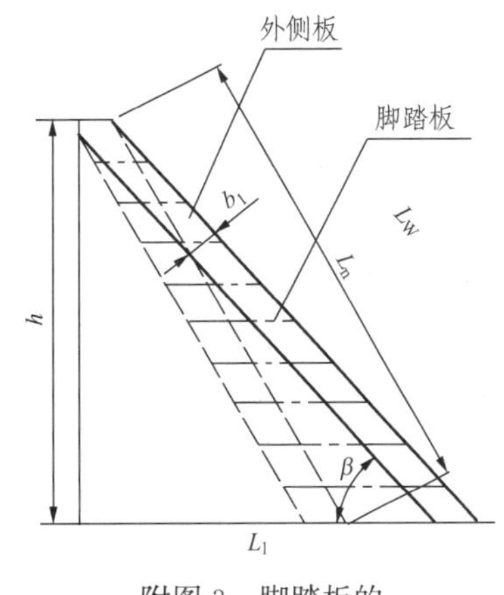

附图3　脚踏板的俯视图画法

（3）螺旋梯一般都直接焊在塔体上，塔壁充当了梯子的内侧板，但为了把图表示清楚，用上述方法同样可求出梯子的内侧板的逻辑长度 L_n。

（4）画出梯子的平面展开图，如附图3所示。并标出展开图的倾角 β。

（5）脚踏板的俯视图画法。

设外侧板的宽度为 b_1（见附图3），则脚踏板的外侧宽为 $b_2 = b_1/\sin\beta$（即附图4所示的

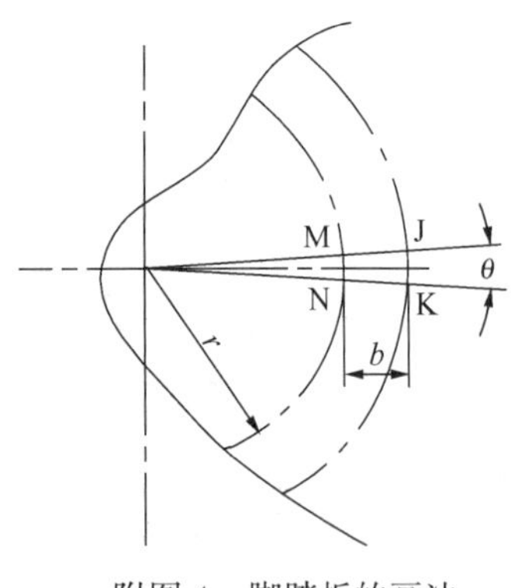

附图 4　脚踏板的画法

弧 JK 的长度)，脚踏板夹角为 $\theta = b_2/\pi(r+b)$。

下面介绍脚踏板的画法（见附图 4)：①画半径为 r 的圆。②画夹角为 θ 的两条线段，比半径稍长。③画圆的打断点 M、N。④画弧 MN 的外侧等距线（距离为 b）交②所画两条线段交于点 J、K，则 MNKJ 所围成的区域即为脚踏板的实际样图。

按以上步骤所述，螺旋梯的最主要部分就都设计出来了，一些次要细节可根据具体情况具体设计。不难看出，用 CAXA 电子图板设计螺旋梯既方便又简洁，CAXA 电子图板不愧为广大设计人员及在校师生所喜爱的设计工具。

故事 3：

CAXA 软件让我受益匪浅

大连原田工业有限公司　栾凤凯

大连原田工业有限公司是日本国原田工业株式会社于 1988 年 8 月 18 日在大连经济技术开发区建立的外商独资企业。主要从事汽车天线、室内电视天线、车内电视天线、各种机械用棒状天线、天线部品、各种电动控制器、不锈钢管、各种电线类、电束线等的制造销售。产品 98%出口，主要输出地日本、北美、欧洲、新加坡。

我是 CAXA 软件忠实的用户，通过一年多的接触，可以说与 CAXA 软件已经建立了深厚的感情。它以功能强大、操作简单、使用快捷而著称。

对于我个人来说，我比较喜欢而且让我深深受益的部分有以下几点：

(1) 功能强大的图库。虽然我们公司的大部分设计都属于非标准的，但是我们公司有一套自己公司内部的标准，即我们公司内部所常说的标准件，而这些标准件在设计每一个新机种都要用到，所以我把这些标准件全部定义成图符放在图库里，随用随取。

(2) 随心所欲地快捷键定义方式。CAXA 电子图板可以随意定义适合于我自己的快捷键（包括组合键)，而 AutoCAD 只能设置组合键（Ctrl＋任意键)。当你习惯了应用这些快捷键时，你的绘图速度就会成倍的提高。而且可以节省各个工具栏所占的空间，就像我以前所用的电脑分辨率比较低，当你把所有的工具栏都放到屏幕上的时候，你就会发现你绘图的可视空间只有巴掌大的地方。而定义了快捷方式以后，我的电脑屏幕上只有一个主菜单和常用工具，其他的任何操作都在键盘上。

(3) 简单易学：我相信所有用过 AutoCAD 的人，都可以在一两个小时内学会 CAXA 电子图板软件的基本应用。在我来到现在的公司之前，我从未接触过 CAXA 电子图板软件，而我只熟悉了一个半小时就让我在面试中取得成功！

所以我感谢 CAXA、支持 CAXA、支持国产软件事业的发展！

阅读材料 5：CAXA 电子图板与 AutoCAD 功能之比较

比较 CAXA 电子图板与 AutoCAD 功能有利于长期习惯 AutoCAD 的使用者熟悉和了解 CAXA 电子图板，从而有利于国产软件的推广应用。

1. 界面比较

CAXA 电子图板的下拉菜单、工具栏、状态栏等与 AutoCAD 的界面基本一致，但它以立即菜单取代了 AutoCAD 的命令行，它的各种命令的执行在立即菜单中都有显示，无需键盘输入命令，只有具体数字需要键盘输入。与 AutoCAD 的界面相比，CAXA 电子图板显得更简洁，相同尺寸的屏幕上绘图区利用率更大。

2. 绘图功能比较

AutoCAD 的绘图命令较多，有普通直线、射线、构造线、多线、多义线、样条线，有矩形、圆、圆弧、圆环、椭圆等，CAXA 电子图板则分为基本曲线和高级曲线两类，基本曲线除了直线、圆、圆弧、矩形、样条线等命令外，还增加了中心线、轮廓线、等距线绘制。在直线命令之中集成了 AutoCAD 中的射线、构造线、多线等命令，不仅如此，还增加了角平分线、切线/法线的绘制；中心线命令可以画出圆、圆弧及两平行直线的中心线；轮廓线命令相当于 AutoCAD 中的多义线，可在直线和圆弧间不断切换画出连续的轮廓线；等距线命令则相当于 AutoCAD 中的偏移命令，但它可以双向同时偏移，还可以进行偏移填充。在高级曲线中，增加的孔/轴、波浪线、折线、公式曲线则更有特色，可以按给定尺寸直接画出圆轴、圆孔、锥轴、锥孔，可画出更具制图特色的折断线，还可根据已有公式或输入公式自动画出公式曲线。CAXA 电子图板中没有独立的圆环命令，但它可通过等距线命令选择填充来实现。可见，CAXA 电子图板的绘图功能比 AutoCAD 更加全面。

3. 编辑功能比较

CAXA 电子图板的实体编辑命令基本包含了 AutoCAD 的所有编辑命令，其中最具特色的是倒角命令中的外倒角、内倒角以及局部放大命令。外倒角和内倒角分别可用于轴端和轴孔倒角，对绘制轴孔类零件十分方便。外倒角和内倒角见附图 5。

局部放大命令则可用一个圆形或矩形窗口将图形的任意局部按比例进行实时放大，满足机械图样中局部放大的要求（见附图 6）。

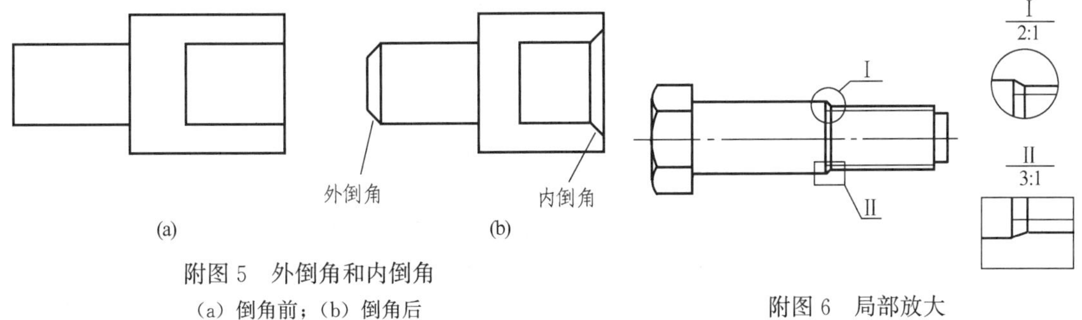

附图 5　外倒角和内倒角

（a）倒角前；（b）倒角后

附图 6　局部放大

4. 尺寸标注比较

CAXA 电子图板的尺寸标注与 AutoCAD 相比命令更加齐全，集成度也高，例如仅一个尺寸标注命令就包括了基本标注（含半径标注、直径标注）、基准标注、连续标注、三点角度、半标注、大圆弧标注、射线标注、锥度标注、曲率半径标注等多项内容。尺寸标注除包含了 AutoCAD 的所有尺寸标注命令外，还新增了许多更加实用的命令，如锥度标注、倒角标注、自动列表标注、基准代号标注、粗糙度标注、焊接符号标注、剖切符号标注等都各具特色，见附图 7。

CAXA 电子图板的尺寸驱动功能可通过修改尺寸值而动态地改变图形中的尺寸标注。CAXA 电子图板的尺寸标注样式也没有 AutoCAD 那么繁琐、复杂，更加简洁，便于掌握。

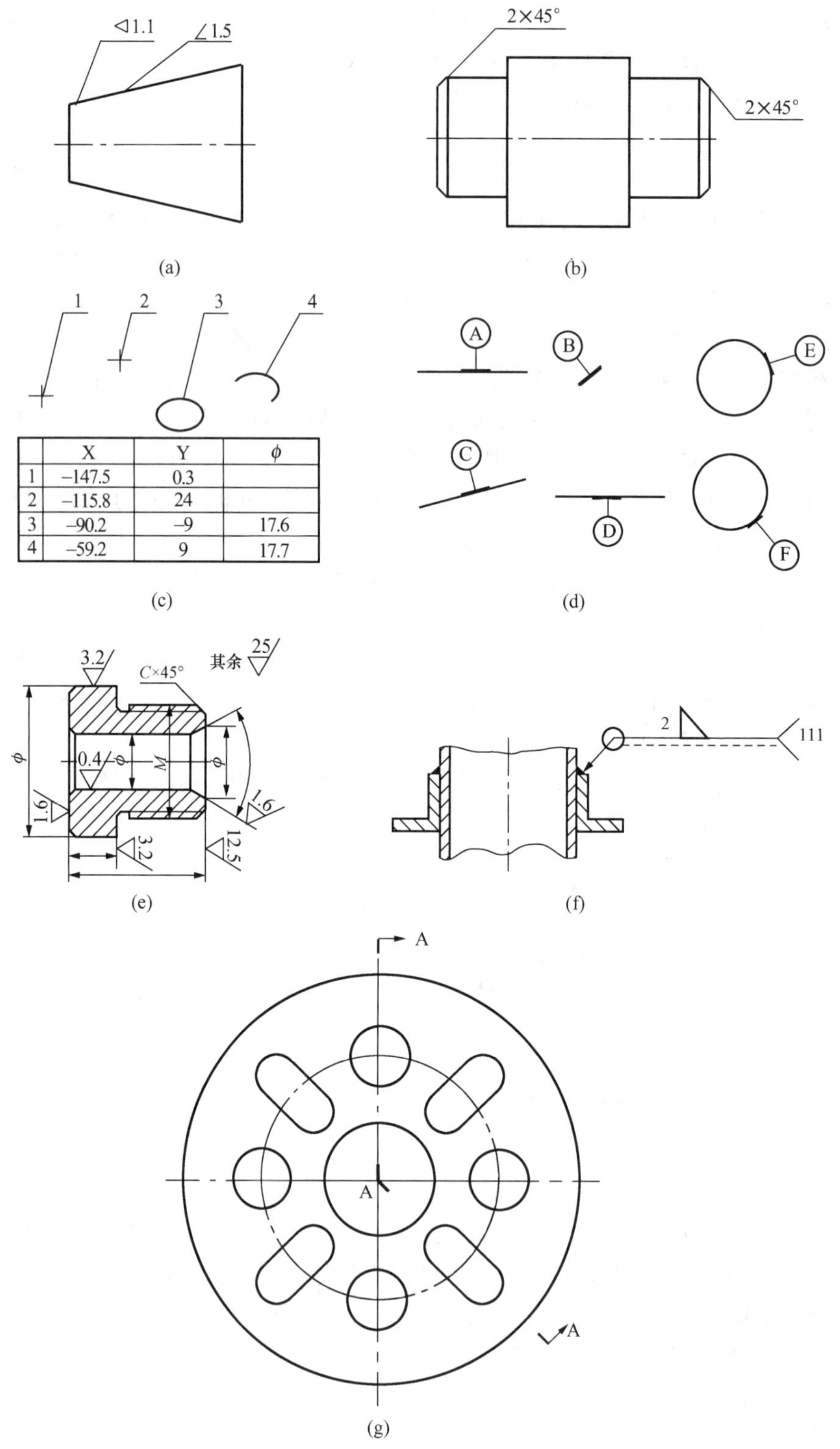

	X	Y	ϕ
1	−147.5	0.3	
2	−115.8	24	
3	−90.2	−9	17.6
4	−59.2	9	17.7

附图 7　各种标注方法

(a) 锥度标注；(b) 倒角标注；(c) 自动列表标注；(d) 基准代号标注；
(e) 粗糙度标注；(f) 焊接符号标注；(g) 剖切符号标注

5. 图库设置

图库设置是 CAXA 电子图板的明显特色之一，为机械图的绘制提供了极大方便。

CAXA 电子图板为用户提供了丰富的标准件的参数化图库，包括常用的机械零件、密封件、管件、机床夹具、电机、电气符号、液压气动符号、农机符号等，用户还可以自定义图符方便快捷地建立自己的图库。需要时，用户直接提取需要的零件，按规格输入尺寸参数或输入非标准尺寸即获得选用零件的轮廓图。

CAXA 电子图板根据机械图的特点，还设立了构件库，提供了六种止锁孔、退刀槽结构，只要输入槽的宽度和深度可方便地在构件上产生所需的结构。

此外，CAXA 电子图板还设立了技术要求库，有一般要求、热处理要求、公差要求、装配要求等，用户选用某技术要求后可添加、修改参数和项目，在图形上直接生成技术要求文本。

6. 幅面设置

CAXA 电子图板的幅面设置与 AutoCAD 相比除了有符合国家标准的图纸幅面、图框设置外，还单独设有标题栏、零件序号和明细表。调入图框，再调入标题栏后可直接填写项目，用户也可以根据需要将自行绘制的图形定义为标题栏。零件序号功能可以逐件编排零件序号，输入明细项目后自动生成明细栏。通过明细表菜单，还可定义表头、填写或修改明细项目。这些功能对绘制装配图十分有益。

附 表

常用管道安装图图形符号

图形符号	说明	图形符号	说明
	管道： 用于一张图内只有一种管道		四通连接
J P	管道： 用汉语拼音字头表示管道类别		流向
	导管： 用图例表示管道类别		坡向
	交叉管： 指管道交叉不连接，在下方和后面的管道应断开		套管伸缩器
	三通连接		波形伸缩器
	弧形伸缩器		管道滑动支架
	方形伸缩器		保温管 也适用于防结露管
	防水套管		多孔管
	软管		拆除管
	可挠曲橡胶接头		地沟管
	管道固定支架		防护套管
XL XL	管道立管		检查口
	排水明沟		清扫口
	排水暗沟		通气帽
	弯折管 表示管道向后弯 90°		雨水斗
	弯折管 表示管道向前弯 90°		排水漏斗
	存水弯		圆形地漏
	方形地漏		阀门套筒
	自动冲洗箱		挡墩

管道的连接

图形符号	说明	图形符号	说明
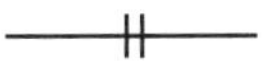	法兰连接	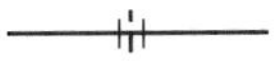	活接头
	承插连接	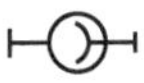	转动接头
	管堵		管接头
	法兰堵盖		弯管
	偏心异径管	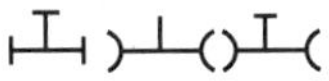	正三通
	异径管	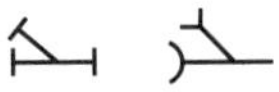	斜三通
	乙字管	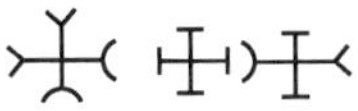	正四通
	喇叭口	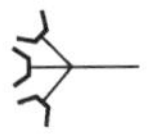	斜四通
	螺纹连接		

阀　门

图形符号	说明	图形符号	说明
	阀门 用于一张图内只有一种阀门		电磁阀
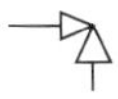	角阀		止回阀
	三通阀		气开隔膜阀
	四通阀		延时自闭冲洗阀
	闸阀		放水龙头
	截止阀		皮带龙头
	球阀		洒水龙头
	隔膜阀	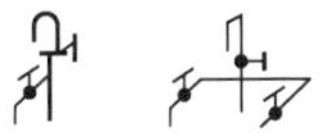	化验龙头
	温度调节阀		肘式开关
	压力调节阀		消防喷头（开式）

续表

图形符号	说明	图形符号	说明
	消防喷头（闭式）		自动排气阀
M	电动阀		浮球阀
	液动阀		气闭隔膜阀
	气动阀		脚踏开关
	减压阀		疏水器
	旋塞阀		室外消火栓
	底阀		室内消火栓（单口）
	消声止回阀		室内消火栓（双口）
	碟阀		水泵接合器
	弹簧安全阀		消防报警阀
	平衡锤安全阀		

参　考　文　献

[1] 董崇庆，陈黎来. 电力工程识绘图. 北京：中国电力出版社，2004.

[2] 中国电力企业联合会标准化中心. 火力发电厂技术标准汇编　第二卷　制图标准. 北京：中国电力出版社，2003.

[3] 何铭新，钱可强. 机械制图. 5 版. 北京：高等教育出版社，2004.

[4] 张云峰，李岩. 精通 CAXA XP 工程制图. 北京：清华大学出版社，2004.

[5] 钱钟琳，张进秋，吕建刚. CAXA 电子图版 XP 实用教程. 北京：机械工业出版社，2004.